有限p群的正规性与交换性

宋蔷薇　著

中国原子能出版社

图书在版编目（CIP）数据

有限 p 群的正规性与交换性 / 宋蔷薇著 . —北京 ：
中国原子能出版社，2019.11 （2021.10 重印）
　 ISBN 978-7-5221-0247-4

　 Ⅰ . ①有… 　 Ⅱ . ①宋… 　 Ⅲ . ①有限群-研究

　 Ⅳ . ①O152.1

中国版本图书馆 CIP 数据核字（2019）第 269373 号

有限 p 群的正规性与交换性

出版发行	中国原子能出版社（北京市海淀区阜成路 43 号　100048）	
责任编辑	张书玉	
装帧设计	崔　彤	
责任印制	潘玉玲	
印　　刷	三河市明华印务有限公司	
经　　销	全国新华书店	
开　　本	787 mm×1092 mm　1/16	
印　　张	11	
字　　数	215 千字	
版　　次	2019 年 11 月第 1 版　2021年 10月第 2 次印刷	
书　　号	ISBN 978-7-5221-0247-4	**定　价　56.00 元**

网址：**http : //www. aep. com. cn**　　　　E-mail：**atomep123@126. com**

发行电话：**010-68452845**　　　　　　　　版权所有　侵权必究

前　言

群是最基本的代数系统. 它是现代数学中极其重要的概念. 群论不仅在数学的各个分支有广泛的应用, 而且在现代科学也有许多应用, 特别是在物理学中. 著名的 Noether 定理告诉我们, 守恒定律和连续对称性是对应的. 具体的说, 是和一维 Lie 群密切相关的. 另外, 在量子力学中, 一组粒子的状态刻划也依赖于一个有限群的表示. 今天, 群论已经成了理论物理研究的一个基本工具.

有限群论是群论的基础, 也是群论中应用最为广泛的一个分支. 它在数学乃至自然科学中都有相当重要的地位. 例如: 著名的有限单群分类定理不仅是人类有史以来证明最长的定理, 而且被誉为 20 世纪十大科学成果之一.

有限 p 群在有限群的研究中占有十分重要的地位. 它不仅是有限群领域的一个重要研究对象, 而且由著名的 Sylow 定理可知, p 群的结构从根本上影响着有限群的结构. 特别地, 有限非交换单群的结构几乎被它的 Sylow 2 子群的结构所决定. 正是基于此重要意义, 在有限单群的分类最终宣告彻底完成 (2003年)后, p 群研究异常活跃. 很多研究单群的世界级大师和领军人物, 如Janko、Glauberman 等已经转为全力研究 p 群. Janko 更多地关注具有某种性质的 2 群的结构或分类, Glauberman 则更多地考虑 p 群的大交换子群和中心大子群的有关问题, 他们已发表了多篇文章, 为 p 群研究做出了重要的贡献. 其次, 很多群论问题的难点和关键点都出现在所研究的群是 p 群的情形下. 这使得很多群论学者都非常关注 p 群的研究. 再者, p 群研究所涉及的诸多计算问题和计数问题等, 也为组合、上同调、计算机科学等领域提供了理想的研究对象. 这些都是近年来有限 p 群研究如此活跃的原因.

在有限 p 群的研究中, 通过全部或部分子群的性质刻画 p 群自身的性质和结构是一种基本方法. 人们利用这个简单自然的方法取得了大量重要的研究成果, 此方法至今仍在群论研究中发挥着巨大的作用. 本书主要从正规性和交换性这两个角度出发研究有限 p 群的结构. 所谓正规性是指与正规子群相关的某些概念与性质, 而交换性是指与交换子群相关的某些概念与性质. 正规性的强弱对有限 p 群的结构影响很大. Dedekind 群(每个子群均正规的有限群)可以看作正规性"最强"的群. 这样的群被著名数学家 Dedekind 于 1897 年完全分类. 随后, 把 Dedekind 要求的条件"每个"减弱为"部分"(换句话说, 对非正规子群施加某种限制), 或降低"正规"到更弱的条件(比如拟正规), 研究比 Dedekind p 群更广的 p 群类的问题成为国内外群论学者研究的热点问题之一, 并获得了丰富的研究成果. 这类问题可以看作是研究正规性"较强"的 p 群问题. 另一方面, 交换性在有限群的研究中也起着极其重要的作用. 我们知道, 交换 p 群的结构是清楚的, 因此对 p 群的研究一般都是对非交换 p 群的研究. 而最接近交换群的非交换 p 群自然是内交换 p 群, 也称为 $\mathcal{A}_1$ 群, 它可看作交换性"最强"的非交换 p 群. 研究比 $\mathcal{A}_1$

群更大群类的问题被国内外许多群论学者关注, 形成了研究 p 群问题的一个重要方向. 另一方面, 正则 p 群作为交换 p 群的一个自然推广, 它在很多方面有类似于交换 p 群的性质. 比如, 正则 p 群也有类似于交换 p 群的基底——所谓唯一性基底. 因而它是有限 p 群的重要研究对象. 研究这些问题可以看作是研究交换性"较强"的 p 群问题.

　　本书主要是作者近几年在 p 群方面研究工作的一个总结. 全书分四章. 第一章介绍了一些本书中常用的基本概念和结论. 第二、三章研究正规性"较强"的 p 群, 分别从限制非正规子群的范围以及限制非正规子群的性质出发研究 p 群结构, 所得结果推广了 Dedekind、Passman 等人的工作. 第四章研究某些正则 p 群的分类问题及相关问题.

　　本书完成之际, 首先要衷心地感谢山西师范大学的张勤海教授、北京大学的徐明曜教授. 正是在他们的指导下, 作者开始进入 p 群研究领域, 并逐步开展自己的研究工作. 感谢作者的博士生导师, 上海大学的郭秀云教授. 本书的部分内容取自作者的博士学位论文. 感谢国家自然科学基金(编号: 11901367)的资助.

　　由于作者水平有限, 难免存在错漏之处, 敬请读者指正!

宋蔷薇

2019年9月于山西师范大学

目录

第一章 基本概念和结论

作为全书的准备工作, 本章主要介绍贯穿全书要用到的基本概念以及重要结论. 书中所述的群均指有限 p 群. 事实上, 这些结论也是有限 p 群的研究中常常用到的.

§1.1 基本概念

首先给出有限 p 群的一些术语和符号, 其他未提到的术语和符号都是标准的, 参见文献 [98,100].

设 G 是有限 p 群, 我们分别用 $c = c(G)$, $d(G)$ 表示群 G 的幂零类, 极小生成元的个数. G 的**下中心群列**和**上中心群列**分别是:

$$G = G_1 > G_2 > \cdots > G_{c+1} = 1,$$

和

$$1 = Z_0(G) < Z_1(G) < \cdots < Z_c(G) = G.$$

设 $\exp(G) = p^e$, 称 $e = e(G)$ 为群 G 的**幂指数**, 对于任意的 s, $0 \leq s \leq e$, 我们规定

$$\Lambda_s(G) = \{a \in G \mid a^{p^s} = 1\}, \quad V_s(G) = \{a^{p^s} \mid a \in G\},$$

并且规定

$$\Omega_s(G) = \langle \Lambda_s(G) \rangle, \quad \mho_s(G) = \langle V_s(G) \rangle,$$

则 G 的 **Frattini 子群** $\Phi(G) = G'\mho_1(G)$.

下面我们将给出一些书中要用到的基本概念.

定义 1.1.1 设 G 为有限 p 群. 如果 G 的每个真子群均交换, 但它本身不交换, 则称 G 为**内交换 p 群**.

定义 1.1.2 称有限 p 群 G 为**正则的**, 如果对任意的 $a, b \in G$, 有

$$(ab)^p = a^p b^p d_1^p d_2^p \cdots d_s^p,$$

其中 $d_i \in \langle a, b \rangle'$, $i = 1, 2, \cdots, s$, $\langle a, b \rangle'$ 是 $\langle a, b \rangle$ 的导群, 而 s 可依赖于 a, b.

定义 1.1.3 设 s 为正整数. 称有限 p 群 G 为 p^s **交换的**, 若对任意的 $a, b \in G$, $(ab)^{p^s} = a^{p^s} b^{p^s}$. 特别地, 若 $s = 1$, p^s 交换群简称为 p **交换群**.

定义 1.1.4 称 p 群 G 是**亚循环**的, 如果 G 有循环正规子群 N 使得 G/N 也循环.

定义 1.1.5 令 G 为 p^n 阶群, $n \geq 3$. 称 G 为**极大类** p **群**, 如果 G 的幂零类 $c(G) = n - 1$.

定义 1.1.6 设 G 为非亚循环 p 群. 若 G 的每个真子群均亚循环, 则称 G 为**内亚循环** p **群**.

定义 1.1.7 设 G 为群, $A, B \leq G$. 若 $G = AB$ 且 $[A, B] = 1$, 则称 G 为 A, B 的**中心积**, 记作 $G = A * B$. 显然 $A \cap B \leq Z(G)$, 本书中我们总假设 $A \cap B \neq 1$.

§1.2 常用结论

本节我们将给出本书中反复用到的一些命题、引理、定理.

定理 1.2.1 ([70, 定理1.1]) 设 G 是有限 Dedekind p 群. 则下列结论之一成立:
(1) G 交换;
(2) $p = 2$ 并且 $G \cong Q_8 \times C_2^n$, 其中 n 是非负整数.

引理 1.2.1 ([70, 引理1.4]) 设 G 是有限 p 群, H 为 G 的极小非正规子群. 则 H 循环.

引理 1.2.2 ([70, 引理2.1]) 设 G 是有限非 Dedekind p 群. 则存在正规子群 $K < G'$ 使得 G/K 非 Dedekind 群.

引理 1.2.3 ([11, 引理1.4]) 设 G 是有限 p 群且 $N \trianglelefteq G$. 若 N 中不存在 (p, p) 型交换正规子群, 则 N 或者循环或者为极大类 2 群.

引理 1.2.4 ([100, 定理2.2.13]) 设 $|G| = p^n$. 若 G 只有一个 p 阶子群, 则:
(1) 对 $p > 2$, G 是循环群;
(2) 对 $p = 2$, G 是循环群或广义四元数群.

1947 年, Rédei 首先在文献 [76] 中给出了内交换 p 群的分类, 即

定理 1.2.2 ([76]) 设 G 是内交换 p 群. 则 G 为下列互不同构群之一:
(1) Q_8;
(2) $M_p(n, m) := \langle a, b \mid a^{p^n} = b^{p^m} = 1, a^b = a^{1+p^{n-1}} \rangle$, $n \geq 2$. (亚循环);
(3) $M_p(n, m, 1) := \langle a, b, c \mid a^{p^n} = b^{p^m} = c^p = 1, [a, b] = c, [c, a] = [c, b] = 1 \rangle$, $n \geq m$. 当 $p = 2$ 时, $n + m \geq 3$. (非亚循环) .

对于内交换 p 群, 我们还有如下熟知的引理:

引理 1.2.5 ([102, 引理2.2]) 设 G 是有限 p 群. 则以下叙述等价:

(1) G 是内交换群;

(2) $d(G) = 2$ 且 $|G'| = p$;

(3) $d(G) = 2$ 且 $Z(G) = \Phi(G)$.

引理 1.2.6 ([110, 引理2.4]) 设 G 是有限 p 群, E 为 G 的内交换子群. 若 $[G, E] = E'$, 则 $G = E * C_G(E)$.

定理 1.2.3 ([100, 定理2.5.3]) 设 G 是 2^n 阶极大类群, 则 G 同构于下列三种群之一:

(1) **二面体群**: $\mathrm{D}_{2^n} = \langle a, b \mid a^{2^{n-1}} = b^2 = 1, a^b = a^{-1} \rangle$, $n \geq 3$;

(2) **广义四元数群**: $\mathrm{Q}_{2^n} = \langle a, b \mid a^{2^{n-1}} = 1, b^2 = a^{2^{n-2}}, a^b = a^{-1} \rangle$, $n \geq 3$;

(3) **半二面体群**: $\mathrm{SD}_{2^n} = \langle a, b \mid a^{2^{n-1}} = b^2 = 1, a^{b^{-1}} = a^{-1+2^{n-2}} \rangle$, $n \geq 4$.

定理 1.2.4 ([14, 定理2.6(i)]) 设 G 是有限 p 群, $p > 2$. 则 G 亚循环当且仅当 $|G : \mho_1(G)| \leq p^2$.

定理 1.2.5 ([15, 定理3.2]) 设 G 是内亚循环 p 群, $p > 2$. 则 G 是下列互不同构的群之一:

(1) C_p^3;

(2) $\mathrm{M}_p(1, 1, 1)$;

(3) $\langle a, b; c \mid b^9 = c^3 = 1, a^3 = b^{-3}, [b, a] = c, [c, a] = b^{-3}, [c, b] = 1 \rangle$.

引理 1.2.7 ([100, 命题5.1.13]) 正则 p 群 G 是 p 交换的当且仅当 $\mho_1(G') = 1$.

引理 1.2.8 ([100, 引理4.1.2]) 设 G 是 p^s 交换 p 群. 则 $\mho_s(G) \leq Z(G)$.

引理 1.2.9 ([100, 定理5.2.2]) 设 G 是有限 p 群.

(1) 若 $c(G) < p$, 则 G 正则;

(2) 若 $|G| \leq p^p$, 则 G 正则;

(3) 若 $p > 2$ 且 G' 循环, 则 G 正则. 特别地, 亚循环 p 群正则;

(4) 若 $\exp(G) = p$, 则 G 正则.

下面的引理给出了有关正则 p 群的一些基本事实, 可参见文献 [11]的定理 7.2 和定理 7.9.

引理 1.2.10 设 G 是正则 p 群. 则

(1) $\exp(\Omega_n(G)) \leq p^n$;

(2) $|\Omega_n(G)| = |G : \mho_n(G)|$;

(3) $[G, \mho_1(G)] = \mho_1(G')$;

(4) $G' \le \Omega_1(G) \Longleftrightarrow \mho_1(G) \le Z(G)$;

(5) $a^{p^n} = b^{p^n} \Longleftrightarrow (a^{-1}b)^{p^n} = 1$;

(6) 若 G 是二元生成的有限 3 群, 则 G' 循环.

最后, 我们将给出一些有用的换位子计算公式. 称群 G 为**亚交换的**, 如果 $G'' = 1$.

命题 1.2.1 ([38, Aufgaben 1, P259]) 设 G 是亚交换群, $a, b, c \in G$. 则

$$[a, b, c][b, c, a][c, a, b] = 1.$$

命题 1.2.2 ([100, 命题2.1.7, 命题2.1.8]) 设 G 是亚交换群, $a, b \in G$. 则,

(1) 对于任意正整数 m, n,

$$[a^m, b^n] = \prod_{i=1}^{m} \prod_{j=1}^{n} [ia, jb]^{\binom{m}{i}\binom{n}{j}},$$

其中 $[ia, jb] = [a, b, \underbrace{a, \cdots, a}_{i-1}, \underbrace{b, \cdots, b}_{j-1}]$.

(2) 设正整数 $n \ge 2$. 则

$$(ab^{-1})^n = a^n \left(\prod_{i+j \le n} [ia, jb]^{\binom{n}{i+j}} \right) b^{-n}.$$

第二章 非正规子群链长不超过 3 的有限 p 群的结构

众所周知, 正规子群在有限群的研究中起着极其重要的作用. 早在 1897 年, 群论的先驱者 Dedekind 在文献 [28] 中决定了所有子群均正规的有限群, 这样的群被称为 **Dedekind 群**. 1933年, 著名群论学家 Baer 在文献 [7] 中对于无限 Dedekind 群给出了分类. 自那时起, 许多群论学家开始从不同角度出发来对 Dedekind 群进行推广, 获得了丰富的结果. 见文献 [3, 6, 19–21, 29, 30, 32, 33, 44, 48, 63, 64, 67, 69, 70, 72, 80, 81, 85, 86, 89, 90, 92, 95, 107, 108, 110, 111, 114] 等.

1970 年, 著名群论学家 Passman 在文献 [70] 中研究了 p 群的非正规子群, 并引入一个重要的概念, 即 p 群 G 的**非正规子群链及其长度**. 称 $H_1 < H_2 < \cdots < H_k$ 为有限 p 群 G 的一条非正规子群链, 若每个 $H_i \not\trianglelefteq G$ 并且 $|H_i : H_{i-1}| = p$, 其中 $2 \le i \le k$. k 称其为长度. $\mathbf{chn}(G)$ 表示 G 的非正规子群链的长度中的最大值. 显然, $\mathrm{chn}(G) = 0$ 的群恰为 Dedekind 群, 即所有子群皆正规的群. Passman 在文献 [70] 中还分类了 $\mathrm{chn}(G) = 1$ 的有限 p 群, 其中当 $p = 2$ 时, 对于 $|G| \ge 2^8$ 的 2 群, 其给出了群的确定的结构; 而对于 $|G| \le 2^7$ 的情形, 并未给出群的确定的结构. 2008 年, 我们在文献 [86] 中, Berkovich 和 Janko 在文献 [11] 中分别采用完全不同的方法给出了 $\mathrm{chn}(G) = 1$ 的有限 2 群的分类. 从而 $\mathrm{chn}(G) = 1$ 的有限 p 群被完全分类.

一个有趣的事实是: $\mathrm{chn}(G) = 1$ 的 p 群 G 恰为所有非正规子群皆循环的 p 群. 特别地, 所有非正规子群皆为 p 阶的 p 群是 $\mathrm{chn}(G) = 1$ 的 p 群. 沿着这个方向, 2009 年, 张勤海等人在文献 [110] 中给出了非正规子群的阶不超过 p^2 的有限 p 群的分类. 近来, 文献 [3] 还分类了非正规子群阶是 p^m 或 p^{m+1} 的有限 p 群, 其中 m 是一个固定的正整数. 显然, 上述作者均分类了某些特殊的 $\mathrm{chn}(G) \le 2$ 的群. 一个自然的问题是 $\mathrm{chn}(G) \le 2$ 的有限 p 群能被分类吗? 近来, 我们分别在文献 [85, 92] 中完全分类了 $\mathrm{chn}(G) \le 2$ 的有限 p 群. 而对于 $\mathrm{chn}(G) \le 3$ 的有限 p 群, 截止目前, 并未完全解决, 仅有一些特殊情形的分类结果. 例如: 张勤海等人在文献 [111, 114] 中研究了非正规子群的阶不超过 p^3 的有限 p 群的分类. 显然, 这样的 p 群是 $\mathrm{chn}(G) \le 3$ 的群.

本章主要给出了非正规子群链长不超过 3 的有限 p 群的分类. 结果取自文献 [85, 86, 92, 111, 114].

§2.1 非正规子群链长为 1 的有限 p 群

本节我们给出 $\mathrm{chn}(G) = 1$ 的有限 p 群 G 的分类. 首先我们来给出一些引理.

引理 2.1.1 设 G 为有限 p 群. 则 $\mathrm{chn}(G) = 1$ 当且仅当 G 的所有非正规子群均循环.

证明 设 $\mathrm{chn}(G) = 1$. 任取 $H \ntrianglelefteq G$, 则 H 为 G 的极小非正规子群. 由引理 1.2.1 可知, H 循环. 反之, 设 G 非 Dedekind 群且 G 的所有非正规子群均循环. 任取 $H \ntrianglelefteq G$, 则 H 循环. 令 K 为 G 的包含 H 的极大循环子群并且选取 G 的适当子群 L 使得 $|L : K| = p$. 则 $L \trianglelefteq G$. 由于 L 二元生成, 因此 $\Phi(K) = \Phi(L) \trianglelefteq G$. 从而 $H = K$. 故 H 为 G 的极大非正规子群且 $\mathrm{chn}(G) = 1$.

根据引理 2.1.1 显然可知, 分类 $\mathrm{chn}(G) = 1$ 的有限 p 群就是分类所有子群皆循环或正规的有限 p 群.

引理 2.1.2 若有限 p 群 G 的所有子群皆循环或正规, 则 G 的子群和商群也有同样的性质.

证明 对于 G 的子群而言, 任取 $H \leq G$. 设 $M \leq H$. 若 $M \ntrianglelefteq G$, 则显然 M 循环; 若 $M \trianglelefteq G$, 则 $M \trianglelefteq H$. 即 M 或循环或正规.

对于 G 的商群而言, 任取 $K \trianglelefteq G$ 且 $H/K \leq G/K$. 设 $M/K \leq H/K$, 若 $M \ntrianglelefteq G$, 则 M 循环. 从而 M/K 亦循环. 若 $M \trianglelefteq G$, 则 $M/K \trianglelefteq G/K$. 从而 $M/K \trianglelefteq H/K$. 即 M/K 或循环或正规.

接下来, 我们首先来介绍 Passman 在文献 [70] 中给出的有关 $\mathrm{chn}(G) = 1$ 的有限 p 群 G 的研究工作.

引理 2.1.3 ([70, 引理2.5]) 设 G 是有限 p 群. 令 $\mathrm{chn}(G) > 0$ 且 $K \trianglelefteq G$. 则 $\mathrm{chn}(G/K) \leq \mathrm{chn}(G)$. 更有, 若 K 非循环, 则 $\mathrm{chn}(G/K) < \mathrm{chn}(G)$.

引理 2.1.4 ([70, 定理2.8]) 设 G 是有限 p 群. 令 $\mathrm{chn}(G) = n > 0$. 则

(i) $|G'| \leq p^{2n+\delta(p)}$ 且 $dl(G) \leq c(G) \leq 2n + \delta(p) + 1$;

(ii) $G/G' = A_1 \times A_2 \times B$, 其中 A_1, A_2 循环且 $|B| \leq p^{2n+\delta(p)-1}$;

(iii) $|G : Z(G)| \leq p^{(2n+1)(2n+2)}$;

(iv) $Z(G) = \overline{A_1} \times \overline{A_2} \times \overline{B}$, 其中 $\overline{A_1}, \overline{A_2}$ 循环且 $|\overline{B}| \leq p^{n-1}$.

这里 $\delta(p) = [\frac{2}{p}]$. 特别地, $p = 2$ 时, $\delta(p) = 1$; $p > 2$ 时, $\delta(p) = 0$.

定理 2.1.1 ([70, 命题2.9]) 设 G 为有限 p 群. 若 $\mathrm{chn}(G) = 1$, 即 G 的所有非正规子群均循环, 则 G 为以下群之一:

(i) $\mathrm{M}_p(n,m)$, 其中 $n \geq 2$, $m \geq 1$;

(ii) $G = \mathrm{C}_{2^n} * G_0$, 其中 $n \geq 2$, 并且若 $p = 2$, 则 $G_0 = \mathrm{D}_8$; 若 $p > 2$, 则 $G_0 = \mathrm{M}_p(2,1)$ 或 $\mathrm{M}_p(1,1,1)$;

(iii) $G = \mathrm{C}_{2^n} \times \mathrm{Q}_8$, 其中 $n \geq 2$;

(iv) 阶 $\leq 2^7$ 的 2 群中的某些群;

(v) 3^4 阶非正则的某些群.

证明 以下我们总假设, 当 $p = 2$ 时, $|G| \geq 2^8$. 注意到 G 非交换. 若 G 无 (p, p) 型交换正规子群, 则根据引理 1.2.3 可知, $p = 2$ 且 G 为极大类 2 群. 因为 $\mathrm{chn}(G) = 1$, 所以根据文献 [70] 的引理 2.6 可知, $2^3 \leq |G| \leq 2^4$, 矛盾. 从而 G 中必定存在 (p, p) 型交换正规子群 W. 再由引理 2.1.3 可知, $\mathrm{chn}(G/W) = 0$. 故 G/W 为 Dedekind 群. 若 G/W 非交换, 则由定理 1.2.1 可知, $G/W = \overline{Q} \times \overline{A}$, 其中 $\overline{A}$ 为初等交换 2 群, $\overline{Q} \cong Q_8$. 又由引理 2.1.4 可知, G 至多四元生成. 因此 $|G/W| \leq 2^5$. 故 $|G| \leq 2^7$, 矛盾. 因此 G/W 交换. 从而 $G' \leq W$ 且 $G' \cong C_p$ 或者 $C_p \times C_p$. 当然, 这个结论对于 G 的所有 (p, p) 型交换子群 W 均成立. 接下来, 断言 G 无 (p, p, p) 型交换子群. 若否, 可选取 W 为其任意极大子群, 则 G' 包含在所有这些极大子群中. 从而 $G' = 1$, 即 G 交换, 矛盾. 下面分 $Z(G)$ 循环和非循环两种情形来讨论:

情形1 $Z(G)$ 循环.

令 $Z = \Omega_1(Z(G))$, 则 $|Z| = p$. 任取 J 为 G 的另一个 p 阶子群, 则 $J \ntrianglelefteq G$ 且 $W = Z \times J$ 为 G 的一个 (p, p) 型交换正规子群. 令 $N = N_G(J)$. 由文献 [70] 的引理 1.3 可知, $|G : N| = p$ 且 N/J 或循环或为广义四元数群. 显然 $1 = \mathrm{chn}(G) \geq \mathrm{chn}(N) \geq \mathrm{chn}(N/J)$. 若 N/J 为广义四元数群, 由文献 [70] 的引理 2.6 可知 $|N : J| \leq 2^4$. 从而 $|G| \leq 2^6$, 矛盾. 故 N/J 循环且 N 交换. 由于 $W \leq N$, 因此 N 非循环. 故可设 $N = A \times J$, 其中 A 循环. 令 $G = \langle N, u \rangle$. 由于 N 交换, 因此映射 $y \to y^{-1}y^u$ 为 N 到 G' 的同态满射且核为 $Z(G)$. 从而 $N/Z(G) \cong G'$.

若存在 $x \in G \backslash N$ 且 $o(x) = p$, 则 $\langle Z, x \rangle$ 为 G 的 (p, p) 型交换子群. 从而 $\langle Z, x \rangle \trianglelefteq G$. 进而 $G' \leq \langle Z, J \rangle \cap \langle Z, x \rangle = Z$. 因此 $|G'| = p$. 又因 $N/Z(G) \cong G'$, 所以 $|N : Z(G)| = p$. 故 $J \nleq Z(G)$. 因而 $N = Z(G) \times J$. 由于 $\langle W, x \rangle = G_0$ 为 p^3 阶非交换群且 $G = Z(G)G_0$, 因此可得定理中的群 (ii).

下面假设 $G \backslash N$ 中不存在 p 阶元 x. 考虑商群 G/W. 若 G/W 循环, 注意到 G 的所有阶 $\geq p^2$ 的子群与 $Z(G)$ 的交均不为 1, 则 G 亚循环. 进一步, 由于 $G' \leq W$ 且 G' 循环, 因此可得定理中的群 (i).

设 G/W 非循环. 由于 G/W 交换, 因此不失一般性可设 G/W 为 (p^a, p) 型交换群, 其中 $a \geq 1$. 令 $G \geq R > W$ 且 R/W 为 (p, p) 型交换群. 若 $p = 2$, 令 $x \in R \backslash (R \cap N)$. 则 $x \notin C_G(J)$. 从而 $\langle W, x \rangle \cong D_8$. 注意到 $\langle W, x \rangle$ 有 5 个对合, 因此存在 2 阶元 $\in \langle W, x \rangle \backslash W \subseteq G \backslash N$, 矛盾. 故 $p > 2$. 断言: 映射 $x \to x^p$ 不是 R 的同态映射. 若否, 由于 $\Omega_1(R) = W$, 因此 W 中的每个元素均为 p 次幂的形式. 特别地, 存在 $x \in R$ 使得 $\langle x^p \rangle = J$ 且 $\langle x \rangle > \langle x^p \rangle$ 为 G 的长为 2 的非正规子群链, 矛盾. 由 $R' \leq G'$ 可得 R' 初等交换且 R 非正则. 又因 $|R| = p^4$, 所以 $p = 3$ 且 $c(R) = 3$. 注意到 $N/Z(G)$ 初等交换且 $R \cap N$ 为 (p^2, p) 型交换群. 因此, 若 $a \geq 2$, 则 $R \cap N$ 包含一个 p^2 阶中心元且 $|R : Z(R)| \leq p^2$, 矛盾. 故 $a = 1$ 且 $G = R$, 即可得定理中的群 (v).

情形2 $Z(G)$ 非循环.

令 $Z = Z(G)$ 且 $W = \Omega_1(Z)$. 因为 G 无 (p, p, p) 型交换子群, 所以 $W = \Omega_1(G)$

为 (p,p) 型的. 又因 $G' \le W$, 所以 $c(G) = 2$. 进而, 由文献 [70] 的引理 1.5 可知, G/Z 初等交换. 不妨设 $p > 2$ 或 $p = 2$ 且 $\{x \mid x^2 \in G'\} \le Z$. 下证在此假设下, 映射 $x \to x^p$ 为 G/W 到 Z 的一一映射. 显然, 若 $p > 2$, 则 G 正则. 故映射 $x \to x^p$ 为核等于 $\Omega_1(G)$ 的同态映射. 设 $p = 2$. 若 $x^2 = y^2$, 则 $(xy^{-1})^2 = x^2[x,y]y^{-2} = [x,y]$. 由假设知, $xy^{-1} \in Z$. 故 x,y 可交换且 $xy^{-1} \in W = \Omega_1(G)$. 因此 $|Z| \ge |G/W|$. 又注意到 G 非交换. 因此 G/Z 为 (p,p) 型交换群并且映射 $x \to x^p$ 为到 Z 的满射. 接下来, 由文献 [70] 的引理 1.5 可知, $|G'| = p$. 因此我们可选取 $u,v \in Z$ 使得 $Z = \langle u \rangle \times \langle v \rangle$ 且 $G' \le \langle u \rangle$. 若存在 $x,y \in G$ 使得 $x^p = u$, $y^p = v$, 则 $\langle x \rangle \trianglelefteq G$ 且 $G = \langle x,y \rangle$. 从而亦可得定理中的群 (i).

以下, 我们总假设 $p = 2$ 且 $\{x \mid x^2 \in G'\} \not\subseteq Z$. 令 $x \in G \backslash Z$ 且 $x^2 \in G'$. 由于 $\Omega_1(G) \le Z$, 因此 $|\langle x \rangle| = 4$. 若存在 $y \in Z$ 使得 $y^2 = x^2$, 则 $(xy^{-1})^2 = 1$. 因此 $xy^{-1} \in W \le Z$. 故 $x \in Z$, 矛盾. 因此可设 $Z = Z_1 \times \langle x^2 \rangle$, 其中 Z_1 循环. 因为 $\Omega_1(G) \le Z$ 且 $\Omega_2(G) \not\le Z$, 所以由文献 [70] 的命题 1.6 可知, G 中存在 4 阶非正规子群 H. 进一步, 由文献 [70] 的引理 1.3, 引理 1.4 可知, H 循环, $|G/N_G(H)| = 2$ 且 $N_G(H)/H$ 循环或者为广义四元数群. 若 $N_G(H)/H$ 为广义四元数群, 注意到 G' 初等交换. 则 $|N_G(H)/H| = 8$ 且 $|G| = 2^6$, 矛盾. 故 $N_G(H)/H$ 循环且 $d(G) \le 3$.

若 $|G'| = 2$, 则 G/Z 必有偶数个生成元. 又因 G/Z 初等交换, 所以 $|G/Z| = 4$. 由于 $x^2 \in G'$, 因此 $\langle x \rangle \ge G'$. 从而 $\langle x \rangle \trianglelefteq G$. 于是 $Z_1 \cap \langle x \rangle = 1$. 进而, $\overline{Z_1} = Z_1 \langle x \rangle / \langle x \rangle$ 在 $G/\langle x \rangle$ 中指数为 2. 若 $G/\langle x \rangle$ 循环, 则 G 同构于定理中的群 (i). 若 $G/\langle x \rangle$ 非循环, 则可设 $G/\langle x \rangle = \overline{Z_1} \times \overline{B}$, 其中 $|\overline{B}| = 2$. 令 $G \ge B \ge \langle x \rangle$ 且 $B/\langle x \rangle = \overline{B}$. 则 $Z_1 B = G$ 且 $Z_1 \cap B = Z_1 \cap \langle x \rangle \cap B = 1$. 故 $G = Z_1 \times B$. 进一步, 由于 G 非交换且 $\Omega_1(B) = \langle x^2 \rangle$, 因此 $B \cong Q_8$, 即可得 G 为定理中的群 (iii).

若 $|G'| = 4$, 则 $G' = W$. 显然 $|G : Z| \not\le 4$. 进而可证 $|G : Z| = 2^3$ 且 $Z = \Phi(G)$. 令 $1 < J < G'$, 则 $J \trianglelefteq G$. 故 $|(G/J)'| = 2$. 由于 G/J 至多三元生成, 因此 $|G/J : Z(G/J)| = 4$. 从而存在 $y \in G \backslash Z(G)$ 使得 $[G,y] \subseteq J$ 且 $|G : C_G(y)| = 2$. 又因 $|C_G(y) : \langle y, Z \rangle| = 2$, 所以 $A = C_G(y)$ 为 G 的指数为 2 的交换正规子群. 由于 $\Omega_1(A) \le Z$ 且 A/Z 初等交换, 因此可令 $A = \langle u \rangle \times \langle v \rangle$ 为 $(2^n, 4)$ 型交换群, 其中 $|\langle u \rangle| = 2^n$, $|\langle v \rangle| = 4$. 因为 $|G| \ge 2^8$, 所以 $n \ge 3$. 由于 $|G/\Phi(G)| = 2^3$, 因此 G/G' 为 $(2^{n-1}, 2, 2)$ 型交换群. 注意到 $\Omega_1(G) \le Z$. 则存在 $w \in G \backslash A$ 且 $o(w) = 4$. 令 $u^w = uz_1$, $v^w = vz_2$, $w^2 = z_3$, 其中 $z_1, z_2, z_3 \in G'$.

易证映射 $a \to a^{w+1}$ 为 A 到 A^{w+1} 上的同态映射且 $(u^2)^{w+1} = u^4 \ne 1$. 若 $z_3 \in A^{w+1}$, 则存在 $a \in A$ 使得 $a^{w+1} = z_3$. 从而 $(wa)^2 = wawa = w^2 a^{w+1} = z_3^2 = 1$, 矛盾. 故 A^{w+1} 循环. 又因 $n \ge 3$, 所以 $u^{2^{n-1}}$ 为其唯一的 2 阶元. 注意到映射 $a \to a^{w+1}$ 的核包含 G' 但不包含 $\langle u^{2^{n-2}} \rangle$. 由于 A^{w+1} 循环, 因此不失一般性可设 $v^{w+1} = 1$, 即 $v^w = v^{-1}$. 又因 $z_3 \notin A^{w+1}$, 所以可设 $z_3 = v^2$ 或者 $z_3 = v^2 u^{2^{n-1}}$. 不失一般性总可用 $wu^{2^{n-2}}$ 替换 w 得, $w^2 = v^2$. 从而 $B = \langle v, w \rangle \cong Q_8$. 又因 B 非循环, 所以 $B \trianglelefteq G$. 因此 $z_1 \in \Omega_1(B) = \langle v^2 \rangle$. 故 $G' \le \langle v^2 \rangle$, 矛盾.

最后, 我们来验证型 (i)–(iii) 均满足 $chn(G) \leq 1$, 而 (iv), (v) 中也存在一些满足 $chn(G) \leq 1$ 的群, 但不属于群 (i)–(iii) 之一. 设 G 为群 (i) 或 (iii), 则 $|G'| = p$. 故由文献 [70] 的引理 1.5 知 $G/Z(G)$ 初等交换. 若 G 为群 (i), 则令 B 为 G 的循环正规子群且使得 G/B 循环. 若 G 为群 (iii), 则令 $B = Q_8 \leq G$. 设 $H \ntrianglelefteq G$, 则 $G' \nleq H$. 又因 $|G'| = p$, 所以 $H \cap G' = 1$. 由于 B 选取的任意性, 因此总可设 $H \cap B = 1$. 进而 $H \cong G/B$. 故 H 循环. 由于 $G/Z(G)$ 初等交换, 因此 H 的每个子群均在 G 中正规. 故 $chn(G) \leq 1$. 设 G 为群 (ii), 则 G 的所有阶 $\geq p^2$ 的子群均正规. 从而 $chn(G) = 1$. 下面我们来考虑一些例外的情形. 当 $p = 2$ 时, 考虑群 $G \cong Q_{16}$. 此时, $chn(G) = 1$, 但 $|G'| = 4$. 显然 G 不属于群 (i)–(iii) 之一. 当 $p = 3$ 时, 令 G 为文献 [38] 中例子 III.10.15 的群, 容易证明 $chn(G) = 1$ 且 $c(G) = 3$. 显然 G 不属于群 (i)–(iii) 之一.

事实上, 对于定理 2.1.1 中的 (v) 型群而言, 不难知其为 3^4 阶极大类群. 进一步, 计算可得:

注 2.1.1 设 G 为 3^4 阶非正则群. 若 G 的所有非正规子群皆循环, 则 $G = \langle a, b, c \mid a^9 = c^3 = 1, b^3 = a^3, [a, b] = c, [c.a] = 1, [c, b] = a^{-3} \rangle$.

当 $p = 2$ 时, 定理 2.1.1 中, 对于 $|G| \geq 2^8$ 的 2 群, 给出了群的确定的结构; 而对于 $|G| \leq 2^7$ 的情形, 并未给出群的确定的结构. 2008 年, 我们在文献 [86] 中采用完全不同的方法给出了 $chn(G) = 1$ 的有限 2 群的分类. 下面我们来详细阐述这部分内容. 首先我们证明如下一个重要引理.

引理 2.1.5 设 G 为非 Dedekind 的有限 2 群, $K \leq G' \cap Z(G)$ 且 $|K| = 2$. 若 G 的所有子群皆循环或正规, $|G'| = 4$ 且 $G/K \cong Q_8 \times C_2^k$, 则 $k = 1$. 进一步, 设 $G/K = \langle \bar{a}, \bar{b} \rangle \times \langle \bar{c} \rangle$, 则 $G = \langle a, b, c \mid a^4 = 1, b^2 = a^2, c^4 = 1, [a, b] = a^2 c^2, [a, c] = 1, [b, c] = c^2 \rangle$.

证明 首先证明 $k = 1$. 若否, 由于 $k = 0$ 显然不可能, 因此根据引理 2.1.2, 不妨设 $k = 2$, 即 $G/K \cong Q_8 \times C_2^2$. 设

$$G/K = \langle \bar{a}, \bar{b}, \bar{c}, \bar{d} \mid \bar{a}^4 = \bar{1}, \bar{b}^2 = \bar{a}^2, \bar{c}^2 = \bar{d}^2 = \bar{1}, [\bar{a}, \bar{b}] = \bar{a}^2,$$

$$[\bar{a}, \bar{c}] = [\bar{a}, \bar{d}] = [\bar{b}, \bar{c}] = [\bar{b}, \bar{d}] = [\bar{c}, \bar{d}] = \bar{1} \rangle.$$

由于 $K \leq G'$, 因此 $G = \langle a, b, c, d \rangle$ 且 $G' = \langle a^2, u \rangle$. 容易看出 $G' \leq Z(G)$. 于是 $a^4 = [a^2, b] = 1$ 知 $o(a) = 4$. 不失一般性可设 $[a, c] = 1$. 若 $u \notin \langle c \rangle$ 且 $u \notin \langle d \rangle$, 注意到 $\langle a, c \rangle$, $\langle a, d \rangle$ 均不循环, 则它们都正规于 G. 由此不难证明 $[a, d] = [b, c] = [c, d] = [b, d] = 1$. 从而 $|G'| = 2$, 矛盾. 故 $u \in \langle c \rangle$ 或 $u \in \langle d \rangle$. 不失一般性可设 $u \in \langle c \rangle$. 下证 $u \in \langle d \rangle$, 即 $u = c^2 = d^2$. 若 $u \notin \langle d \rangle$, 则 $d^2 = 1$. 由 $\langle a^2, d \rangle \unlhd G$ 知 $[a, d] = [b, d] = [c, d] \in \langle a^2, d \rangle \cap K = 1$. 由于 $|G'| = 4$, 因此 $[b, c] = c^2$, 但 $\langle b \rangle \times \langle d \rangle$ 既不正规也不循环, 矛盾.

综上可得,

$$G = \langle a,b,c,d \mid a^4 = 1, b^2 = a^2 c^{2i}, c^4 = 1, d^2 = c^2, [a,b] = a^2 c^{2j}, [a,c] = 1,$$

$$[a,d] = c^{2k}, [b,c] = c^{2l}, [b,d] = c^{2m}, [c,d] = c^{2n} \rangle,$$

其中 $i,j,k,l,m,n = 0,1$ 且不同时为 0. 显然 i,j 取值不同. (若否, 则 $i = j = 0$ 或 $i = j = 1$. 对于前者, 由 $\langle a,b \rangle \trianglelefteq G$ 知 $[a,d] = [b,c] = [b,d] = 1$. 从而 $[c,d] = c^2$, 但此时 $Q_8 \cong \langle ad, bc \rangle \ntrianglelefteq G$, 矛盾. 对于后者, 令 $b_1 = ba$, 则 $b_1^2 = a^2$, $[a,b_1] = a^2 c^2$.) 因此 $b^2 = a^2$, $[a,b] = a^2 c^2$ 或 $b^2 = a^2 c^2$, $[a,b] = a^2$.

若 $b^2 = a^2$, $[a,b] = a^2 c^2$, 则断言 $[c,d] = c^2$. 若 $[c,d] = 1$, 则 $(cd)^2 = 1$. 注意到 $\langle a^2 \rangle \times \langle cd \rangle \trianglelefteq G$. 我们有 $[a,d] \in (\langle a^2 \rangle \times \langle cd \rangle) \cap K = 1$. 此时 $\langle a \rangle \times \langle cd \rangle \trianglelefteq G$, 于是 $[a,b] \in (\langle a \rangle \times \langle cd \rangle) \cap G' = \langle a^2 \rangle$, 矛盾. 进一步, 若 $[b,c] = 1$, 则 $Q_8 \cong \langle ab, ac \rangle \trianglelefteq G$, 从而 $[ac,d] \in \langle a^2 c^2 \rangle$ 且 $[ab,d] \in \langle a^2 c^2 \rangle$. 我们可得 $[a,d] = [b,d] = c^2$. 此时又有 $Q_8 \cong \langle bd, a \rangle \trianglelefteq G$, 从而 $a^2 c^2 = [a,b] \in \langle bd, a \rangle \cap G' = \langle a^2 \rangle$, 矛盾. 故 $[b,c] = c^2$. 不失一般性可设 $[b,d] = 1$. 这是因为若 $[b,d] = c^2$, 令 $d_1 = dc$, 则 $[b,d_1] = 1$. 若 $[a,d] = 1$, 则 $Q_8 \cong \langle ac, bd \rangle \trianglelefteq G$. 用和前面类似的方法可推出矛盾. 所以 $[a,d] = c^2$. 此时用类似的方法可证 $\langle bcd, a \rangle$ 就是一个既不循环又不正规的子群, 矛盾. 因此 $b^2 = a^2 c^2$ 且 $[a,b] = a^2$.

和上一段的讨论类似, 由 $\langle a^2, cd \rangle$, $\langle b, cd \rangle$ 均正规于 G 可得 $[c,d] = c^2$. 再由 $\langle ab, ac \rangle \trianglelefteq G$ 且 $\langle bc, a \rangle \trianglelefteq G$ 可得 $[b,c] = [a,d] = 1, [b,d] = c^2$. 但子群 $\langle ac, bd \rangle \ntrianglelefteq G$, 矛盾. 这样我们就证明了 $k = 1$, 即 $G/K \cong Q_8 \times C_2$.

设

$$G/K = \langle \bar{a}, \bar{b}, \bar{c} \mid \bar{a}^4 = \bar{1}, \bar{b}^2 = \bar{a}^2, \bar{c}^2 = \bar{1}, [\bar{a},\bar{b}] = \bar{a}^2, [\bar{a},\bar{c}] = [\bar{b},\bar{c}] = \bar{1} \rangle.$$

显然 $G = \langle a,b,c \rangle$, $G' = \langle a^2, u \rangle \leq Z(G)$ 且 $o(a) = 4$. 不失一般性可设 $[a,c] = 1$, $[b,c] = u$. 由 $\langle a,c \rangle \trianglelefteq G$ 可知 $u \in \langle c \rangle$, 即 $c^2 = u$. 类似前面的证明可知 $b^2 = a^2$, $[a,b] = a^2 c^2$, 即有

$$G = \langle a,b,c \mid a^4 = 1, b^2 = a^2, c^4 = 1, [a,b] = a^2 c^2, [a,c] = 1, [b,c] = c^2 \rangle.$$

最后, 我们来证明 G 一定满足题设条件. 显然 $|G'| = 4$ 且 $G' = \Omega_1(G) = Z(G) = \langle a^2, c^2 \rangle$. 设 $H \ntrianglelefteq G$, 则 $G' \nleq H$. 由于 $G' = \Omega_1(G)$, 因此 $|H \cap G'| = 2$, 即 H 中 2 阶元唯一. 因此 H 循环或为广义四元数群. 若 H 为广义四元数群, 由于 $\exp(G) = 4$, 因此 $H \cong Q_8$. 接下来, 考虑商群 $G/H \cap G'$. 容易计算知 $G/H \cap G'$ 为 Dedekind 群或同构于 $D_8 * C_4$. 由于 $|H/H \cap G'| = 2^2$, 因此经过计算知 $H/H \cap G' \trianglelefteq G/H \cap G'$. 从而 $H \trianglelefteq G$, 矛盾. 因此 H 循环.

引理 2.1.6 设 G 为有限 p 群. 若 G 的所有子群皆循环或正规, 则 $|G'| \leq p^2$.

证明 若 G 为 Dedekind 群, 则 $|G'| \leq p$. 因此下面设 G 非 Dedekind. 若 G 中无 (p, p) 型正规子群, 则 G 为极大类 2 群. 因此 G 同构于 $D_{2^n}, Q_{2^n}, SD_{2^n}$ 之一. 由于 G 的所有子群皆循环或正规, 因此经过计算可知 G 仅为 D_8 或 Q_{16}. 显然此时 $|G'| \leq 4$. 因此我们可设 G 中存在 (p, p) 型正规子群 N. 从而 G/N 为 Dedekind 群. (若否, 则存在 $H/N \ntrianglelefteq G/N$. 从而 $H \ntrianglelefteq G$, 但显然 H 非循环, 矛盾.) 由于 G/N 为 Dedekind 群, 因此若 $|G'| > p^2$, 则 $G/N \cong Q_8 \times C_2^k$ 且 $N \leq G'$, $|G'| = 8$. 设 $K \leq N \cap Z(G)$ 且 $|K| = 2$, 则 $G/K/N/K \cong G/N \cong Q_8 \times C_2^k$. 由引理 2.1.5 知

$$G/K \cong \langle \bar{a}, \bar{b}, \bar{c} \mid \bar{a}^4 = \bar{1}, \bar{b}^2 = \bar{a}^2, \bar{c}^4 = \bar{1}, [\bar{a}, \bar{b}] = \bar{a}^2 \bar{c}^2, [\bar{a}, \bar{c}] = \bar{1}, [\bar{b}, \bar{c}] = \bar{c}^2 \rangle.$$

由于 $K \leq G'$, 因此 $G = \langle a, b, c \rangle$. 设 $K = \langle u \rangle$, 则 $G' = \langle a^2, c^2, u \rangle$. 显然 $a^2, b^2 \in Z(G)$. 因此

$$1 = [a^2, b] = a^4 c^4 \text{ 且 } 1 = [a, b^2] = a^4 c^4 c^4.$$

故 $a^4 = c^4 = 1$ 且 $c^2 \in Z(G)$. 从而 $C_2^3 \cong G' \leq Z(G)$, 于是对于任意 G' 的极大子群 M, 都有 G/M 为 Dedekind 群, 这与引理 1.2.2 矛盾. 故 $|G'| \leq p^2$.

引理 2.1.7 设 G 为非 Dedekind 的有限 2 群. 若其所有子群循环或正规, $|G'| = 2$ 且 $d(G) > 2$, 则 $G = D_8 * C_G(D_8)$ 或 $G = Q_8 * C_G(Q_8)$.

证明 设 H 为 G 的最小阶内交换子群. 由于 H 的所有子群皆循环或正规, 因此 $H \ncong M_2(n, m, 1)$. 从而 $H \cong Q_8$ 或 $M_2(n, m)$. 下面我们证明 H 只能为 D_8 或 Q_8. 若否, 则

$$H \cong M_2(n, m) = \langle a, b \mid a^{2^n} = b^{2^m} = 1, [a, b] = a^{2^{n-1}} \rangle,$$

其中 $n \geq 2$, $m \geq 1$ 且 $|H| > 2^3$. 由引理 1.2.6 知 $G = H * C_G(H)$. 因此存在子群 $H * \langle c \rangle \leq G$, 其中 $c^2 = a^{2i} b^{2j}$.

若 $2 \mid i$, 显然子群 $\langle ca^{-i}, b \rangle$ 既不正规也不循环, 矛盾. 因此 $2 \nmid i$. 进一步, 若 $2 \nmid j$, 分别用 a^i, b^j 替换 a, b 可得 $c^2 = a^2 b^2$. 当 $n > 2$ 时, 由于若 $m > 1$, 则存在子群 $\langle b^2, ca^{-1} b^{-1} a^{2^{n-2}} \rangle$ 既不正规也不循环, 因此 $m = 1$. 令 $a_1 = c$, $b_1 = b$, $c_1 = ca^{-1}$, 则

$$a_1^{2^n} = b_1^2 = c_1^2 = 1, [b_1, c_1] = a_1^{2^{n-1}}, [a_1, b_1] = [a_1, c_1] = 1.$$

从而 $H * \langle c \rangle \cong D_8 * C_{2^n}$, 其中 $n > 2$. 因此 G 中存在阶小于 $|H|$ 的内交换子群, 矛盾. 当 $n = 2$ 时, 显然 $m > 1$. 此时, 令 $a_1 = a$, $b_1 = c$, $c_1 = cb^{-1}$, 则

$$a_1^4 = b_1^{2^m} = 1, c_1^2 = a_1^2, [a_1, c_1] = a_1^2, [b_1, a_1] = [b_1, c_1] = 1.$$

即 $H * \langle c \rangle \cong Q_8 \times C_{2^m}$, 其中 $m \geq 2$, 这亦与 H 的最小性矛盾. 若 $2 \mid j$, 令 $c_1 = cb^{-j}$, 则 $c_1^2 = a^{2i}$, $[a, c_1] = [b, c_1] = 1$. 若 $m \geq 2$, 显然子群 $\langle b^2, c_1 a^{-i} \rangle$ 既不正规也不循环. 因此 $m = 1$, 即 $b^2 = 1$. 接下来, 令 $a' = c_1$, $c' = c_1 a^{-i}$, 则

$$a'^{2^n} = c'^2 = b^2 = 1, [a', b] = [a', c'] = 1, [b, c'] = a'^{2^{n-1}}.$$

因此 $H * \langle c \rangle = \mathrm{D}_8 * \mathrm{C}_{2^n}$, 矛盾.

综上可知, 若 $d(G) > 2$, 则 G 中最小阶的内交换群 H 只能为 D_8 或 Q_8. 由于 $|G'| = 2$, 因此由引理 1.2.6 可知, $G = \mathrm{D}_8 * C_G(\mathrm{D}_8)$ 或 $G = \mathrm{Q}_8 * C_G(\mathrm{Q}_8)$.

定理 2.1.2 设 G 为非 Dedekind 的有限 2 群, $|G'| = 2$. 则 G 的所有子群皆循环或正规当且仅当 G 同构于以下群之一:

(1) $\mathrm{M}_2(n, m)$, 其中 $n \geq 2$, $m \geq 1$;

(2) $\mathrm{D}_8 * \mathrm{C}_{2^n}$, 其中 $n \geq 2$;

(3) $\mathrm{D}_8 * \mathrm{Q}_8$;

(4) $\mathrm{Q}_8 \times \mathrm{C}_{2^n}$, 其中 $n \geq 2$.

证明 若 $d(G) = 2$, 由于 G 非 Dedekind 群且 G 的所有子群皆循环或正规, 因此 G 仅同构于 $\mathrm{M}_2(n, m)$, 即定理中的群 (1).

若 $d(G) > 2$, 由引理 2.1.7 可知, $G = \mathrm{D}_8 * C_G(\mathrm{D}_8)$ 或 $G = \mathrm{Q}_8 * C_G(\mathrm{Q}_8)$.

若 G 中有子群同构于 D_8, 则 $G = \mathrm{D}_8 * C_G(\mathrm{D}_8)$. 若 $C_G(\mathrm{D}_8)$ 交换, 则可设 $G = \mathrm{D}_8 * Z(G)$. 下证 $d(Z(G)) = 1$. 若否, 存在 $\langle x \rangle \times \langle y \rangle \cong \mathrm{C}_2 \times \mathrm{C}_2 \leq Z(G)$. 设 $\mathrm{D}_8 = \langle a, b \mid a^4 = b^2 = 1, [a, b] = a^2 \rangle$. 由于 $\langle b \rangle \times \langle x \rangle \trianglelefteq G$ 且 $\langle b \rangle \times \langle y \rangle \trianglelefteq G$, 因此 $\langle b \rangle \trianglelefteq G$, 矛盾. 从而 $G = \mathrm{D}_8 * \mathrm{C}_{2^n}$, 其中 $n \geq 2$, 即定理中的群 (2). 若 $C_G(\mathrm{D}_8)$ 非交换, 则 $|(C_G(\mathrm{D}_8))'| = 2$. 注意 $\mathrm{D}_8 * \mathrm{D}_8$ 显然不满足题设, 可知 $C_G(\mathrm{D}_8)$ 中最小阶的内交换 2 群必为 Q_8. 从而 G 有子群 H 同构于 $\mathrm{D}_8 * \mathrm{Q}_8$. 由引理 1.2.6 知, $G = H * C_G(H)$. 设

$$H = \langle a, b, c, d \mid a^4 = b^2 = 1, c^2 = d^2 = a^2, [a, b] = [c, d] = a^2,$$

$$[a, c] = [a, d] = [b, c] = [b, d] = 1 \rangle.$$

若 $G \neq H$, 则存在 $e \in C_G(H) \setminus H$ 且 $e^2 \in Z(H)$. 若 $e^2 = 1$, 则 $\langle b, e \rangle$ 是不循环也不正规的子群, 矛盾于题设. 若 $e^2 = a^2$, 则 $\langle e^{-1}a, d \rangle$ 不正规也不循环, 仍得到矛盾. 故 $G = H$. 我们得到定理中的群 (3).

若 G 中无子群同构于 D_8, 则 $G = \mathrm{Q}_8 * C_G(\mathrm{Q}_8)$. 我们断言 $C_G(\mathrm{Q}_8)$ 交换. (若否, 则 $C_G(\mathrm{Q}_8)$ 中存在最小阶的内交换子群 H. 又因 G 无子群同构于 D_8, 所以由引理 2.1.7 知 H 仅同构于 Q_8. 因此

$$G = (\mathrm{Q}_8 * \mathrm{Q}_8) * C_G(\mathrm{Q}_8 * \mathrm{Q}_8).$$

由于 $\mathrm{Q}_8 * \mathrm{Q}_8 = \mathrm{D}_8 * \mathrm{D}_8$, 因此 G 中存在子群同构于 D_8, 矛盾.) 从而可设 $G = \mathrm{Q}_8 * Z(G)$. 若 $x \in Z(G)$ 且 $o(x) = 2^s > 2$. 我们断言 $\langle x \rangle \cap \mathrm{Q}_8 = 1$. 若否, 设 $\mathrm{Q}_8 = \langle a, b \mid a^4 = 1, b^2 = a^2, [a, b] = a^2 \rangle$. 则 $x^{2^{s-1}} = a^2$. 但此时子群 $\langle ax^{2^{s-2}}, b \rangle \cong \mathrm{D}_8$, 矛盾. 因此 $G = \mathrm{Q}_8 \times A$, 其中 A 为交换 2 群. 由于 G 非 Dedekind 群, 因此 $\exp(A) = 2^n > 2$. 从而 $G = \mathrm{Q}_8 \times \langle x \rangle \times B$, 其中 $o(x) = 2^n > 2$. 下证 $B = 1$. 若否, 设 $d \in B$, 则显然 $\langle x^{2^{n-2}}a, d \rangle$ 既非正规也非循环, 矛盾. 因此 $G = \mathrm{Q}_8 \times \mathrm{C}_{2^n}$, 其中 $n \geq 2$, 即定理中的群 (4).

显然群 (1)–(4) 互不同构, $|G'| = 2$ 且易验证其所有子群皆循环或正规.

定理 2.1.3 设 G 为非 Dedekind 的有限 2 群，$|G'| = 4$. 则 G 的所有子群皆循环或正规当且仅当 G 同构于以下群之一:

(1) Q_{16};

(2) $\langle a, b \mid a^8 = 1, b^4 = a^4, [a, b] = a^{-2} \rangle$;

(3) $\langle a, b, c \mid a^4 = 1, b^2 = a^2, c^4 = 1, [a, b] = a^2 c^2, [a, c] = 1, [b, c] = c^2 \rangle$;

(4) $\langle a, b, c, d \mid a^4 = b^4 = 1, c^2 = a^2 b^2, d^2 = a^2, [a, b] = a^2, [c, d] = a^2 b^2, [b, c] = [a, d] = b^2, [a, c] = [b, d] = 1 \rangle$.

证明 由于 $|G'| = 4$，因此总存在 $K \leq G' \cap Z(G)$ 且 $|K| = 2$，使得 G/K 非 Dedekind. 从而 G/K 同构于定理 2.1.2 中群之一. 设 $K = \langle u \rangle$. 下面我们分情形讨论:

情形1 $G/K \cong M_2(n, m) = \langle \bar{a}, \bar{b} \mid \bar{a}^{2^n} = \bar{b}^{2^m} = \bar{1}, [\bar{a}, \bar{b}] = \bar{a}^{2^{n-1}} \rangle$，其中 $n \geq 2$, $m \geq 1$.

由于 $K = \langle u \rangle \leq G'$，因此 $G = \langle a, b \rangle$. 我们断言 $u \in \langle a \rangle$. 若否，则有 $a^{2^n} = 1$. 经计算不难证出 $|G'| = 2$，矛盾. 因此 $a^{2^{n+1}} = 1$ 且可设 $b^{2^m} = a^{i2^n}$, $[a, b] = a^{2^{n-1}(1+2j)}$，其中 $i, j = 0, 1$. 若 $b^{2^m} = 1$，显然子群 $\langle a^{2^n}, b \rangle$ 非正规非循环. 因此 $b^{2^m} = a^{2^n}$, $[a, b] = a^{(1+2j)2^{n-1}}$，其中 $j = 0, 1$.

若 $m = 1$，则 $b^2 \in K \leq Z(G)$. 显然 $1 = [a, b^2] = a^{(1+2j)2^n} a^{2^{2n-2}}$. 由于 $a^{2^{n+1}} = 1$，因此 $n = 2$. 即 $a^8 = 1$, $b^2 = a^4$, $[a, b] = a^{-2}$ 或 a^2. 若 $[a, b] = a^2$，显然子群 $\langle a^4, ab \rangle$ 既不正规也不循环，矛盾. 因此 $[a, b] = a^{-2}$，即 G 同构于 (1). 若 $m > 1$，我们断言 $n = m = 2$. 这是因为，当 $n > m$ 时，存在子群 $\langle a^{2^n}, ba^{2^{n-m}} \rangle$ 既不正规也不循环. 因此 $n \leq m$. 进一步，若 $n < m$，则类似的可知存在子群 $\langle a^{2^n}, ab^{2^{m-n}} \rangle$ 既不正规也不循环. 从而 $n = m$. 接下来，若 $n = m > 2$，则子群 $\langle a^{2^n}, ba \rangle$ 既不正规也不循环. 因此 $n = m = 2$. 从而 $a^8 = 1$, $b^4 = a^4$, $[a, b] = a^{-2}$ 或 a^2. 对于后者，令 $a_1 = ab^2$，则 $a_1^2 = a^{-2}$, $b^4 = a_1^4$, $[a_1, b] = a_1^{-2}$. 因此 G 同构于群 (2).

情形2 $G/K \cong D_8 * C_{2^n} = \langle \bar{a}, \bar{b}, \bar{c} \mid \bar{a}^{2^n} = \bar{b}^2 = \bar{c}^2 = \bar{1}, [\bar{b}, \bar{c}] = \bar{a}^{2^{n-1}}, [\bar{a}, \bar{b}] = [\bar{a}, \bar{c}] = \bar{1} \rangle$, $n \geq 2$.

显然 $G = \langle a, b, c \rangle$ 且 $G' = \langle a^{2^{n-1}}, u \rangle$. 由于 $[a, b], [a, c] \in K \leq Z(G)$，因此 $[a^2, b] = [a^2, c] = 1$. 即 $a^2 \in Z(G)$. 从而 $G' \leq Z(G)$. 由于 $b^2 \in K$，因此 $b^2 \in Z(G)$. 从而

$$1 = [b^2, c] = [b, c]^2 [b, c, b] = a^{2^n} [a^{2^{n-1}}, b] = a^{2^n}.$$

故 $a^{2^n} = 1$. 因此 $u \notin \langle a \rangle$. 假设 $u \notin \langle b \rangle$ 且 $u \notin \langle c \rangle$. 由于 $\langle b, c \rangle \trianglelefteq G$，因此 $[a, b] = [a, c] = 1$，从而 $G' = \langle a^{2^{n-1}} u \rangle$ 且 $|G'| = 2$，矛盾. 因此，不失一般性总可假设 $u \in \langle b \rangle$. 即 $u = b^2$ 且 $o(b) = 4$. 从而可设

$$c^2 = b^{2i}, \quad [b, c] = a^{2^{n-1}} b^{2j}, \quad [a, b] = b^{2k}, \quad [a, c] = b^{2l},$$

其中 i,j,k,l 为 0 或 1. 由于 $|G'| > 2$, 因此 $[a,b]$, $[a,c]$ 至少有一个不为 1.

我们断言 $i = 1$, 即 $c^2 = b^2$. (若否, 则 $c^2 = 1$. 但此时子群 $\langle b^2, c \rangle$ 既不正规也不循环, 矛盾.) 进一步, 若 $n > 2$, 我们可设 $j = 1$. 这是因为若 $j = 0$, 令 $c_1 = cba^{2^{n-2}}$, 则 $c_1^2 = 1$. 类似地, 子群 $\langle b^2, c_1 \rangle$ 既不正规也不循环, 矛盾. 从而 $[b,c] = a^{2^{n-1}}b^2$. 由于 $\langle bc, a^{2^{n-2}}b \rangle \trianglelefteq G$, 因此 $[a,b] = [a,c] = 1$, 即 $|G'| = 2$, 矛盾. 故 $n = 2$. 即

$$a^4 = b^4 = 1, c^2 = b^2, [b,c] = a^2 b^{2j}, [a,c] = b^{2k}, [a,b] = b^{2l}.$$

若 $j = 0$, 即 $[b,c] = a^2$. 进一步, 我们断言 $[a,c]$, $[a,b]$ 中必有一个为 1. 若否, 则 $[a,c] = [a,b] = b^2$, 但子群 $\langle a, cba \rangle$ 既不正规也不循环, 矛盾. 因此不失一般性可设 $[a,b] = 1$, $[a,c] = b^2$. 令 $a_1 = a$, $b_1 = ca^{-1}$, $c_1 = ba$, 则 G 同构于引理 2.1.5 中的群, 即定理中的群 (3). 若 $j = 1$, 即 $[b,c] = a^2 b^2$. 此种情形下我们断言 $[a,c]$, $[a,b]$ 全不为 1. 若否, 不妨设 $[a,b] = 1$, $[a,c] = b^2$, 但子群 $\langle b^2, cba \rangle$ 既不正规也不循环, 矛盾. 因此 $[a,b] = [a,c] = b^2$. 令 $b_1 = ba$, $c_1 = cb$, 则 G 亦同构于引理 2.1.5 中的群, 即定理中的群 (3).

情形3 $G/K \cong \mathrm{D}_8 * \mathrm{Q}_8 = \langle \bar{a}, \bar{b}, \bar{c}, \bar{d} \mid \bar{a}^4 = \bar{b}^2 = \bar{1}, \bar{c}^2 = \bar{d}^2 = \bar{a}^2, [\bar{a}, \bar{b}] = [\bar{c}, \bar{d}] = \bar{a}^2, [\bar{a}, \bar{c}] = [\bar{a}, \bar{d}] = [\bar{b}, \bar{c}] = [\bar{b}, \bar{d}] = \bar{1} \rangle$.

由 $K = \langle u \rangle \leq G'$ 知 $G = \langle a, b, c, d \rangle$ 且 $G' = \langle a^2, u \rangle$. 显然 $b^2 \in Z(G)$. 由于 $[a^2, b] = [a^2, c] = [a^2, d] = 1$, 因此 $a^2 \in Z(G)$. 又因 $1 = [a^2, b] = a^4$, 所以 $o(a) = 4$ 且 $u \notin \langle a \rangle$. 显然可知 $c^2, d^2 \in Z(G)$ 且 $o(c) = o(d) = 4$. 由于 $G' = \langle a^2, u \rangle$, 因此 $G' \leq Z(G)$. 接下来, 设 $\bar{H} = H/K \leq \bar{G} = G/K$ 且 $\bar{H} \cong \mathrm{D}_8$, 则由引理 1.2.6 可知, $\bar{G} = \bar{H} * C_{\bar{G}}(\bar{H}) = \bar{H} * \mathrm{Q}_8$. 首先我们来证明任取 $\bar{H} \cong \mathrm{D}_8$, 则 H 在 G 中的原象 H 同构于 $\mathrm{M}_2(2,2)$. 不失一般性可设 $\bar{H} = \langle \bar{a}, \bar{b} \rangle$. 设 $\bar{b}$ 在 G 中原象 b 的阶为 2, 则 $a^4 = b^2 = 1$, $[a,b] = a^2 u^k$, 其中 $k = 0, 1$.

若 $k = 0$, 即 $[a,b] = a^2$. 由于 $\langle a, b \rangle \trianglelefteq G$, 因此 $[a,c] = [a,d] = [b,c] = [b,d] = 1$. 由于 $|G'| > 2$, 因此 $[c,d] = a^2 u$. 进一步, 由于 $\langle a, c \rangle$, $\langle a, d \rangle$ 均正规于 G. 因此 $c^2 = d^2 = a^2 u$. 但此时子群 $\langle b, c \rangle$ 既不正规也不循环, 矛盾. 从而 $k = 1$. 即 $[a,b] = a^2 u$. 不失一般性, 可设 $[b,c] = 1$. 由于 $\langle b, c \rangle$, $\langle b, d \rangle$ 均正规于 G, 因此

$$c^2 = d^2 = a^2 u \text{ 且 } [b,d] = [a,d] = [a,c] = 1, [c,d] = a^2 u.$$

从而 $G' = \langle a^2 u \rangle$. 故 $|G'| = 2$, 矛盾. 因此 $o(b) = 4$ 且 $G' = \langle a^2, b^2 \rangle$. 若 $[a,b] = a^2 b^2$, 取 $b_1 = ab$, 则 $b_1^2 = 1$, $[a, b_1] = a^2 b^2$. 显然 $\langle \bar{a}, \bar{b}_1 \rangle \cong \mathrm{D}_8$, 但 $\bar{b}_1$ 在 G 中原象 b_1 的阶为 2, 矛盾. 因此 $[a,b] = a^2$. 从而 $\bar{H}$ 在 G 中的原象 H 同构于 $\mathrm{M}_2(2,2)$.

任取 $\bar{H} \leq G/K$ 且 $\bar{H} \cong \mathrm{D}_8$, 从而 $G/K = \bar{H} * \mathrm{Q}_8$ 且 $\bar{H}$ 在 G 中的原象 H 同构于 $\mathrm{M}_2(2,2)$. 不失一般性可设 $[a,c] = 1$. 进一步, 由于 $\langle \overline{ca}, \bar{d} \rangle \cong \mathrm{D}_8$, 因此

$$(ca)^2 = c^2 a^2 \neq 1 \text{ 且 } d^2 = [ca, d] = [c,d][a,d].$$

故 $c^2 = a^2b^2$ 且 $[c,d] = d^2[a,d]$. 类似地, 由于 $\langle \bar{da}, \bar{c} \rangle \cong D_8$, 因此 $(da)^2 = d^2a^2[a,d] \neq 1$. 故 $d^2[a,d] = a^2b^2$. 从而 $[c,d] = a^2b^2$. 若 $d^2 = c^2$. 由于 $\langle c,d \rangle \trianglelefteq G$, 因此 $[b,c] = [b,d] = [a,d] = 1$. 但此时 $\langle bc, a \rangle \ntrianglelefteq G$, 矛盾. 因此 $d^2 = a^2$ 且 $[a,d] = d^2[c,d] = b^2$. 若 $[b,c] = 1$. 显然 $\langle bc, a \rangle \ntrianglelefteq G$. 因此 $[b,c] = b^2$. 最后, 若 $[b,d] = b^2$, 令 $d_1 = cd$, 则

$$d_1^2 = d^2, [c,d_1] = [c,d], [a,d_1] = [a,d], [b,d_1] = 1.$$

因此总可假设 $[b,d] = 1$. 综上可得群 (4).

情形4 $G/K \cong Q_8 \times C_{2^n} = \langle \bar{a}, \bar{b}, \bar{c} \mid \bar{a}^4 = \bar{1}, \bar{b}^2 = \bar{a}^2, \bar{c}^{2^n} = \bar{1}, [\bar{a},\bar{b}] = \bar{a}^2, [\bar{a},\bar{c}] = [\bar{b},\bar{c}] = \bar{1} \rangle$, $n \geq 2$.

显然 $G = \langle a,b,c \rangle$ 且 $G' = \langle a^2, u \rangle$. 由于 $[a^2,b] = [a^2,c] = 1$, 因此 $a^2 \in Z(G)$. 从而 $G' \leq Z(G)$. 因此 $1 = [a^2,b] = a^4$. 又因 $|G'| > 2$, 所以 $[a,c]$, $[b,c]$ 不同时为1. 不失一般性可设 $[a,c] = 1$, $[b,c] = u$. 进一步, 由于 $\langle a,c \rangle \trianglelefteq G$, 因此 $c^{2^n} = u$. 从而可设 $b^2 = a^2c^{i2^n}$, $[a,b] = a^2c^{j2^n}$, 其中 $i,j = 0$ 或 1. 若 $i = j = 1$, 令 $b_1 = ba$, 则 $b_1^2 = a^2c^{(i+j)2^n} = a^2$. 因此 i,j 不同时为 1. 进一步, 假设 $b^2 = a^2$. 由于子群 $\langle a,b \rangle \trianglelefteq G$, 因此 $[a,b] = a^2c^{2^n}$. 但此时子群 $\langle ac^{2^{n-1}}, ba \rangle$ 不正规不循环. 因此 $b^2 = a^2c^{2^n}$ 且 $[a,b] = a^2$. 但子群 $\langle bc^{2^{n-1}}, a \rangle$ 不正规不循环. 因此此种情形不存在群满足题设.

显然群 (1)–(4) 互不同构且 $|G'| = 4$. 下证 (1)–(4) 均满足所有子群皆循环或正规. 若 G 为群 (1), 由于 $|G| = 2^4$, 因此显然所有 2^3 子群均正规. 又因 G 中 2 阶元唯一, 所以 G 的 2^2 阶子群一定循环. 从而 G 的所有子群皆循环或正规. 若 G 为群 (2), $\Omega_1(G) = \langle a^2b^{-2} \rangle \times \langle a^2b^2 \rangle$. 设 $N \leq G$, 若 $\Omega_1(G) \leq N$, 则 $G/\Omega_1(G) \cong Q_8$. 因此 $N/\Omega_1(G) \trianglelefteq G/\Omega_1(G)$. 故 $N \trianglelefteq G$. 若 $\Omega_1(G) \nleq N$, 则 N 的 2 阶元唯一. 因此 N 或循环或为广义四元数群. 若 N 为广义四元数群, 设 b^ia^j 为 N 的某个生成元, 则 $(b^ia^j)^2 = a^2b^{-2}$, a^2b^2 或 a^4. 无论何种情形, 经过计算均可知这样的 H 不存在. 因此 N 循环. 从而 G 的所有子群皆循环或正规. 若 G 为群 (3), 由引理 2.1.5 知其所有子群皆循环或正规. 若 G 为群 (4), 由于 $\Omega_1(G) = Z(G) = G' = \langle a^2 \rangle \times \langle b^2 \rangle$, 因此若 G 的子群 H 中 2 阶元不唯一, 则 $G' \leq H$. 从而 $H \trianglelefteq G$. 若 H 中 2 阶元唯一, 则 H 或循环或为广义四元数群. 若 H 为广义四元数群, 由于 $\exp(G) = 4$, 因此 $H \cong Q_8$. 设 $K \leq G'$ 且 $K \neq H'$, 考虑商群 $\overline{G} = G/K$. 由于 $\overline{H} = HK/K \cong Q_8$ 且 $|\overline{G}'| = 2$, 因此由引理 1.2.6 知 $\overline{G} = \overline{H} * C_{\overline{G}}(\overline{H})$. 令 $C/K = C_{\overline{G}}(\overline{H})$, 则 $G = HC$ 且 $H \cap C = H'$. 因此 $G/H' \cong C/H' \rtimes C_2^2$, 于是它有 8 阶初等交换子群. 但经过计算可知对于任意的 $1 < K < G'$, $G/K \cong D_8 * Q_8$, 它不包含 8 阶初等交换子群, 矛盾. 因此 G 中子群皆循环或正规.

综上可知,

定理 2.1.4 设 G 为有限 2 群. 若 $\text{chn}(G) = 1$, 即 G 的所有非正规子群均循环, 则 G 同构于定理 2.1.2 以及定理 2.1.3 中的群之一.

§2.2 非正规子群链长不超过 2 的有限 2 群

本节来分类 $\text{chn}(G) \leq 2$ 的有限 2 群. 首先, 来证明如下几个引理.

引理 2.2.1 若有限 2 群 G 满足 $\text{chn}(G) \leq 2$, 则 G 的子群, 商群也满足.

证明 任取 $H \leq G$. 下证 $\text{chn}(H) \leq 2$. 若否, 不妨设 $K_1 < K_2 < \cdots < K_s$ 是 H 的一条非正规子群链, 其中 $s \geq 3$. 对每个 i, 由 $K_i \ntrianglelefteq H$ 可知 $K_i \ntrianglelefteq G$. 于是 $K_1 < K_2 < \cdots < K_s$ 是 G 的一条非正规子群链, 这与 $\text{chn}(G) \leq 2$ 矛盾.

设 $\overline{G} = G/N$ 是 G 的一个商群. 下证 $\text{chn}(\overline{G}) \leq 2$. 若否, 可设 $\overline{M_1} < \overline{M_2} < \cdots < \overline{M_s}$ 是 $\overline{G}$ 的一条非正规子群链, 其中 $s \geq 3$. 对每个 i, 由 $\overline{M_i} \ntrianglelefteq \overline{G}$ 和对应定理可得 $M_i N \ntrianglelefteq G$. 于是 $M_1 N < M_2 N < \cdots < M_s N$ 是 G 的一条非正规子群链, 与 $\text{chn}(G) \leq 2$ 矛盾.

引理 2.2.2 设 G 为非 Dedekind 2 群. 若 $\text{chn}(G) \leq 2$, 则 $d(G) \leq 6$ 且 $|G'| \leq 2^3$.

证明 根据引理 2.1.4 可得 $d(G) \leq 6$ 且 $|G'| \leq 2^5$. 下面, 我们进一步来证明 $|G'| \leq 2^3$.

若 G 是极大类 2 群, 则 $G \cong \text{D}_{2^n}$, Q_{2^n}, SD_{2^n} 之一. 由于 $\text{chn}(G) \leq 2$, 因此经过计算可得 $G \cong \text{D}_8, \text{D}_{16}, \text{SD}_{16}, \text{Q}_8, \text{Q}_{16}$ 或 Q_{32} 之一. 进而, 不难知 $|G'| \leq 2^3$.

若 G 不是极大类 2 群, 则根据引理 1.2.3 可知 G 中一定存在 $(2,2)$ 型的正规子群 N. 由于 $\text{chn}(G) \leq 2$, 因此根据引理 2.1.3 可知 $\text{chn}(G/N) \leq 1$.

假设 $\text{chn}(G/N) = 0$. 则 G/N 为 Dedekind 群. 因此 $|(G/N)'| \leq 2$. 进而 $|G'| \leq 2^3$.

假设 $\text{chn}(G/N) = 1$. 若 $|G| \geq 2^9$, 则 $|G/N| \geq 2^7$. 根据定理 2.1.1, 可知 $|(G/N)'| = 2$. 因此 $|G'| = 2^3$. 若 $|G| \leq 2^8$, 则利用文献 [18] 提供的 Magma 语言编写程序检查文献 [13] 中小群库可得, $|G'| \leq 2^3$. (具体程序见本节末尾的附录部分.)

下面我们将分两种情形: (1) $|G'| = 2$; (2) $|G'| \geq 2^2$ 来分类 $\text{chn}(G) \leq 2$ 的有限 2 群.

一、$|G'| = 2$.

定理 2.2.1 设 G 为有限 2 群. 若 $|G'| = 2$ 且 $d(G) = 2$, 则 $\text{chn}(G) \leq 2$ 当且仅当 G 同构于下列互不同构的群之一:

(1) Q_8;

(2) $\text{M}_2(2,2,1)$;

(3) $\text{M}_2(2,1,1)$;

(4) $\text{M}_2(n,m)$, 其中 $n \geq 2$, $m \geq 1$.

证明 ($\Rightarrow$) 因为 $|G'| = 2$ 且 $d(G) = 2$, 所以根据引理 1.2.5 可知 G 内交换. 因此由定理 1.2.2 可知, G 同构于 $\text{Q}_8, \text{M}_2(n,m)$ 或 $\text{M}_2(n,m,1)$ 之一. 假设 $G \cong \text{M}_2(n,m,1)$.

若 $n \geq 3$, 则 G 存在非正规子群链 $\langle b \rangle < \langle b, a^{2^{n-1}} \rangle < \langle b, a^{2^{n-2}} \rangle$. 因此 $\mathrm{chn}(G) \geq 3$, 矛盾. 故总可假设 $n \leq 2$. 进而结论成立.

($\Leftarrow$) 若 $G \cong \mathrm{Q}_8$, 则 G 为 Dedekind 群且 $\mathrm{chn}(G) = 0$. 若 $G \cong \mathrm{M}_2(2,2,1)$, 则 G 同构于文献 [3] 的定理 16 中的群 (4), 其中 $n = 1$ 的情形. 若 $G \cong \mathrm{M}_2(2,1,1)$, 则 G 为文献 [3] 的定理 14 中的群 (10), 其中 $n = 1$ 的情形. 若 $G \cong \mathrm{M}_2(n,m)$, 则 G 是定理 2.1.1 中的群 (i). 显然总有 $\mathrm{chn}(G) \leq 2$.

定理 2.2.2 设 G 为有限 2 群. 若 $|G'| = 2$ 且 $d(G) = 3$, 则 $\mathrm{chn}(G) \leq 2$ 当且仅当 G 同构于下列互不同构的群之一:

(1) $\mathrm{Q}_8 \times \mathrm{C}_{2^k}$, 其中 $k \geq 1$;

(2) $\mathrm{M}_2(n,m) \times \mathrm{C}_2$, 其中 $n \geq 2$, $m \geq 1$;

(3) $\mathrm{Q}_8 * \mathrm{C}_{2^k}$, 其中 $k \geq 2$;

(4) $\mathrm{M}_2(2,m,1) * \mathrm{C}_{2^k}$, 其中 $\mathrm{M}_2(2,m,1) \cap \mathrm{C}_{2^k} = \mathrm{M}_2'(2,m,1)$, $k \geq 2$, $m = 1,2$.

证明 ($\Rightarrow$) 注意到 $|G'| = 2$ 且 $d(G) = 3$. 因此根据文献 [5] 的定理 3.1 可知, G 同构于下列群之一:

(i) $\mathrm{Q}_8 \times \mathrm{C}_{2^k}$, $k \geq 1$;

(ii) $\mathrm{M}_2(n,m) \times \mathrm{C}_{2^k}$, $n \geq 2$, $m, k \geq 1$;

(iii) $\mathrm{M}_2(n,m,1) \times \mathrm{C}_{2^k}$, $n \geq m$, $n \geq 2$, $m, k \geq 1$;

(iv) $\mathrm{Q}_8 * \mathrm{C}_{2^k}$, $k \geq 2$;

(v) $\mathrm{M}_2(n,m,1) * \mathrm{C}_{2^k}$, 其中 $\mathrm{M}_2(n,m,1) \cap \mathrm{C}_{2^k} = \mathrm{M}_2'(n,m,1)$, $n \geq m$, $n, k \geq 2$, $m \geq 1$.

显然, (i) 和 (iv) 分别是定理中的群 (1) 和 (3). 对于 (ii) 而言, 令 $\mathrm{C}_{2^k} = \langle c \rangle$. 若 $k \geq 2$, 则 G 存在非正规子群链 $\langle b \rangle < \langle b, c^{2^{k-1}} \rangle < \langle b, c^{2^{k-2}} \rangle$. 因此 $\mathrm{chn}(G) \geq 3$, 矛盾. 故 $k = 1$ 并且可得定理中的群 (2). 对于 (iii) 而言, 令 $\mathrm{C}_{2^k} = \langle d \rangle$. 则 G 存在非正规子群链 $\langle b \rangle < \langle b, a^{2^{n-1}} \rangle < \langle b, a^{2^{n-1}}, d^{2^{k-1}} \rangle$. 故群 (iii) 不满足条件. 假设 G 为群 (v). 选取 $H \leq G$ 使得 $H \cong \mathrm{M}_2(n,m,1)$. 注意到 $\mathrm{chn}(H) \leq \mathrm{chn}(G) \leq 2$. 因此根据定理 2.2.1 可知, $n = 2$ 且 $1 \leq m \leq 2$. 从而可得定理中的群 (4).

($\Leftarrow$) 显然定理中的群 (1), (3) 分别为定理 2.1.1 中的群 (iii), (ii). 若 G 为群 (4), 则 G 是文献 [3] 的定理 16 中的群 (4), 其中 $n = 2$ 的情形, 以及文献 [3] 的定理 14 中的群 (10), 其中 $n = 1$ 的情形. 因此不难知, $\mathrm{chn}(G) \leq 2$.

综上, 我们只需证明对于定理中的群 (2) 而言, $\mathrm{chn}(G) \leq 2$. 若否, 则 $\mathrm{chn}(G) \geq 3$. 假设 $H_1 < H_2 < H_3$ 为 G 的一个非正规子群链. 因为 $|G'| = 2$, 所以 H_3 交换. 注意到 $G' \leq \mho_1(\Omega_2(G)) \lesssim \mathrm{C}_2^2$. 因此 $|\mho_1(\Omega_2(H_3))| \leq 2$. 从而 $H_3/\Omega_1(H_3)$ 循环. 令 $H_3 = \langle x \rangle \Omega_1(H_3)$. 由于 $G' \leq \Omega_1(G) \cong \mathrm{C}_2^3$, 因此 $|\Omega_1(H_3)| \leq 4$. 从而 $H_3 = \langle x \rangle$ 或 $\langle x \rangle \times \langle y \rangle$, 其中 $o(x) \geq 2$, $o(y) = 2$. 若 $m = 1$, 则 $G' = \Omega_1(\mho_1(G))$ 且 $\mho_1(G)$ 循环. 从而 $G' \leq \mho_1(H_3) \leq \mho_1(G)$. 故 $H_3 \trianglelefteq G$, 矛盾. 假设 $m \geq 2$. 若 $H_3 = \langle x \rangle$, 则 $H_2 = \langle x^2 \rangle \leq Z(G)$, 矛盾. 若 $H_3 = \langle x \rangle \times \langle y \rangle$, 则 $H_2 = \langle x^2 \rangle \times \langle y \rangle, \langle x \rangle$, 或 $\langle xy \rangle$. 若

$H_2 = \langle x^2 \rangle \times \langle y \rangle$, 则 $H_2 \leq Z(G)$. 若 $H_2 = \langle x \rangle$ 或者 $\langle xy \rangle$, 则 $H_1 = \langle x^2 \rangle \leq Z(G)$. 综上, 无论何种情形, $H_2 \trianglelefteq G$ 或 $H_1 \trianglelefteq G$, 矛盾.

引理 2.2.3 设 G 为有限 2 群, $|G'| = 2$ 且 $d(G) \geq 4$. 若 $\mathrm{chn}(G) \leq 2$, 则 G 中存在子群同构于 Q_8.

证明 不失一般性, 我们仅需考虑 $d(G) = 4$ 的情形. 假设 $G/G' = \langle \bar{a}_1 \rangle \times \langle \bar{a}_2 \rangle \times \langle \bar{a}_3 \rangle \times \langle \bar{a}_4 \rangle$, 其中 $\bar{a}_1^{2^{m_1}} = \bar{a}_2^{2^{m_2}} = \bar{a}_3^{2^{m_3}} = \bar{a}_4^{2^{m_4}} = \bar{1}$. 因此 $G = \langle a_1, a_2, a_3, a_4 \rangle$. 注意到 $|G'| = 2$. 不失一般性, 假设 $G' = \langle [a_1, a_2] \rangle$ 并且令

$$[a_1, a_3] = [a_1, a_2]^{i_1}, \quad [a_1, a_4] = [a_1, a_2]^{i_2},$$

$$[a_2, a_3] = [a_1, a_2]^{i_3}, \quad [a_2, a_4] = [a_1, a_2]^{i_4}, [a_3, a_4] = [a_1, a_2]^{i_5}.$$

分别用 $a_1^{i_3} a_2^{-i_1} a_3$, $a_1^{i_4} a_2^{-i_2} a_4$ 替换 a_3, a_4 可得,

$$[a_1, a_3] = [a_2, a_3] = [a_1, a_4] = [a_2, a_4] = 1, [a_3, a_4] = 1 \text{ 或 } [a_1, a_2].$$

因此我们可假设 $G = \langle a_1, a_2 \rangle * \langle a_3, a_4 \rangle$, 其中 $\langle a_1, a_2 \rangle \cap \langle a_3, a_4 \rangle \leq G'$.

注意到 $\langle a_1, a_2 \rangle$ 内交换且 $\mathrm{chn}(\langle a_1, a_2 \rangle) \leq 2$. 因此 $\langle a_1, a_2 \rangle$ 同构于定理 2.2.1 中的群之一. 若 $\langle a_1, a_2 \rangle \cong Q_8$, 则结论成立. 下面总假设 $\langle a_1, a_2 \rangle \cong M_2(n_1, m_1)$ 或者 $M_2(2, m_1, 1)$.

若 $\langle a_1, a_2 \rangle \cap \langle a_3, a_4 \rangle = 1$, 则 $[a_3, a_4] = 1$. 因此 $G = \langle a_1, a_2 \rangle \times \langle a_3 \rangle \times \langle a_4 \rangle$. 显然, $\mathrm{chn}(G) \geq 3$, 矛盾. 故总可假设 $\langle a_1, a_2 \rangle \cap \langle a_3, a_4 \rangle = G'$.

情形1 $[a_3, a_4] = [a_1, a_2]$.

注意到 $|\langle a_3, a_4 \rangle'| = |\langle a_1, a_2 \rangle'| = 2$. 因此根据引理 1.2.5 可知 $\langle a_3, a_4 \rangle$ 为内交换群. 若 $\langle a_3, a_4 \rangle \cong Q_8$, 则定理结论成立. 因此, 以下总假设 $\langle a_3, a_4 \rangle \cong M_2(n_2, m_2)$ 或者 $M_2(2, m_2, 1)$.

设 $G \cong M_2(2, m_1, 1) * M_2(n_2, m_2)$. 令 $G = \langle a_1, a_2, a_3, a_4 \rangle$ 且具有如下定义关系:

$$a_1^{2^2} = a_2^{2^{m_1}} = a_3^{2^{n_2}} = a_4^{2^{m_2}} = 1, [a_1, a_2] = [a_3, a_4] = a_3^{2^{n_2-1}},$$

$$[a_1, a_3] = [a_1, a_4] = [a_2, a_3] = [a_2, a_4] = 1.$$

则 G 存在非正规子群链 $\langle a_2 \rangle < \langle a_2, a_1^2 \rangle < \langle a_2, a_1^2, a_4^{2^{m_2-1}} \rangle$. 故 $\mathrm{chn}(G) \geq 3$, 矛盾.

设 $G \cong M_2(2, m_1, 1) * M_2(2, m_2, 1)$. 类似上面的讨论可得 $\mathrm{chn}(G) \geq 3$, 矛盾.

设 $G \cong M_2(n_1, m_1) * M_2(n_2, m_2)$. 不失一般性, 可设 $n_1 \geq n_2$. 令 $G = \langle a_1, a_2, a_3, a_4 \rangle$ 且具有如下定义关系:

$$a_1^{2^{n_1}} = a_2^{2^{m_1}} = a_3^{2^{n_2}} = a_4^{2^{m_2}} = 1, [a_1, a_2] = [a_3, a_4] = a_1^{2^{n_1-1}} = a_3^{2^{n_2-1}},$$

$$[a_1, a_3] = [a_1, a_4] = [a_2, a_3] = [a_2, a_4] = 1.$$

若 $m_1 \geq 2$, 则 $\langle a_4 \rangle < \langle a_4, a_2^{2^{m_1-1}} \rangle < \langle a_4, a_2^{2^{m_1-2}} \rangle$ 为 G 的一条非正规子群链. 故 $\mathrm{chn}(G) \geq 3$, 矛盾. 若 $m_2 \geq 2$, 则 $\langle a_2 \rangle < \langle a_2, a_4^{2^{m_2-1}} \rangle < \langle a_2, a_4^{2^{m_2-2}} \rangle$ 为 G 的一条非正规子群链. 故 $\mathrm{chn}(G) \geq 3$, 矛盾. 因此 $m_1 = m_2 = 1$. 接下来, 若 $n_2 \geq 3$, 则 $\langle a_4 \rangle < \langle a_4, a_2 \rangle < \langle a_4, a_2, a_1^{2^{n_1-2}} a_3^{2^{n_2-2}} \rangle$ 是 G 的一条非正规子群链. 故 $\mathrm{chn}(G) \geq 3$, 矛盾. 因此 $n_2 = 2$. 从而 $G \cong \mathrm{M}_2(n_1, 1) * \mathrm{M}_2(2, 1)$. 若 $n_1 = 2$, 则容易知 $G \cong \mathrm{Q}_8 * \mathrm{Q}_8$. 若 $n_1 \geq 3$, 则容易知 $G \cong \mathrm{Q}_8 * \mathrm{M}_2(n_1, 1)$. 因此, 定理结论成立.

情形2 $[a_3, a_4] = 1$.

不失一般性, 假设 $G = (\langle a_1, a_2 \rangle * \langle a_3 \rangle) \times \langle a_4 \rangle$, 其中 $|\langle a_3 \rangle| \geq 2^2$.

设

$$G \cong (\mathrm{M}_2(2, m_1, 1) * \mathrm{C}_{2^{k_1}}) \times \mathrm{C}_{2^{k_2}}, \ k_1 \geq 2.$$

令

$$G = \langle a_1, a_2, a_3, a_4 \mid a_1^{2^2} = a_2^{2^{m_1}} = a_3^{2^{k_1}} = a_4^{2^{k_2}} = 1, [a_1, a_2] = a_3^{2^{k_1-1}},$$

$$[a_1, a_3] = [a_1, a_4] = [a_2, a_3] = [a_2, a_4] = [a_3, a_4] = 1 \rangle.$$

则 $\langle a_2 \rangle < \langle a_2, a_1^2 \rangle < \langle a_2, a_1^2, a_4^{2^{k_2-1}} \rangle$ 为 G 的一条非正规子群链. 因此, $\mathrm{chn}(G) \geq 3$, 矛盾.

设

$$G \cong (\mathrm{M}_2(n_1, m_1) * \mathrm{C}_{2^{k_1}}) \times \mathrm{C}_{2^{k_2}}, \ k_1 \geq 2.$$

令

$$G = \langle a_1, a_2, a_3, a_4 \mid a_1^{2^{n_1}} = a_2^{2^{m_1}} = a_3^{2^{k_1}} = a_4^{2^{k_2}} = 1, [a_1, a_2] = a_1^{2^{n_1-1}} = a_3^{2^{k_1-1}},$$

$$[a_1, a_3] = [a_1, a_4] = [a_2, a_3] = [a_2, a_4] = [a_3, a_4] = 1 \rangle.$$

若 $k_2 \geq 2$, 则 $\langle a_2 \rangle < \langle a_2, a_4^{2^{k_2-1}} \rangle < \langle a_2, a_4^{2^{k_2-2}} \rangle$ 为 G 的一条非正规子群链. 故 $\mathrm{chn}(G) \geq 3$, 矛盾. 因此 $k_2 = 1$. 接下来, 若 $n_1 \geq 3$, 则 $\langle a_2 \rangle < \langle a_2, a_4 \rangle < \langle a_2, a_4, a_1^{2^{n_1-2}} a_3^{2^{k_1-2}} \rangle$ 为 G 的一条非正规子群链. 故 $\mathrm{chn}(G) \geq 3$, 矛盾. 因此 $n_1 = 2$. 进一步, 若 $m_1 \geq 2$, 则 $\langle a_1 a_3^{2^{k_1-2}} \rangle < \langle a_1 a_3^{2^{k_1-2}}, a_2^{2^{m_1-1}} \rangle < \langle a_1 a_3^{2^{k_1-2}}, a_2^{2^{m_1-1}}, a_4 \rangle$ 为 G 的一条非正规子群链. 故 $\mathrm{chn}(G) \geq 3$, 矛盾. 因此 $m_1 = 1$. 从而

$$G \cong (\mathrm{M}_2(2, 1) * \mathrm{C}_{2^{k_1}}) \times \mathrm{C}_2 \cong (\mathrm{Q}_8 * \mathrm{C}_{2^{k_1}}) \times \mathrm{C}_2.$$

故结论成立.

定理 2.2.3 设 G 为有限 2 群. 若 $|G'| = 2$ 且 $d(G) = 4$, 则 $\mathrm{chn}(G) \leq 2$ 当且仅当 G 同构于下列互不同构的群之一:

(1) $\mathrm{Q}_8 \times \mathrm{C}_2 \times \mathrm{C}_{2^k}$, 其中 $k \geq 1$;

(2) $\mathrm{Q}_8 * \mathrm{Q}_8$;

(3) $\mathrm{Q}_8 * \mathrm{M}_2(n, 1)$, 其中 $n \geq 2$;

(4) $Q_8 * M_2(2,1,1)$, 其中 $Q_8 \cap M_2(2,1,1) = M_2'(2,1,1)$;

(5) $(Q_8 * C_{2^k}) \times C_2$, 其中 $k \geq 2$.

证明 ($\Rightarrow$) 根据引理 1.2.6 和引理 2.2.3, 可设 $G = Q_8 * C_G(Q_8)$, 其中 $Q_8 \cap C_G(Q_8) \leq Z(Q_8) = Q_8' = G'$. 注意到 $d(G) = 4$. 因此我们可设

$$G = \langle a_1, a_2 \rangle * \langle a_3, a_4 \rangle,$$

其中

$$\langle a_1, a_2 \rangle \cong Q_8, \quad \langle a_1, a_2 \rangle \cap \langle a_3, a_4 \rangle \leq G'.$$

若 $\langle a_1, a_2 \rangle \cap \langle a_3, a_4 \rangle = 1$, 则 $G = \langle a_1, a_2 \rangle \times \langle a_3 \rangle \times \langle a_4 \rangle \cong Q_8 \times C_{2^{k_1}} \times C_{2^{k_2}}$. 不失一般性, 可设 $k_1 \leq k_2$. 若 $k_1 \geq 2$, 则 $\langle a_1 a_3^{2^{k_1-2}} \rangle < \langle a_1 a_3^{2^{k_1-2}}, a_4^{2^{k_2-1}} \rangle < \langle a_1 a_3^{2^{k_1-2}}, a_4^{2^{k_2-2}} \rangle$ 为 G 的一条链长为 3 的非正规子群链, 矛盾. 因此 $k_1 = 1$. 从而可得定理中的群 (1). 下面的讨论中, 我们总假设 $\langle a_1, a_2 \rangle \cap \langle a_3, a_4 \rangle = G'$.

情形1 $[a_3, a_4] = [a_1, a_2]$.

注意到 $|\langle a_3, a_4 \rangle'| = |\langle a_1, a_2 \rangle'| = 2$. 因此, 根据引理 1.2.5 可知 $\langle a_3, a_4 \rangle$ 内交换. 因此, 由定理 2.2.1 可知,

$$\langle a_3, a_4 \rangle \cong Q_8, \ M_2(n, m), \ \text{或} \ M_2(2, m, 1).$$

假设 $G \cong Q_8 * Q_8$, 则可得定理中的群 (2).

假设

$$G \cong Q_8 * M_2(n, m), \ M_2(n, m) = \langle a_3, a_4 \rangle.$$

则

$$a_1^{2^2} = a_3^{2^n} = a_4^{2^m} = 1, [a_1, a_2] = [a_3, a_4] = a_1^2 = a_2^2 = a_3^{2^{n-1}},$$

$$[a_1, a_3] = [a_1, a_4] = [a_2, a_3] = [a_2, a_4] = 1.$$

若 $m \geq 3$ 或者 $m = 2$ 且 $n \geq 3$, 则

$$\langle a_1 a_3^{2^{n-2}} \rangle < \langle a_1 a_3^{2^{n-2}}, a_4^{2^{m-1}} \rangle < \langle a_1 a_3^{2^{n-2}}, a_4^{2^{m-2}} \rangle$$

为 G 的一条链长为 3 的非正规子群链, 矛盾. 若 $n = m = 2$, 则

$$\langle a_1 a_3 \rangle < \langle a_1 a_3, a_2^2 a_4^2 \rangle < \langle a_1 a_3, a_2 a_4 \rangle$$

为 G 的一条链长为 3 的非正规子群链, 矛盾. 因此 $m = 1$. 从而可得定理中的群 (3).

假设

$$G \cong Q_8 * M_2(2, m, 1),$$

其中 $m = 1, 2$. 令

$$\mathrm{M}_2(2, m, 1) = \langle a_3, a_4 \rangle.$$

则

$$a_1^{2^2} = a_3^{2^2} = a_4^{2^m} = 1, [a_1, a_2] = [a_3, a_4] = a_1^2 = a_2^2,$$

$$[a_1, a_3] = [a_1, a_4] = [a_2, a_3] = [a_2, a_4] = 1.$$

若 $m = 2$, 则 $\langle a_1 a_3 \rangle < \langle a_1 a_3, a_2^2 a_4^2 \rangle < \langle a_1 a_3, a_2 a_4 \rangle$ 为 G 的一条链长为 3 的非正规子群链, 矛盾. 因此 $m = 1$ 且 $G \cong \mathrm{Q}_8 * \mathrm{M}_2(2, 1, 1)$. 从而可得定理中的群 (4).

情形2 $[a_3, a_4] = 1$.

不失一般性, 可设

$$G = (\langle a_1, a_2 \rangle * \langle a_3 \rangle) \times \langle a_4 \rangle \cong (\mathrm{Q}_8 * \mathrm{C}_{2^{k_1}}) \times \mathrm{C}_{2^{k_2}}, \ k_1 \geq 2.$$

若 $k_2 \geq 2$, 则

$$\langle a_1 a_3^{2^{k_1-2}} \rangle < \langle a_1 a_3^{2^{k_1-2}}, a_4^{2^{k_2-1}} \rangle < \langle a_1 a_3^{2^{k_1-2}}, a_4^{2^{k_2-2}} \rangle$$

为 G 的一条链长为 3 的非正规子群链, 矛盾. 故 $k_2 = 1$. 从而可得定理中的群 (5).

($\Leftarrow$) 若 G 为群 (2), 则 G 是文献 [3] 的定理 14 中的群 (4), 其中 $n = 1$ 的情形. 假设 G 是群 (3). 若 $m = 2$, 则 G 为文献 [70] 的命题 2.4 中的群 (iii). 若 $m \geq 3$, 则 G 是文献 [3] 的定理 14 中的群 (3). 群 (4) 是文献 [3] 的定理 14 中的群 (11). 群 (5) 是文献 [3] 的定理 14 中的群 (8), 其中 $n \geq 2$ 的情形. 因此不难知 $\mathrm{chn}(G) \leq 2$.

假设 G 是定理中的群 (1). 下面我们来证明 $\mathrm{chn}(G) \leq 2$. 令

$$G = \langle a, b \rangle \times \langle c \rangle \times \langle d \rangle,$$

其中

$$\langle a, b \rangle = \langle a, b \mid a^4 = 1, b^2 = a^2, [a, b] = a^2 \rangle \cong \mathrm{Q}_8, \ o(c) = 2, \ o(d) = 2^k.$$

若 $\mathrm{chn}(G) \geq 3$, 则可令 $H_1 < H_2 < H_3$ 为 G 的一个非正规子群链. 由于 $H_3 \ntrianglelefteq G$ 且 $|G'| = 2$, 因此 H_3 交换. 注意到 $G' = \langle a^2 \rangle$, $\mho_1(G) = \langle a^2, d^2 \rangle$. 因此, $G' \leq \Omega_1(\mho_1(G))$. 从而 $|\Omega_1(\mho_1(H_3))| = 2$. 故 $\mho_1(H_3)$ 循环. 因为

$$\Omega_1(G) = \langle a^2, c, d^{2^{k-1}} \rangle \geq G' \ \text{且} \ \Omega_1(H_3) \leq \Omega_1(G),$$

所以 $|\Omega_1(H_3)| \leq 4$.

若 $|\Omega_1(H_3)| = 2$, 则 H_3 循环. 因此 $H_2 = \mho_1(H_3) \leq \mho_1(G) \leq Z(G)$. 故 $H_2 \trianglelefteq G$, 矛盾.

若 $|\Omega_1(H_3)| = 4$, 则我们可假设 $H_3 = \langle x, y \rangle \cong \mathrm{C}_{2^t} \times \mathrm{C}_2$, 其中 $t \geq 2$, $o(x) = 2^t$, $o(y) = 2$. 因为 $\Omega_1(G) \leq Z(G)$, 所以 $y \in Z(G)$. 从而 $\langle x^2, y \rangle \trianglelefteq G$. 故 $H_2 = \langle x \rangle$ 或者 $\langle xy \rangle$. 由于 H_2 循环, 因此 $H_1 = \mho_1(H_2) = \langle x^2 \rangle \leq Z(G)$. 故 $H_1 \trianglelefteq G$, 矛盾.

定理 2.2.4 设 G 为有限 2 群. 若 $|G'| = 2$ 且 $d(G) = 5$, 则 $\mathrm{chn}(G) \leq 2$ 当且仅当 G 同构于下列互不同构的群之一:

(1) $Q_8 \times C_2^3$;

(2) $Q_8 * D_8 \times C_2$;

(3) $Q_8 * Q_8 * C_{2^k}$, 其中 $k \geq 2$.

证明 ($\Rightarrow$) 类似前面定理 2.2.3 的证明, 我们总可假设

$$G = \langle a_1, a_2 \rangle * \langle a_3, a_4, a_5 \rangle,$$

其中

$$\langle a_1, a_2 \rangle \cong Q_8, \ \langle a_1, a_2 \rangle \cap \langle a_3, a_4, a_5 \rangle \leq G'.$$

若 $\langle a_1, a_2 \rangle \cap \langle a_3, a_4, a_5 \rangle = 1$, 则 $[a_3, a_4] = [a_3, a_5] = [a_4, a_5] = 1$. 因此总可假设 $G = \langle a_1, a_2 \rangle \times \langle a_3 \rangle \times \langle a_4 \rangle \times \langle a_5 \rangle$. 令 $H = \langle a_1, a_2 \rangle \times \langle a_3 \rangle \times \langle a_4 \rangle$. 注意到 $|H'| = 2$, $d(H) = 4$, $\mathrm{chn}(H) \leq 2$. 由定理 2.2.3 可得, $H \cong Q_8 \times C_2 \times C_{2^k}$. 故可设

$$G = H \times \langle a_5 \rangle \cong Q_8 \times C_2 \times C_{2^k} \times C_{2^{k_1}}, \ k \leq k_1.$$

若 $k_1 \geq 2$, 则

$$\langle a_1 a_5^{2^{k_1-2}} \rangle < \langle a_1 a_5^{2^{k_1-2}}, a_3 \rangle < \langle a_1 a_5^{2^{k_1-2}}, a_3, a_4^{2^{k-1}} \rangle$$

为 G 的非正规子群链. 故 $\mathrm{chn}(G) \geq 3$, 矛盾. 因此 $k = k_1 = 1$, $G \cong Q_8 \times C_2^3$. 从而可得定理中的群 (1). 接下来, 总假设 $\langle a_1, a_2 \rangle \cap \langle a_3, a_4, a_5 \rangle = G'$.

假设 $\langle a_3, a_4, a_5 \rangle' = 1$. 不失一般性, 设

$$G = (\langle a_1, a_2 \rangle * \langle a_3 \rangle) \times \langle a_4 \rangle \times \langle a_5 \rangle.$$

令

$$H = (\langle a_1, a_2 \rangle * \langle a_3 \rangle) \times \langle a_4 \rangle.$$

因为 $H \leq G$, 所以 $\mathrm{chn}(H) \leq 2$. 注意到 $d(H) = 4$. 故由定理 2.2.3 可得

$$H \cong (Q_8 * C_{2^k}) \times C_2.$$

因此, 总可假设

$$G = H \times \langle a_5 \rangle \cong (Q_8 * C_{2^k}) \times C_2 \times C_{2^{k_1}}.$$

此时, 显然 $\mathrm{chn}(G) \geq 3$, 矛盾. 故 $\langle a_3, a_4, a_5 \rangle' = G'$. 进而, 由定理 2.2.2 可得 $\langle a_3, a_4, a_5 \rangle$ 同构于群

$$Q_8 \times C_{2^k}, \ M_2(n, m) \times C_2, \ Q_8 * C_{2^k}, \ M_2(2, m, 1) * C_{2^k}$$

之一. 进而 G 同构于下面的群之一:

(i) $Q_8 * Q_8 \times C_{2^k}, k \geq 1$;

(ii) $Q_8 * M_2(n, m) \times C_2$, $n \geq 2$, $m \geq 1$;

(iii) $Q_8 * Q_8 * C_{2^k}, k \geq 2$;

(iv) $Q_8 * M_2(2, m, 1) * C_{2^k}$, $k \geq 2, m = 1, 2$.

显然, 群 (iii) 即为定理中的群 (3).

若 G 为群 (i) 或 (iv), 则易证 G 存在一个非正规子群链使得 $\mathrm{chn}(G) \geq 3$.

假设 G 为群 (ii). 令

$$H \leq G, \; H \cong Q_8 * M_2(n, m).$$

注意到

$$\mathrm{chn}(H) \leq 2, \; d(H) = 4.$$

则由定理 2.2.3 可知 $m = 1$. 进一步, 不难证明 $n = 2$ 并且

$$G \cong Q_8 * D_8 \times C_2.$$

即可得定理中的群 (2).

($\Leftarrow$) 对于群 (1) 而言, G 为 Dedekind 群. 对于群 (2) 和 (3) 而言, G 分别为文献 [3] 的定理 14 中的群 (6) 和群 (4), 其中 $n \geq 2$ 的情形. 因此不难知 $\mathrm{chn}(G) \leq 2$.

定理 2.2.5 设 G 为有限 2 群. 若 $|G'| = 2$ 且 $d(G) = 6$, 则 $\mathrm{chn}(G) \leq 2$ 当且仅当 G 同构于下列互不同构的群之一:

(1) $Q_8 \times C_2^4$;

(2) $Q_8 * Q_8 * Q_8$.

证明 ($\Rightarrow$) 类似定理 2.2.3 的证明, 我们总可假设

$$G = \langle a_1, a_2 \rangle * \langle a_3, a_4, a_5, a_6 \rangle,$$

其中

$$\langle a_1, a_2 \rangle \cong Q_8, \langle a_1, a_2 \rangle \cap \langle a_3, a_4, a_5, a_6 \rangle \leq G'.$$

若 $\langle a_1, a_2 \rangle \cap \langle a_3, a_4, a_5, a_6 \rangle = 1$, 则 $G = \langle a_1, a_2 \rangle \times \langle a_3 \rangle \times \langle a_4 \rangle \times \langle a_5 \rangle \times \langle a_6 \rangle$. 令

$$H = \langle a_1, a_2 \rangle \times \langle a_i \rangle \times \langle a_j \rangle \times \langle a_k \rangle,$$

其中 $i, j, k \in \{3, 4, 5, 6\}$ 且 $i \neq j \neq k$. 注意到 $d(H) = 5$ 且 $\mathrm{chn}(H) \leq 2$. 我们有

$$H \cong Q_8 \times C_2^3.$$

因此 $G \cong Q_8 \times C_2^4$ 且可得定理中的群 (1). 接下来, 总假设 $\langle a_1, a_2 \rangle \cap \langle a_3, a_4, a_5, a_6 \rangle = G'$.

设 $\langle a_3, a_4, a_5, a_6 \rangle' = 1$. 不失一般性, 我们可设

$$G = (\langle a_1, a_2 \rangle * \langle a_3 \rangle) \times \langle a_4 \rangle \times \langle a_5 \rangle \times \langle a_6 \rangle.$$

令

$$H = (\langle a_1, a_2 \rangle * \langle a_3 \rangle) \times \langle a_4 \rangle \times \langle a_5 \rangle.$$

因为 $H \leq G$, 所以 $\mathrm{chn}(H) \leq 2$. 注意到 $d(H) = 5$. 根据定理 2.2.4 可知, 这样的群不存在. 因此 $\langle a_3, a_4, a_5, a_6 \rangle' = G'$. 进而, 由定理 2.2.3 可得,

$$\langle a_3, a_4, a_5, a_6 \rangle \cong \mathrm{Q}_8 \times \mathrm{C}_2 \times \mathrm{C}_{2^k},\ \mathrm{Q}_8 * \mathrm{Q}_8,$$

$$\mathrm{Q}_8 * \mathrm{M}_2(n, 1),\ \mathrm{Q}_8 * \mathrm{M}_2(2, 1, 1)\ \text{或者}\ (\mathrm{Q}_8 * \mathrm{C}_{2^k}) \times \mathrm{C}_2\ \text{之一}.$$

注意到 $\langle a_1, a_2 \rangle \cong \mathrm{Q}_8$. 因此 G 同构于

$$\mathrm{Q}_8 * \mathrm{Q}_8 \times \mathrm{C}_2 \times \mathrm{C}_{2^k},\ \mathrm{Q}_8 * \mathrm{Q}_8 * \mathrm{Q}_8,\ \mathrm{Q}_8 * \mathrm{Q}_8 * \mathrm{M}_2(n, 1),$$

$$\mathrm{Q}_8 * \mathrm{Q}_8 * \mathrm{M}_2(2, 1, 1)\ \text{或者}\ \mathrm{Q}_8 * \mathrm{Q}_8 * \mathrm{C}_{2^k} \times \mathrm{C}_2\ \text{之一}.$$

进一步, 若 $G \not\cong \mathrm{Q}_8 * \mathrm{Q}_8 * \mathrm{Q}_8$, 则很容易证明 $\mathrm{chn}(G) \geq 3$. 从而可得定理中的群 (2).

($\Leftarrow$) 对于群 (1), 显然 G 是 Dedekind 群. 对于群 (2), $G \cong \mathrm{D}_8 * \mathrm{D}_8 * \mathrm{Q}_8$. 显然 G 为文献 [3] 的定理 14 中的群 (5). 故不难知 $\mathrm{chn}(G) \leq 2$.

二、$|G'| \geq 2^2$.

注意到 $|G'| \geq 2^2$. 因此 G 非 Dedekind 2 群.

定理 2.2.6 设 G 为有限 2 群, $d(G) = 2$ 且 $|G| \geq 2^{5+t}$, 其中 $t \geq 2$. 若 $|G'| = 2^t$, 则 $\mathrm{chn}(G) > 2$.

证明 利用反证法. 假设结论不成立, 则存在群 G 满足 $\mathrm{chn}(G) \leq 2$. 进而, 根据引理 2.2.2 可知 $t = 2$ 或者 3. 设 $N \leq G' \cap Z(G)$ 且 $|N| = 2$. 令 $\overline{G} = G/N$. 显然 $d(\overline{G}) = 2$.

若 $t = 2$, 则 $|\overline{G}'| = 2$ 且 $|\overline{G}| \geq 2^6$. 因为 $\mathrm{chn}(G) \leq 2$, 所以 $\mathrm{chn}(\overline{G}) \leq 2$. 因此, 根据定理 2.2.1 可知,

$$\overline{G} \cong \mathrm{M}_2(n, m),\ n \geq 2,\ m \geq 1,\ n + m \geq 6.$$

因为 $d(G) = 2$ 且 $|G'| = 4$, 所以, 根据文献 [47] 的定理 10 可知, G 同构于下列群之一:

(1) $\langle a, b \mid a^{2^n} = b^{2^m} = 1, [a, b] = a^{2^{n-2}} \rangle,\ n \geq 4, m \geq 2$;

(2) $\langle a, b \mid a^{2^n} = 1, b^{2^m} = a^{2^{n-1}}, [a, b] = a^{2^{n-2}} \rangle,\ m \geq n \geq 4$;

(3) $\langle a, b \mid a^8 = b^{2^m} = 1, [a, b] = a^2 \rangle$;

(4) $\langle a, b \mid a^8 = b^{2^m} = 1, [a, b] = a^{-2} \rangle$;

(5) $\langle a, b \mid a^8 = 1, b^{2^m} = a^4, [a, b] = a^{-2} \rangle$.

假设 G 是群 (1). 则 $\langle b^2 \rangle < \langle b \rangle < \langle b, a^{2^{n-1}} \rangle$ 为 G 的非正规子群链. 从而 $\mathrm{chn}(G) \geq 3$, 矛盾.

假设 G 是群 (2). 则 $\langle (ab^{2^{m-n+1}})^2 \rangle < \langle ab^{2^{m-n+1}} \rangle < \langle ab^{2^{m-n+1}}, a^{2^{n-1}} \rangle$ 为 G 的非正规子群链. 从而 $\mathrm{chn}(G) \geq 3$, 矛盾.

假设 G 是群 (3) 或 (4). 若 $m \geq 4$, 则 $\langle (b^{2^{m-3}}a)^2 \rangle < \langle b^{2^{m-3}}a \rangle < \langle b^{2^{m-3}}a, a^4 \rangle$ 为 G 的非正规子群链. 从而 $\mathrm{chn}(G) \geq 3$, 矛盾. 因此 $m \leq 3$. 这与 $|G| \geq 2^7$ 矛盾.

假设 G 是群 (5). 若 $m \geq 3$, 则 $\langle (b^{2^{m-2}}a)^2 \rangle < \langle b^{2^{m-2}}a \rangle < \langle b^{2^{m-2}}a, a^4 \rangle$ 为 G 的非正规子群链. 从而 $\mathrm{chn}(G) \geq 3$, 矛盾. 因此 $m \leq 2$. 这与 $|G| \geq 2^7$ 矛盾.

综上可知, 若 $t = 2$, 则定理的结论成立.

下面我们来考虑 $t = 3$ 的情形. 由于 $|G'| = 2^3$, 因此 $|\overline{G}'| = 4$. 又因 $d(\overline{G}) = d(G) = 2, |\overline{G}| \geq 2^7$, 所以利用上面关于 $t = 2$ 的结论可知, $\mathrm{chn}(\overline{G}) > 2$. 因此 $\mathrm{chn}(G) > 2$, 矛盾. 故定理结论成立.

定理 2.2.7 设 G 是有限 2 群, $d(G) = 3$ 且 $|G| \geq 2^{5+t}$, 其中 $t \geq 2$. 若 $|G'| = 2^t$, 则 $\mathrm{chn}(G) \leq 2$ 当且仅当 $t = 2$ 且 G 同构于下列互不同构的群之一:

(1) $\langle a, b, c \mid a^4 = c^{2^{k+1}} = 1, [a, b] = a^2 = b^2, [c, a] = [c, b] = c^{2^k} \rangle$, 其中 $k \geq 3$;

(2) $\langle a, b, c \mid a^4 = b^2 = c^{2^{k+1}} = 1, [a, b] = c^{2^k}, [c, a] = a^2, [c, b] = 1 \rangle$, 其中 $k \geq 3$.

证明 ($\Rightarrow$) 任取 $N \leq G' \cap Z(G)$ 且 $|N| = 2$. 令 $N = \langle x \rangle$ 且 $\overline{G} = G/N$, 则 $d(\overline{G}) = d(G) = 3$. 因为 $\mathrm{chn}(G) \leq 2$, 所以根据引理 2.2.2 可知 $t = 2$ 或 3. 下面我们将分 $t = 2$ 和 $t = 3$ 两种情形来讨论.

(I) $t = 2$.

注意到 $|\overline{G}| \geq 2^6$, $|\overline{G}'| = 2$, $\mathrm{chn}(\overline{G}) \leq 2$. 因此 $\overline{G}$ 同构于定理 2.2.2 中的群之一.

情形1 $\overline{G} \cong \mathrm{Q}_8 \times \mathrm{C}_{2^k}$, 其中 $k \geq 3$.

不失一般性, 令

$$G = \langle a, b, c \mid a^4 = x^{i_1}, c^{2^k} = x^{i_2}, x^2 = 1, [a, b] = a^2 x^{i_3} = b^2 x^{i_4},$$

$$[c, a] = x^{i_5}, [c, b] = x^{i_6}, [x, a] = [x, b] = [x, c] = 1 \rangle,$$

其中 $i_l \in \{0, 1\}, l \in \{1, 2, \cdots, 6\}$.

注意到 $[a^2, b] = a^4$. 而另一方面, $[a^2, b] = [b^2 x^{i_4}, b] = 1$. 因此 $a^4 = 1$. 即 $i_1 = 0$. 因为 $|G'| = 4$, 所以 i_5 和 i_6 至少有一个不为 0.

假设 $i_5 = 1$ 且 $i_6 = 0$. 令 $b_1 = ab$, 则 $[c, b_1] = [c, b][c, a]^b = x$. 从而可归结为 $i_5 = i_6 = 1$ 的情形. 假设 $i_5 = 0$ 且 $i_6 = 1$. 令 $a_1 = ab$, 则 $[c, a_1] = x$. 这也归结为 $i_5 = i_6 = 1$ 的情形. 因此我们总可假设 $i_5 = i_6 = 1$.

接下来, 若 $i_2 = 0$, 则 $\langle c \rangle < \langle (ab)^2, c \rangle < \langle ab, c \rangle$ 为 G 的一条非正规子群链. 因此 $\mathrm{chn}(G) \geq 3$, 矛盾. 故 $i_2 = 1$. 令 $a_1 = ac^{i_3 2^{k-1}}, b_1 = bc^{i_4 2^{k-1}}$, 则 $a_1^4 = 1, [a_1, b_1] = a_1^2 = b_1^2, [c, a_1] = [c, b_1] = c^{2^k}$. 从而可得定理中的群 (1).

情形2 $\overline{G} \cong \mathrm{M}_2(n, m) \times \mathrm{C}_2$, 其中 $n \geq 2$, $m \geq 1$ 且 $n + m \geq 5$.

不失一般性, 假设

$$G = \langle a, b, c \mid a^{2^n} = x^{i_1}, b^{2^m} = x^{i_2}, c^2 = x^{i_3}, x^2 = 1, [a, b] = a^{2^{n-1}} x^{i_4},$$

$$[c, a] = x^{i_5}, [c, b] = x^{i_6}, [x, a] = [x, b] = [x, c] = 1 \rangle,$$

其中 $i_l \in \{0, 1\}, l \in \{1, 2, \cdots, 6\}$.

子情形2.1 $i_1 = 0$.

因为 $G' = \langle a^{2^{n-1}} x^{i_4}, x^{i_5}, x^{i_6} \rangle$ 且 $|G'| = 4$, 所以 i_5 和 i_6 至少有一个为 1.

子情形2.1.1 $i_3 = 0$.

若 $i_5 = 0$, 则 $\langle c, a^4 \rangle < \langle c, a^2 \rangle < \langle c, a \rangle$ 为 G 的一条链长为 3 的非正规子群链. 因此 $\mathrm{chn}(G) \geq 3$, 矛盾. 若 $i_5 = 1$ 且 $n \geq 3$, 则 $\langle c, a^8 \rangle < \langle c, a^4 \rangle < \langle c, a^2 \rangle$ 为 G 的一条链长为 3 的非正规子群链. 因此 $\mathrm{chn}(G) \geq 3$, 矛盾. 从而 $i_5 = 1$ 且 $n = 2$. 注意到 $n + m \geq 5$. 因此 $m \geq 3$.

用 $ba^{i_6}c^{i_4}$ 替换 b 可得, $[a, b] = a^2, [c, b] = 1$. 因此我们总可假设 $i_4 = i_6 = 0$. 若 $i_2 = 0$, 则 $\langle b \rangle < \langle b, c \rangle < \langle b, c, x \rangle$ 为 G 的一条链长为 3 的非正规子群链. 因此 $\mathrm{chn}(G) \geq 3$, 矛盾. 故我们总假设 $i_2 = 1$. 互换 b, c 可得定理中的群 (2).

子情形2.1.2 $i_3 = 1$.

若 $i_2 = 0$, 则 $\langle b \rangle < \langle b, c^2 \rangle < \langle b, c \rangle$ 为 G 的一条链长为 3 的非正规子群链. 因此 $\mathrm{chn}(G) \geq 3$, 矛盾. 若 $i_2 = 1$ 且 $m \geq 2$, 则令 $c_1 = b^{2^{m-1}} c$, 计算可得 $c_1^2 = 1$. 这归结为子情形 2.1.1. 因此 $i_2 = 1$ 且 $m = 1$. 注意到 $n + m \geq 5$. 我们有 $n \geq 4$.

若 $i_6 = 0$, 则不失一般性可令 $b_1 = bc$, 计算知, $b_1^2 = 1$. 即 $i_2 = 0$. 类似前面的讨论, 可得矛盾. 因此 $i_6 = 1$.

现在我们总假设 $i_5 = 0$. 若否, 则 $[c, a] = x$. 令 $a_1 = ab$, 计算可得 $a_1^{2^n} = 1, [c, a_1] = 1$. 这可归结为 $i_5 = 0$ 的情形. 接下来, 分别用 bc, ac^{i_4} 替换 a, c 可得

$$a^2 = b^2 = x, c^{2^n} = 1, \ [a, b] = x, \ [c, a] = [c, b] = c^{2^{n-1}}.$$

因而可得定理中的群 (1).

子情形2.2 $i_1 = 1$.

若 $n \geq 3$, 则 $[a, b^2] = a^{2^n} = x$. 因此, 当 $n \geq 3$ 时, $m \geq 2$. 接下来, 若 $i_3 = 1$, 则, 令 $c_1 = a^{2^{n-1}} c$, 我们有 $c_1^2 = 1, [c_1, a] = [c, a]$, 并且, 当 $n \geq 3$ 时, $[c_1, b] = [c, b]$; 当 $n = 2$ 时, $[c_1, b] = [c, b]x$. 从而我们总可假设 $i_3 = 0$.

若 $i_2 = 0$, 则 $\langle b \rangle < \langle b, a^{2^n} \rangle < \langle b, a^{2^n}, c \rangle$ 为 G 的一条非正规子群链. 因此 $\mathrm{chn}(G) \geq 3$, 矛盾. 故总可假设 $i_2 = 1$. 进而, 若 $n < m$, 则 $\langle (ab^{2^{m-n}})^2 \rangle < \langle ab^{2^{m-n}} \rangle < \langle ab^{2^{m-n}}, c \rangle$ 为 G 的一条非正规子群链. 因此 $\mathrm{chn}(G) \geq 3$, 矛盾. 若 $n > m \geq 2$ 或者 $n = m \geq 3$,

则令 $b_1 = a^{2^{n-m}} b$, 可得 $b_1^{2^m} = 1$. 即 $i_2 = 0$, 矛盾. 故 $n = 2, m = 1$ 或 2. 这与 $|G| \geq 2^7$ 矛盾.

情形3 $\overline{G} \cong Q_8 * C_{2^k}$, 其中 $k \geq 4$.

显然, $\overline{G} \cong M_2(1,1,1) * C_{2^k}$. 不失一般性, 假设

$$G = \langle a, b, c \mid a^2 = x^{i_1}, b^2 = x^{i_2}, c^{2^k} = x^{i_3}, x^2 = 1, [a,b] = c^{2^{k-1}} x^{i_4},$$

$$[c,a] = x^{i_5}, [c,b] = x^{i_6}, [x,a] = [x,b] = [x,c] = 1 \rangle,$$

其中 $i_l \in \{0, 1\}$, $l \in \{1, 2, \cdots, 6\}$.

注意到 $[a, b^2] = c^{2^k}$. 而另一方面, $[a, b^2] = 1$. 因此 $c^{2^k} = 1$. 即 $i_3 = 0$. 因为 $G' = \langle c^{2^{k-1}} x^{i_4}, x^{i_5}, x^{i_6} \rangle$, 所以 i_5, i_6 中至少有一个为 1. 由于 a, b 地位对称, 因此总可假设 $[c, a] = x$. 接下来, 若 $i_1 = 0$, 则 $\langle a \rangle < \langle a, c^{2^{k-1}} \rangle < \langle a, c^{2^{k-2}} \rangle$ 为 G 的一条非正规子群链. 因此 $\mathrm{chn}(G) \geq 3$, 矛盾. 故 $i_1 = 1$.

子情形3.1 $i_2 = 1$.

假设 $i_6 = 1$. 若 $i_4 = 1$, 则, 令 $a_1 = ac^{2^{k-2}}$, $b_1 = bc^{2^{k-2}}$, $c_1 = cab$, 可得 $[a_1, b_1] = a_1^2 = b_1^2$, $[c_1, a_1] = [c_1, b_1] = c_1^{2^{k-1}}$. 从而可得定理中的群 (1). 若 $i_4 = 0$, 则

$$G = \langle a, b, c \mid a^4 = c^{2^k} = 1, [a,b] = c^{2^{k-1}}, [c,a] = [c,b] = a^2 = b^2 \rangle.$$

令 $b_1 = abc^{2^{k-2}}$, 则可得定理中的群 (2).

假设 $i_6 = 0$. 若 $i_4 = 1$, 则, 令 $b_1 = abc^{2^{k-2}}$, 我们有 $b_1^2 = a^2 = [c, b_1] = x$. 这可归结为 $i_6 = i_4 = 1$ 的情形. 若 $i_4 = 0$, 则 $\langle abc^{2^{k-2}} \rangle < \langle abc^{2^{k-2}}, c^{2^{k-1}} \rangle < \langle ab, c^{2^{k-2}} \rangle$ 为 G 的一条非正规子群链. 因此 $\mathrm{chn}(G) \geq 3$, 矛盾.

子情形3.2 $i_2 = 0$.

假设 $i_6 = 1$. 则 $\langle b \rangle < \langle b, c^{2^{k-1}} \rangle < \langle b, c^{2^{k-2}} \rangle$ 为 G 的一条非正规子群链. 因此 $\mathrm{chn}(G) \geq 3$, 矛盾. 故 $i_6 = 0$. 接下来, 若 $i_4 = 1$, 则 $\langle b \rangle < \langle b, c^{2^{k-1}} \rangle < \langle b, c^{2^{k-2}} \rangle$ 为 G 的一条非正规子群链. 因此 $\mathrm{chn}(G) \geq 3$, 矛盾. 故 $i_4 = 0$. 从而可得定理中的群 (2).

情形4 $\overline{G} \cong M_2(2, m, 1) * C_{2^k}$, 其中 $m + k \geq 4$, $m = 1, 2$.

不失一般性, 可设

$$G = \langle a, b, c \mid a^4 = x^{i_1}, b^{2^m} = x^{i_2}, c^{2^k} = x^{i_3}, x^2 = 1,$$

$$[a,b] = c^{2^{k-1}} x^{i_4}, [c,a] = x^{i_5}, [c,b] = x^{i_6}, [x,a] = [x,b] = [x,c] = 1 \rangle,$$

其中 $i_l \in \{0, 1\}$, $l \in \{1, 2, \cdots, 6\}$.

子情形4.1 $m = 2$.

此时显然, $k \geq 2$. 假设 $i_3 = 0$. 因为 $G' = \langle c^{2^{k-1}} x^{i_4}, x^{i_5}, x^{i_6} \rangle$, 所以 i_5, i_6 至少有一个为 1. 若 $i_2 = 0$, 则 $\langle b \rangle < \langle b, x \rangle < \langle b, x, a^2 \rangle$ 为 G 的一条非正规子群链. 因此 $\mathrm{chn}(G) \geq 3$, 矛盾. 故可设 $i_2 = 1$. 接下来, 若 $i_1 = 0$, 则 $\langle a \rangle < \langle a, b^4 \rangle < \langle a, b^2 \rangle$ 为 G 的一条非正规子群链. 因此 $\mathrm{chn}(G) \geq 3$, 矛盾. 故 $i_1 = 1$. 综上, 可令 $i_1 = i_2 = 1$. 进一步, 计算知 $\langle ab \rangle < \langle ab, b^4 \rangle < \langle ab, b^2 \rangle$ 为 G 的一条非正规子群链. 因此 $\mathrm{chn}(G) \geq 3$, 矛盾.

假设 $i_3 = 1$. 不失一般性, 令 $a_1 = ac^{i_1 2^{k-2}}$, $b_1 = bc^{i_2 2^{k-2}}$, 则 $a_1^4 = b_1^4 = 1$. 因此总可假设 $i_1 = i_2 = 0$. 接下来, 若 $i_4 = 1$, 则, 令 $c_1 = c^3$ 可得 $[a, b] = c^{3 \cdot 2^{k-1}} = c_1^{2^{k-1}}$. 故可设 $i_4 = 0$. 因此 $G = \langle a, b, c \rangle$ 且具有如下定义关系:

$$a^4 = b^4 = 1, c^{2^k} = x, x^2 = 1,$$

$$[a, b] = c^{2^{k-1}}, [c, a] = x^{i_5}, [c, b] = x^{i_6}, [x, a] = [x, b] = [x, c] = 1.$$

然而, $\langle a \rangle < \langle a, x \rangle < \langle a, b^2 \rangle$ 为 G 的一条非正规子群链. 因此 $\mathrm{chn}(G) \geq 3$, 矛盾.

子情形4.2 $m = 1$.

注意到 $[a, b^2] = c^{2^k}$. 而另一方面, $[a, b^2] = 1$. 因此 $c^{2^k} = 1$. 即, $i_3 = 0$. 由于 $G' = \langle c^{2^{k-1}} x^{i_4}, x^{i_5}, x^{i_6} \rangle$, 因此 i_5, i_6 中至少有一个为 1.

若 $i_1 = i_2 = 0$, 则 $\langle b \rangle < \langle b, a^2 \rangle < \langle b, a \rangle$ 为 G 的一条非正规子群链. 因此 $\mathrm{chn}(G) \geq 3$, 矛盾.

若 $i_1 = 1$ 且 $i_2 = 0$, 则 $\langle b \rangle < \langle b, a^4 \rangle < \langle b, a^2 \rangle$ 为 G 的一条非正规子群链. 因此 $\mathrm{chn}(G) \geq 3$, 矛盾.

若 $i_1 = i_2 = 1$, 则由 $(ba^2)^a = ba^2 c^{2^{k-1}} x^{i_4}$ 可得, $\langle ba^2 \rangle < \langle ba^2, a^4 \rangle < \langle b, a^2 \rangle$ 为 G 的一条非正规子群链. 因此 $\mathrm{chn}(G) \geq 3$, 矛盾.

综上, 下面我们仅考虑 $i_1 = 0$ 且 $i_2 = 1$ 的情形.

注意到 $k \geq 3$. 若 $i_5 = 1$, 则 $\langle a \rangle < \langle a, c^{2^{k-1}} \rangle < \langle a, c^{2^{k-2}} \rangle$ 为 G 的一条非正规子群链. 因此 $\mathrm{chn}(G) \geq 3$, 矛盾. 故 $i_5 = 0$. 从而 $i_6 = 1$. 然而, $\langle c \rangle < \langle c, a^2 \rangle < \langle c, a \rangle$ 为 G 的一条非正规子群链. 因此 $\mathrm{chn}(G) \geq 3$, 矛盾.

综上可知, 情形 4 不可能发生.

(II) $t = 3$.

注意到 $|\overline{G}| \geq 2^7$, $|\overline{G'}| = 4$, $\mathrm{chn}(\overline{G}) \leq 2$. 因此 $\overline{G}$ 同构于该定理中的群 (1) 以及 (2) 之一.

情形1 $\overline{G} \cong \langle \overline{a}, \overline{b}, \overline{c} \mid \overline{a}^4 = \overline{c}^{2^{k+1}} = \overline{1}, [\overline{a}, \overline{b}] = \overline{a}^2 = \overline{b}^2, [\overline{c}, \overline{a}] = [\overline{c}, \overline{b}] = \overline{c}^{2^k} \rangle$, $k \geq 3$.

不失一般性, 设

$$G = \langle a, b, c \mid a^4 = x^{i_1}, c^{2^{k+1}} = x^{i_2}, x^2 = 1, [a, b] = a^2 x^{i_3} = b^2 x^{i_4},$$

$$[c, a] = c^{2^k} x^{i_5}, [c, b] = c^{2^k} x^{i_6}, [x, a] = [x, b] = [x, c] = 1 \rangle,$$

其中 $i_l \in \{0,1\}$, $l \in \{1,2,\cdots,6\}$. 显然, G' 交换.

注意到 $[a^2,b] = a^4$. 而另一方面, $[a^2,b] = [b^2x^{i_4},b] = 1$. 因此 $a^4 = 1$. 即 $i_1 = 0$. 因为 G 亚交换, 所以 $[a,b,c][b,c,a][c,a,b] = 1$. 由此可得 $[a,b,c] = 1$. 进而, $1 = [a^2,c] = [a,c]^2 = c^{-2^{k+1}}$. 故 $i_2 = 0$.

接下来, 因为 $|G'| = 2^3$, 所以 $i_5 = 1$, $i_6 = 0$ 或者 $i_5 = 0$, $i_6 = 1$. 由于 a, b 地位对称, 因此总可假设 $i_5 = 1$ 且 $i_6 = 0$. 即, $[c,a] = c^{2^k}x$, $[c,b] = c^{2^k}$. 进而, $\langle a \rangle < \langle a, c^{2^{k-1}} \rangle < \langle a, c^{2^{k-2}} \rangle$ 为 G 的一条非正规子群链. 因此 $\mathrm{chn}(G) \geq 3$, 矛盾.

综上可知, 此种情形不存在.

情形2 $\overline{G} \cong \langle \overline{a}, \overline{b}, \overline{c} \mid \overline{a}^4 = \overline{b}^2 = \overline{c}^{2^{k+1}} = \overline{1}, [\overline{a}, \overline{b}] = \overline{c}^{2^k}, [\overline{c}, \overline{a}] = \overline{a}^2, [\overline{c}, \overline{b}] = \overline{1} \rangle$, $k \geq 3$.

不失一般性, 设

$$G = \langle a, b, c \mid a^4 = x^{i_1}, b^2 = x^{i_2}, c^{2^{k+1}} = x^{i_3}, x^2 = 1, [a,b] = c^{2^k}x^{i_4},$$

$$[c,a] = a^2x^{i_5}, [c,b] = x^{i_6}, [x,a] = [x,b] = [x,c] = 1 \rangle,$$

其中 $i_l \in \{0,1\}$, $l \in \{1,2,\cdots,6\}$.

注意到 $[a,b^2] = c^{2^{k+1}}$. 而另一方面, $[a,b^2] = 1$. 因此 $c^{2^{k+1}} = 1$. 即, $i_3 = 0$.

假设 $i_1 = 0$. 由于 $|G'| = 8$, 因此 $i_6 = 1$. 若 $i_2 = 1$, 则 $\langle c \rangle < \langle c, b^2 \rangle < \langle c, b \rangle$ 为 G 的一条非正规子群链. 因此 $\mathrm{chn}(G) \geq 3$, 矛盾. 若 $i_2 = 0$, 则 $\langle b \rangle < \langle b, c^{2^k} \rangle < \langle b, c^{2^{k-1}} \rangle$ 为 G 的一条非正规子群链. 因此 $\mathrm{chn}(G) \geq 3$, 矛盾.

假设 $i_1 = 1$. 若 $i_2 = 1$, 则 $\langle c \rangle < \langle c, b^2 \rangle < \langle c, b \rangle$ 为 G 的一条非正规子群链. 因此 $\mathrm{chn}(G) \geq 3$, 矛盾. 若 $i_2 = 0$, 则 $\langle c \rangle < \langle c, a^4 \rangle < \langle c, a^4, b \rangle$ 为 G 的一条非正规子群链. 因此 $\mathrm{chn}(G) \geq 3$, 矛盾.

综上可知, 此种情形不存在.

($\Leftarrow$) 若 G 是定理中的群 (1), 则

$$\Omega_1(G) = \langle a^2, c^{2^k} \rangle \cong C_2 \times C_2.$$

若 G 是定理中的群 (2), 则

$$\Omega_1(G) = \langle a^2, b, c^{2^k} \rangle \cong C_2 \times C_2 \times C_2.$$

故群 (1) 不同构于群 (2).

现在来证明, 对于群 (1), (2) 而言, $\mathrm{chn}(G) \leq 2$.

假设 G 是定理中的群 (1). 若 $\mathrm{chn}(G) \geq 3$, 则, 令 $H_1 < H_2 < H_3$ 为 G 的一条非正规子群链. 由于 $H_3 \ntrianglelefteq G$ 且 $|G'| = 4$, 因此 $|H_3'| \leq 2$. 接下来, 因为

$$\Omega_1(G) = G' = \langle a^2, c^{2^k} \rangle, \quad \Omega_1(H_3) \leq \Omega_1(G),$$

所以 $|\Omega_1(H_3)| = 2$. 因此, H_3 循环或者同构于 Q_8. 若 H_3 循环, 则 $H_2 = \mho_1(H_3) \leq \mho_1(G)$. 因为 $\mho_1(G) = \langle a^2, c^2 \rangle = Z(G)$, 所以 $H_2 \trianglelefteq G$, 矛盾. 若 $H_3 \cong Q_8$, 则, 由于 Q_8

具有唯一的 2 阶元, 因此 $H_1 = H_3' \cong C_2$. 注意到 $H_3' \leq G' \leq Z(G)$. 因此 $H_1 \trianglelefteq G$, 矛盾.

假设 G 是定理中的群 (2). 令 $b_1 = c$, $c_1 = b$. 则可得 G 同构于文献 [5] 的定理 4.7 中的群 (A10), 其中 $p = 2$, $l = n = 1$ 且 $m = k$ 的情形. 根据文献 [5] 的表 4 可知, G 是一个 A_{k+1} 群(即, G 的指数为 p^{k+1} 的子群均交换且至少有一个指数为 p^k 的子群非交换). 注意到 $|G| = 2^{k+4}$. 因此 G 中不存在子群同构于 Q_8.

若 $\mathrm{chn}(G) \geq 3$, 则, 令

$$H_1 < H_2 < H_3 < \cdots < H_s$$

为 G 的一条最长的非正规子群链, 其中 $s \geq 3$. 因为 $H_3 \ntrianglelefteq G$ 且 $|G'| = 4$, 所以 $|H_3'| \leq 2$. 注意到

$$G' = \langle a^2, c^{2^k} \rangle \leq \Omega_1(G) = \langle a^2, b, c^{2^k} \rangle, \quad \Omega_1(H_3) \leq \Omega_1(G).$$

则有 $|\Omega_1(H_3)| \leq 4$. 因为 $\mho_1(G) = \langle a^2, c^2 \rangle$, 所以 $G' = \Omega_1(\mho_1(G))$. 由此可得 $|\Omega_1(\mho_1(H_3))| = 2$. 因此 $\mho_1(H_3)$ 循环.

若 $|\Omega_1(H_3)| = 2$, 则 H_3 循环. 因此 $H_2 = \mho_1(H_3) \leq \mho_1(G) \leq Z(G)$. 故 $H_2 \trianglelefteq G$, 矛盾. 下面总假设 $|\Omega_1(H_3)| = 4$. 注意到 $\mho_1(H_3)$ 循环且 G 不存在子群同构于 Q_8. 因此

$$H_3 \cong C_{2^t} \times C_2 \text{ 或 } M_2(t, 1), \quad t \geq 2.$$

不失一般性, 假设 $H_3 = \langle x, y \rangle$, 其中 $o(x) = 2^t$ 且 $o(y) = 2$. 我们断言 H_2 非循环. 否则, $H_2 = \langle x \rangle$ 或 $\langle xy \rangle$. 进而,

$$H_1 = \mho_1(H_2) = \langle x^2 \rangle \leq Z(G).$$

因此 $H_1 \trianglelefteq G$, 矛盾. 故 $H_2 = \langle x^2, y \rangle$. 因为 $H_2 \ntrianglelefteq G$, 所以 $y \in \Omega_1(G) \setminus Z(G)$. 不失一般性, 令 $y = b$. 则 $H_2 = \langle x^2, b \rangle$. 注意到 H_1 为 G 的极小非正规子群. 因此根据引理 1.2.1 可知, H_1 循环. 我们断言 $o(x) \leq 4$. 若否, 则 $H_1 = \langle x^2 \rangle$ 或者 $\langle x^2 b \rangle$. 若 $H_1 = \langle x^2 \rangle$, 则 $H_1 \leq \mho_1(G) \leq Z(G)$. 故 $H_1 \trianglelefteq G$, 矛盾. 若 $H_1 = \langle x^2 b \rangle$, 则 $\mho_1(H_1) = \langle x^4 \rangle \leq \mho_2(G) = \langle c^4 \rangle$. 因此 $c^{2^k} \in H_1$. 故 $H_1 \trianglelefteq G$, 矛盾. 进而, $H_1 = \langle x^{2i} b \rangle$, 其中 $i = 0, 1$. 不失一般性, 可设 $H_1 = \langle b \rangle$. 进而 $H_2 = \langle a^2 c^{2^k}, b \rangle$, $H_3 = \langle ac^{2^{k-1}}, b \rangle$. 显然, $H_3 \trianglelefteq G$, 矛盾.

定理 2.2.8 设 G 为有限 2 群, $d(G) \geq 4$ 且 $|G| \geq 2^{6+t}$, 其中 $t \geq 2$. 若 $|G'| = 2^t$, 则 $\mathrm{chn}(G) > 2$.

证明 利用反证法. 假设结论不成立. 则存在群 G 满足 $\mathrm{chn}(G) \leq 2$. 进而, 根据引理 2.2.2 可知 $t = 2, 3$ 且 $d(G) = 4, 5, 6$. 设 $N \leq G' \cap Z(G)$ 且 $|N| = 2$. 令 $N = \langle x \rangle$ 且 $\overline{G} = G/N$. 则 $d(\overline{G}) = d(G)$, $|\overline{G}'| = 2^{t-1}$ 且 $\mathrm{chn}(\overline{G}) \leq 2$.

(I) $t = 2$.

显然, $|\overline{G}| \geq 2^7$ 且 $|\overline{G}'| = 2$. 若 $d(\overline{G}) = 6$, 则根据定理 2.2.5 可知 $|\overline{G}| = 2^7$. 因此 $|G| = 2^8$. 利用 Magma 检查小群库可知, 此种情形不存在. 故 $d(\overline{G}) = 4$ 或者 5. 因此 $\overline{G}$ 同构于定理 2.2.3 中的群 (1), (3), (5) 或者定理 2.2.4 中的群 (3) 之一.

情形1 $\overline{G} \cong Q_8 \times C_2 \times C_{2^k}$, 其中 $k \geq 3$.

不失一般性, 可设 $G = \langle a, b, c, d, x \mid a^4 = x^{i_1}, c^2 = x^{i_2}, d^{2^k} = x^{i_3}, x^2 = 1, [a,b] = a^2 x^{i_4} = b^2 x^{i_5}, [a,c] = x^{i_6}, [a,d] = x^{i_7}, [b,c] = x^{i_8}, [b,d] = x^{i_9}, [c,d] = x^{i_{10}} \rangle$, 其中 $i_l \in \{0, 1\}, l \in \{1, 2, \cdots, 10\}$.

由于 $1 = [a^2, b] = [a,b]^2$, 因此 $a^4 = 1$. 即 $i_1 = 0$. 注意到 $|G'| = 4$. 因此 $i_6, i_7, i_8, i_9, i_{10}$ 中至少有一个不为 0. 接下来, 我们总可假设 $i_7 = i_9$. 若否, 则 $i_7 \neq i_9$. 由于 a, b 地位对称, 因此可设 $i_7 = 1, i_9 = 0$. 令 $b_1 = ba$, 则 $[a, b_1] = [a, b]$, $[b_1, c] = x^{i_8 + i_6}, [b_1, d] = x^{i_7}$. 因此 $[a,d] = [b,d] = x$ 或者 $[a,d] = [b,d] = 1$.

假设 $i_3 = 0$. 若 $i_{10} = 0$, 则 $[a,c], [b,c], [a,d], [b,d]$ 中至少有一个不等于 1. 由于 a, b 地位对称, 因此总可假设 $[a,c] \neq 1$ 或者 $[a,d] \neq 1$. 此时, 显然 $\langle a \rangle < \langle a, d^{2^{k-1}} \rangle < \langle a, d^{2^{k-2}} \rangle$ 为 G 的一条链长为 3 的非正规子群链, 矛盾. 若 $i_{10} = 1$, 则 $\langle d \rangle < \langle (ab)^2, d \rangle < \langle ab, d \rangle$ 为 G 的一条链长为 3 的非正规子群链, 矛盾. 因此, 断言 $i_3 \neq 0$. 即, $d^{2^k} = x$. 接下来, 我们总可假设 $i_2 = 0$. 若否, 令 $c_1 = cd^{2^{k-1}}$, 则

$$c_1^2 = 1, [a, c_1] = [a, c], [b, c_1] = [b, c], [c_1, d] = [c, d].$$

若 $i_4 = i_5$, 则, 令 $a_1 = ad^{2^{k-1}}$, 我们有

$$a_1^4 = 1, [a_1, b] = a_1^2 x^{i_4 + 1} = b^2 x^{i_5}, [a_1, c] = [a, c], [a_1, d] = [a, d].$$

因此总可假设 $i_4 \neq i_5$. 进而, 根据 a, b 的对称性, 我们总可假设 $i_4 = 1, i_5 = 0$. 即, $[a, b] = a^2 x = b^2$.

现在, 假设 $i_8 = 1$. 即, $[b, c] = x$. 若 $[a, c] = 1$, 则 $\langle c \rangle < \langle c, b^2 \rangle < \langle c, ad^{2^{k-1}} \rangle$ 为 G 的一条链长为 3 的非正规子群链, 矛盾. 若 $[a, c] = x$, 则 $\langle c \rangle < \langle c, a^2 \rangle < \langle c, ab \rangle$ 为 G 的一条链长为 3 的非正规子群链, 矛盾. 因此, 总可假设 $i_8 = 0$.

接下来, 若 i_6, i_{10} 至少有一个不等于 0, 则 $\langle c \rangle < \langle c, a^2 \rangle < \langle c, bd^{2^{k-1}} \rangle$ 为 G 的一条链长为 3 的非正规子群链, 矛盾. 因此总可设 $i_6 = i_{10} = 0$. 注意到 $|G'| = 4$. 因此 $[a, d] = [b, d] = x$. 进而, $\langle b \rangle < \langle b, c \rangle < \langle b, c, ad^{2^{k-1}} \rangle$ 为 G 的一条链长为 3 的非正规子群链, 矛盾.

综上可知, 此种情形不存在.

情形2 $\overline{G} \cong Q_8 * M_2(n, 1)$, 其中 $n \geq 4$.

不失一般性, 可设 $G = \langle a, b, c, d, x \mid a^4 = x^{i_1}, c^{2^n} = x^{i_2}, d^2 = x^{i_3}, x^2 = 1, [a,b] = [c,d]x^{i_4} = a^2 x^{i_5} = b^2 x^{i_6} = c^{2^{n-1}} x^{i_7}, [a,c] = x^{i_8}, [a,d] = x^{i_9}, [b,c] = x^{i_{10}}, [b,d] = x^{i_{11}}, [x,a] = [x,b] = [x,c] = [x,d] = 1 \rangle$, 其中 $i_l \in \{0, 1\}, l \in \{1, 2, \cdots, 11\}$.

因为 $1 = [a^2, b] = [a, b]^2$, 所以 $a^4 = c^{2^n} = 1$. 即, $i_1 = i_2 = 0$. 由于 $|G'| = 4$ 且 $G' = \langle a^2 x^{i_5}, x^{i_8}, x^{i_9}, x^{i_{10}}, x^{i_{11}} \rangle$, 因此 i_8, i_9, i_{10}, i_{11} 至少有一个不等于 0. 接下来, 若 $i_9 = i_{11} = 1$, 则, 令 $a_1 = ab$, 有 $[a_1, d] = 1$. 则可归结为 $i_9 = 0, i_{11} = 1$ 的情形. 注意到 a, b 地位对称, 因此可设 $i_9 = 0, i_{11} = 1$ 或者 $i_9 = i_{11} = 0$.

子情形2.1 $i_3 = 0$.

若 $i_9 = 0, i_{11} = 1$, 则 $\langle d \rangle < \langle d, a^2 \rangle < \langle d, a \rangle$ 为 G 的一条链长为 3 的非正规子群链, 矛盾. 故 $i_9 = i_{11} = 0$. 即, $[a, d] = [b, d] = 1$. 因此 i_8, i_{10} 至少有一个不是 0.

若 $[c, d] = a^2 x$, 则 $\langle d \rangle < \langle d, a^2 \rangle < \langle d, a \rangle$ 为 G 的一条链长为 3 的非正规子群链, 矛盾. 若 $[c, d] = b^2 x$, 则 $\langle d \rangle < \langle d, b^2 \rangle < \langle d, b \rangle$ 为 G 的一条链长为 3 的非正规子群链, 矛盾. 因此 $[c, d] = a^2 = b^2$. 接下来, 若 $[a, b] x = [c, d]$, 则 $\langle d \rangle < \langle d, (ab)^2 \rangle < \langle d, ab \rangle$ 为 G 的一条链长为 3 的非正规子群链, 矛盾. 故 $[a, b] = [c, d] = a^2 = b^2$.

若 $i_8 = i_{10} = 1$, 则, 令 $a_1 = ab$, 我们有 $[a_1, c] = 1$. 这归结为 $i_8 = 0, i_{10} = 1$ 的情形. 接下来, 由于 a, b 地位对称, 因此可设 $i_8 = 0, i_{10} = 1$. 则 $\langle d \rangle < \langle d, b \rangle < \langle d, a, b \rangle$ 为 G 的一条链长为 3 的非正规子群链, 矛盾.

子情形2.2 $i_3 = 1$.

若 $i_9 = 0, i_{11} = 1$, 则可设 $i_{10} = 0$. 若否, 令 $c_1 = cd$, 有 $c_1^{2^{n-1}} = c^{2^{n-1}}$, $[c_1, d] = [c, d]$, $[a, c_1] = [a, c]$, $[b, c_1] = 1$. 接下来, 若 $i_6 = i_7$, 则 $\langle bc^{2^{n-2}} \rangle < \langle bc^{2^{n-2}}, b^2 \rangle < \langle b, c^{2^{n-2}} \rangle$ 为 G 的一条链长为 3 的非正规子群链, 矛盾. 因此 $i_6 \neq i_7$. 故 $b^2 = c^{2^{n-1}} x$. 假设 $[a, b] = b^2 = c^{2^{n-1}} x$. 则

$$\langle ac^{2^{n-2}} d^{i_5+1} \rangle < \langle ac^{2^{n-2}} d^{i_5+1}, a^2 \rangle < \langle a, c^{2^{n-2}} d^{i_5+1} \rangle$$

为 G 的一条链长为 3 的非正规子群链, 矛盾. 故 $[a, b] = b^2 x = c^{2^{n-1}}$. 进而,

$$\langle ac^{2^{n-2}} d^{i_5} \rangle < \langle ac^{2^{n-2}} d^{i_5}, d^2 \rangle < \langle ac^{2^{n-2}}, d \rangle$$

为 G 的一条链长为 3 的非正规子群链, 矛盾. 因此, 以下我们总假设 $i_9 = i_{10} = 0$. 即, $[a, d] = [b, d] = 1$.

因为 $|G'| = 4$, 所以 i_8, i_{10} 至少有一个为 1. 若 $i_8 = i_{10} = 1$, 则, 令 $a_1 = ab$, 则 $[a_1, b] = [a, b]$, $[a_1, c] = [a_1, d] = 1$. 这可归结为 $i_8 = 0, i_{10} = 1$ 的情形. 接下来, 由于 a, b 地位对称, 因此总可假设 $i_8 = 0, i_{10} = 1$.

若 $i_6 = i_7$, 则

$$\langle bc^{2^{n-2}} \rangle < \langle bc^{2^{n-2}}, b^2 \rangle < \langle b, c^{2^{n-2}} \rangle$$

为 G 的一条链长为 3 的非正规子群链, 矛盾. 因此 $i_6 \neq i_7$. 进而,

$$\langle bc^{2^{n-2}} d \rangle < \langle bc^{2^{n-2}} d, d^2 \rangle < \langle bc^{2^{n-2}}, d \rangle$$

为 G 的一条链长为 3 的非正规子群链, 矛盾.

综上可知, 此种情形不存在.

情形3 $\overline{G} \cong (Q_8 * C_{2^k}) \times C_2$, 其中 $k \geq 4$.

注意到 $Q_8 * C_{2^k} \cong D_8 * C_{2^k}$. 不失一般性可设 $G = \langle a, b, c, d, x \mid a^4 = x^{i_1}, b^2 = x^{i_2}, c^{2^k} = x^{i_3}, d^2 = x^{i_4}, x^2 = 1, [a, b] = a^2 x^{i_5} = c^{2^{k-1}} x^{i_6}, [a, c] = x^{i_7}, [a, d] = x^{i_8}, [b, c] = x^{i_9}, [b, d] = x^{i_{10}}, [c, d] = x^{i_{11}}, [x, a] = [x, b] = [x, c] = [x, d] = 1 \rangle$, 其中 $i_l \in \{0, 1\}, l \in \{1, 2, \cdots, 11\}$.

因为 $1 = [a^2, b] = [a, b]^2$, 所以 $a^4 = c^{2^k} = 1$. 注意到 $|G'| = 4$. 故 $i_7, i_8, i_9, i_{10}, i_{11}$ 中至少有一个不为 0. 接下来, 若 $b^2 = 1$, 则 $\langle b \rangle < \langle b, x \rangle < \langle b, x, d \rangle$ 为 G 的一条链长为 3 的非正规子群链, 矛盾. 因此总可假设 $b^2 = x$.

断言 $[b, d] = [a, d] = [c, d] = 1$. 若否, $[b, d], [a, d], [c, d]$ 中至少有一个等于 1. 则 $\langle d, c^8 \rangle < \langle d, c^4 \rangle < \langle d, c^2 \rangle$ 为 G 的一条链长为 3 的非正规子群链, 矛盾. 接下来, 若 $d^2 = x$, 则 $\langle bd \rangle < \langle bd, x \rangle < \langle b, d \rangle$ 为 G 的一条链长为 3 的非正规子群链, 矛盾. 故 $d^2 = 1$.

注意到 $|G'| = 4$. 因此 $[a, c], [b, c]$ 至少有一个等于 1. 若 $[a, c] = [b, c] = x$, 则, 令 $b_1 = ba$, 可得

$$b_1^2 = x^{i_5+1}, [a, b_1] = [a, b], [b_1, c] = [b_1, d] = 1.$$

接下来, 若 $b_1^2 = 1$, 则 $\langle b_1 \rangle < \langle b_1, x \rangle < \langle b_1, x, d \rangle$ 为 G 的一条链长为 3 的非正规子群链, 矛盾. 因此 $b_1^2 = x$. 由上可得, 总可假设 $[a, c] = 1, [b, c] = x$ 或者 $[a, c] = x, [b, c] = 1$.

子情形3.1 $[a, c] = 1, [b, c] = x$.

若 $i_5 = i_6$, 则 $\langle c \rangle < \langle c, d \rangle < \langle c, a, d \rangle$ 为 G 的一条链长为 3 的非正规子群链, 矛盾. 故 $i_5 \neq i_6$. 若 $[a, b] = a^2 x = c^{2^{k-1}}$, 则 $\langle ab \rangle < \langle ab, d \rangle < \langle ab, d, a^2 \rangle$ 为 G 的一条链长为 3 的非正规子群链, 矛盾. 因此 $[a, b] = a^2 = c^{2^{k-1}} x$. 进而,

$$\langle bc^{2^{k-2}} \rangle < \langle bc^{2^{k-2}}, d \rangle < \langle bc^{2^{k-2}}, d, a \rangle$$

为 G 的一条链长为 3 的非正规子群链, 矛盾.

子情形3.2 $[a, c] = x, [b, c] = 1$.

若 $i_5 = i_6$, 则 $\langle a \rangle < \langle a, d \rangle < \langle a, d, c^{2^{k-2}} \rangle$ 为 G 的一条链长为 3 的非正规子群链, 矛盾. 因此 $i_5 \neq i_6$. 若 $[a, b] = a^2 x = c^{2^{k-1}}$, 则 $\langle ab \rangle < \langle ab, d \rangle < \langle ab, d, a^2 \rangle$ 为 G 的一条链长为 3 的非正规子群链, 矛盾. 因此 $[a, b] = a^2 = c^{2^{k-1}} x$. 进而, $\langle a \rangle < \langle a, d \rangle < \langle bc^{2^{k-2}}, a, d \rangle$ 为 G 的一条链长为 3 的非正规子群链, 矛盾.

综上可知, 此种情形不存在.

情形4 $\overline{G} \cong Q_8 * Q_8 * C_{2^k}$, 其中 $k \geq 3$.

不失一般性, 可设 $G = \langle a, b, c, d, e \mid a^4 = x^{i_1}, c^4 = x^{i_2}, e^{2^k} = x^{i_3}, [a, b] = [c, d]x^{i_4} = a^2 x^{i_5} = b^2 x^{i_6} = c^2 x^{i_7} = d^2 x^{i_8} = e^{2^{k-1}} x^{i_9}, [a, c] = x^{i_{10}}, [b, c] = x^{i_{11}}, [a, d] = x^{i_{12}}, [b, d] = x^{i_{13}}, [a, e] = x^{i_{14}}, [b, e] = x^{i_{15}}, [c, e] = x^{i_{16}}, [d, e] = x^{i_{17}}, [x, a] = [x, b] = [x, c] = [x, d] = [x, e] = 1 \rangle$, 其中 $i_l \in \{0, 1\}, 1 \in \{1, 2, \cdots, 17\}$.

因为 $1 = [a^2, b] = [a, b]^2$, 所以 $a^4 = c^4 = e^{2^k} = 1$. 下面我们分 $[a, c] = x$ 或 $[a, c] = 1$ 两种情形来讨论.

子情形4.1 $[a, c] = x$.

经过适当替换, 我们总可假设 $[b, c] = [a, d] = 1$. 接下来, 令 $y \in \{a, c\}$. 断言 $e^{2^{k-1}} x = y^2$. 若否, 则 $e^{2^{k-1}} x = y^2 x$. 从而

$$\langle y e^{2^{k-2}} \rangle < \langle y e^{2^{k-2}}, y^2 \rangle < \langle e^{2^{k-2}}, y \rangle$$

为 G 的一条链长为 3 的非正规子群链, 矛盾. 故 $e^{2^{k-1}} x = a^2 = c^2$.

假设 $[a, b] = a^2 = e^{2^{k-1}} x = c^2$. 若 $b^2 x = c^2$, 则

$$\langle b e^{2^{k-2}} \rangle < \langle b e^{2^{k-2}}, b^2 \rangle < \langle e^{2^{k-2}}, b \rangle$$

为 G 的一条链长为 3 的非正规子群链, 矛盾. 若 $b^2 = c^2$, 则

$$\langle bc \rangle < \langle bc, c^2 \rangle < \langle b, c \rangle$$

为 G 的一条链长为 3 的非正规子群链, 矛盾.

假设 $[a, b] = a^2 x = e^{2^{k-1}} = c^2 x$. 若 $b^2 x = c^2$, 则

$$\langle b e^{2^{k-2}} \rangle < \langle b e^{2^{k-2}}, c^2 \rangle < \langle b e^{2^{k-2}}, c \rangle$$

为 G 的一条链长为 3 的非正规子群链, 矛盾. 若 $b^2 = c^2$, 则

$$\langle bc \rangle < \langle bc, e^{2^{k-1}} \rangle < \langle bc, e^{2^{k-2}} \rangle$$

为 G 的一条链长为 3 的非正规子群链, 矛盾.

子情形4.2 $[a, c] = 1$.

不失一般性, 可设 $[a, d] = [b, c] = [b, d] = 1$. 因为 $|G'| = 4$, 所以 $[a, e], [b, e], [c, e], [d, e]$ 中至少有一个不为 1. 不失一般性, 可设 $[a, e] = x$. 则经过适当替换可得 $[b, e] = 1$. 接下来, 若 $[c, e] = [d, e] = x$, 则, 令 $c_1 = cd$, 有 $[c_1, d] = [c, d]$, $[a, c_1] = [b, c_1] = [c_1, e] = 1$. 进而, 由于 c, d 地位对称, 因此可设 $[c, e] = 1, [d, e] = 1$ 或者 x.

若 $a^2 = e^{2^{k-1}}$, 则

$$\langle a e^{2^{k-2}} \rangle < \langle a e^{2^{k-2}}, a^2 \rangle < \langle e^{2^{k-2}}, a \rangle$$

为 G 的一条链长为 3 的非正规子群链, 矛盾. 因此可设 $a^2 = e^{2^{k-1}}x$. 接下来, 断言 $a^2 = c^2x$. 若否, 则 $a^2 = c^2$. 因此

$$\langle ac \rangle < \langle ac, c^2 \rangle < \langle a, c \rangle$$

为 G 的一条链长为 3 的非正规子群链, 矛盾.

若 $[c,d] = a^2 = c^2x = e^{2^{k-1}}x$, 则

$$\langle ce^{2^{k-2}} \rangle < \langle ce^{2^{k-2}}, c^2 \rangle < \langle e^{2^{k-2}}, c \rangle$$

为 G 的一条链长为 3 的非正规子群链, 矛盾. 若 $[c,d] = a^2x = c^2 = e^{2^{k-1}}$, 则

$$\langle ce^{2^{k-2}} \rangle < \langle ce^{2^{k-2}}, a^2 \rangle < \langle ce^{2^{k-2}}, a \rangle$$

为 G 的一条链长为 3 的非正规子群链, 矛盾.

综上可知, 此种情形不存在.

因此, 当 $t = 2$ 时, 定理结论成立.

(II) $t = 3$.

此时, 显然 $|\overline{G}'| = 2^2$ 且 $|\overline{G}| \geq 2^8$. 由前面的情形 (I) 可知, $\mathrm{chn}(\overline{G}) > 2$. 因此, $\mathrm{chn}(G) > 2$, 矛盾.

故, 当 $t = 3$ 时, 定理结论成立.

为了完全分类 $\mathrm{chn}(G) \leq 2$ 的有限 2 群, 根据定理 2.2.6–定理 2.2.8 可知, 我们还需从阶至多为 2^8 的有限 2 群中挑出 $\mathrm{chn}(G) \leq 2$ 且 $|G'| \geq 4$ 的群. 利用本节末尾给出的 Magma 程序检查小群库可得:

定理 2.2.9 设 G 是有限 2 群且 $|G| \leq 2^8$. 则 $\mathrm{chn}(G) \leq 2$ 当且仅当 G 同构于下列互不同构的群之一:

(I) $|G| \leq 2^4$.

(II) $|G| = 2^5$.

(II-1) $d(G) = 2$ 且 $|G'| = 4$.

(1) SmallGroup($2^5, 8$),

$$\langle a, b, c \mid a^8 = c^2 = 1, a^4 = b^2, [a,b] = c, [c,a] = a^4, [c,b] = 1 \rangle;$$

(2) SmallGroup($2^5, 10$),

$$\langle a, b, c \mid a^8 = 1, b^2 = a^4 = c^2, [a,b] = c, [c,a] = 1, [c,b] = c^2 \rangle;$$

(3) SmallGroup($2^5, 13$),

$$\langle a, b \mid a^8 = b^4 = 1, [a,b] = a^2 \rangle;$$

(4) SmallGroup($2^5, 14$),

$$\langle a, b \mid a^8 = b^4 = 1, [a, b] = a^{-2} \rangle;$$

(5) SmallGroup($2^5, 15$),

$$\langle a, b \mid a^8 = 1, b^4 = a^4, [a, b] = a^{-2} \rangle;$$

(II-2) $d(G) = 2$ 且 $|G'| = 8$

(6) SmallGroup($2^5, 20$),

$$\langle a, b \mid a^{16} = 1, a^8 = b^2, [a, b] = a^{-2} \rangle;$$

(II-3) $d(G) = 3$ 且 $|G'| = 4$.

(7) SmallGroup($2^5, 32$),

$$\langle a, b, c \mid a^4 = c^4 = 1, a^2 = b^2, [a, b] = c^2, [c, a] = a^2, [c, b] = 1 \rangle;$$

(8) SmallGroup($2^5, 33$),

$$\langle a, b, c \mid a^4 = c^4 = 1, a^2 = b^2, [a, b] = c^2 a^2, [c, a] = a^2, [c, b] = 1 \rangle;$$

(9) SmallGroup($2^5, 35$),

$$\langle a, b, c \mid a^4 = c^4 = 1, [a, b] = a^2 = b^2, [c, a] = [c, b] = c^2 \rangle;$$

(10) SmallGroup($2^5, 41$),

$$\langle a, b, c, d \rangle \text{ 且具有如下定义关系:}$$

$$a^4 = c^2 = [c, a] = [c, b] = [d, c] = 1,$$

$$a^2 = b^2 = d^2 = [d, a] = [d, b], [a, b] = d;$$

(III) $|G| = 2^6$.

(III-1) $d(G) = 2$ 且 $|G'| = 4$.

(1) SmallGroup($2^6, 15$),

$$\langle a, b \mid a^8 = b^8 = 1, [a, b] = a^2 \rangle;$$

(2) SmallGroup($2^6, 16$),

$$\langle a, b \mid a^8 = b^8 = 1, [a, b] = a^{-2} \rangle;$$

(3) SmallGroup(2^6, 19),

$$\langle a, b, c \mid a^8 = 1, b^4 = a^4 = c^2, [a, b] = c, [c, a] = [c, b] = 1 \rangle;$$

(4) SmallGroup(2^6, 22),

$$\langle a, b, c \mid a^8 = 1, b^4 = a^4 = c^2, [a, b] = c, [c, a] = 1, [c, b] = c^2 \rangle;$$

(III-2) $d(G) = 2$ 且 $|G'| = 8$.

(5) SmallGroup(2^6, 49),

$$\langle a, b \mid a^{16} = 1, a^8 = b^4, [a, b] = a^{-2} \rangle;$$

(III-3) $d(G) = 3$ 且 $|G'| = 4$

(6) SmallGroup(2^6, 64),

$$\langle a, b, c \mid a^4 = b^4 = c^4 = 1, [a, b] = c^2 b^2, [c, a] = b^2, [c, b] = 1 \rangle;$$

(7) SmallGroup(2^6, 105),

$$\langle a, b, c \mid a^4 = b^2 = c^8 = 1, [a, b] = c^4, [c, a] = a^2, [c, b] = 1 \rangle;$$

(8) SmallGroup(2^6, 110),

$$\langle a, b, c \mid a^8 = c^2 = 1, a^4 = b^4, [a, b] = a^2, [c, a] = [c, b] = 1 \rangle;$$

(9) SmallGroup(2^6, 111),

$$\langle a, b, c \mid a^8 = c^2 = 1, a^4 = b^4, [a, b] = a^2, [c, a] = a^4, [c, b] = 1 \rangle;$$

(10) SmallGroup(2^6, 127),

$$\langle a, b, c \mid a^4 = c^8 = 1, [a, b] = a^2 = b^2, [c, a] = [c, b] = c^4 \rangle;$$

(III-4) $d(G) = 3$ 且 $|G'| = 8$.

(11) SmallGroup(2^6, 82),

$$\langle a, b, c \rangle \text{ 且具有如下定义关系：}$$

$$a^4 = b^4 = c^4 = [a^2, b] = [a, b^2] = 1,$$

$$[a, b] = c^2 a^2, [c, a] = b^2, [c, b] = a^2 b^2;$$

(III-5) $d(G) = 4$ 且 $|G'| = 4$.

(12) SmallGroup($2^6, 208$),

$$\langle a, b, c, d \rangle \text{ 且具有如下定义关系:}$$

$$a^4 = b^4 = d^2 = [a, d] = [b, d] = [b, c] = [c, d] = 1,$$

$$[a, b] = a^2 = c^2, [a, c] = b^2;$$

(13) SmallGroup($2^6, 238$),

$$\langle a, b, c, d \rangle \text{ 且具有如下定义关系:}$$

$$a^4 = c^4 = d^4 = [a, d] = [b, d] = [c, b] = 1,$$

$$[a, b] = [c, d]d^2 = a^2 d^2 = b^2 = c^2 d^2, [a, c] = d^2;$$

(14) SmallGroup($2^6, 239$),

$$\langle a, b, c, d \rangle \text{ 且具有如下定义关系:}$$

$$b^4 = c^4 = [a, d] = [b, c] = [c, d] = 1,$$

$$a^2 = b^2 c^2, [a, b] = [b, d] = b^2 = d^2, [a, c] = c^2;$$

(15) SmallGroup($2^6, 245$),

$$\langle a, b, c, d \rangle \text{ 且具有如下定义关系:}$$

$$a^4 = c^4 = d^4 = [c, b] = 1,$$

$$[a, b] = [c, d]d^2 = a^2 d^2 = b^2 = c^2 d^2, [a, c] = [a, d] = [b, d] = d^2;$$

(IV) $|G| = 2^7$.

(IV-1) $d(G) = 3$ 且 $|G'| = 4$.

(1) SmallGroup($2^7, 883$),

$$\langle a, b, c \mid a^4 = b^2 = c^{16} = 1, [a, b] = c^8, [c, a] = a^2, [c, b] = 1 \rangle;$$

(2) SmallGroup($2^7, 915$),

$$\langle a, b, c \mid a^4 = c^{16} = 1, [a, b] = a^2 = b^2, [c, a] = [c, b] = c^8 \rangle;$$

(IV-2) $d(G) = 5$ 且 $|G'| = 4$.

(3) SmallGroup($2^7, 2262$),

$$\langle a, b, c, d, e \rangle \text{ 且具有如下定义关系:}$$

$$a^4 = b^4 = e^2 = [c,d] = [a,e] = [b,e] = [c,e] = [d,e] = 1,$$

$$[a,b] = [b,d] = a^2 = d^2, [a,c] = b^2 = c^2, [a,d] = [b,c] = a^2b^2;$$

(V) $|G| = 2^8$, $d(G) = 3$ 且 $|G'| = 4$.

(1) SmallGroup($2^8, 6616$),

$$\langle a,b,c \mid a^4 = b^2 = c^{32} = 1, [a,b] = c^{16}, [c,a] = a^2, [c,b] = 1 \rangle;$$

(2) SmallGroup($2^8, 6648$),

$$\langle a,b,c \mid a^4 = c^{32} = 1, [a,b] = a^2 = b^2, [c,a] = [c,b] = c^{16} \rangle;$$

SmallGroup(o, n) 表示小群库中 o 阶群中的第 n 个群.

注 2.2.1 定理 2.2.9 中的情形 (IV-1) 以及 (V) 中的群分别是定理 2.2.7 中 $k = 3$ 时和 $k = 4$ 时的群.

综上, 我们有如下结论:

定理 2.2.10 设 G 是有限 2 群. 若 $|G'| = 2$, 则 $\text{chn}(G) \leq 2$ 当且仅当 G 同构于定理 2.2.1–定理2.2.5 中的群之一或者 $Q_8 \times C_2^n$, 其中 $n \geq 5$ 的情形. 若 $|G'| \geq 2^2$, 则 $\text{chn}(G) \leq 2$ 当且仅当 G 同构于定理 2.2.7, 定理 2.2.9 中的群之一.

引理 2.2.2 以及定理 2.2.9 中所使用的 Magma 程序

```
f:=function(G);
S:=Subgroups(G);
T:=[x:x in S|x'length ne 1];
A:={x'order:x in T};
if ♯A eq 0 then return true;
else
M:=Ilog(2,Max(A));
m:=Ilog(2,Min(A));
a:=true;
if M-m ge 2 then
for k in [M..m+2 by -1] do
N1:=[x:x in T|x'order eq 2^k];
for x in N1 do
```

S1:=Subgroups(x'subgroup:OrderEqual:=2^{(k-2)});

if exists {y:y in S1|not IsNormal(G,y'subgroup)} then

a:=false;

break k;

end if;

end for;

end for;

end if;

return a;

end if;

end function;

g:=function(n);

P:=SmallGroupProcess(2^n);

X:=[];

repeat G:=Current(P);

if not IsAbelian(G) and f(G) then

_,a:=CurrentLabel(P);

Append(~X,a);

end if;

Advance(~P);

until IsEmpty(P);

return X;

end function;

§2.3 非正规子群链长不超过 2 的有限 p 群 $(p > 2)$

本节来分类 chn$(G) \leq 2$ 的有限 p 群 $(p > 2)$. 以下的证明过程中, 我们总假设 $p > 2$. 首先, 我们来证明如下两个引理.

引理 2.3.1 若有限 p 群 G 满足 chn$(G) \leq 2$, 则 G 的子群, 商群也满足.

证明　任取 $H \leq G$. 下证 chn$(H) \leq 2$. 若否, 不妨设 $K_1 < K_2 < \cdots < K_s$ 是 H 的一条非正规子群链, 其中 $s \geq 3$. 对每个 i, 由 $K_i \ntrianglelefteq H$ 可知 $K_i \ntrianglelefteq G$. 于是 $K_1 < K_2 < \cdots < K_s$ 是 G 的一条非正规子群链, 这与 chn$(G) \leq 2$ 矛盾.

设 $\overline{G} = G/N$ 是 G 的一个商群. 下证 $\mathrm{chn}(\overline{G}) \leq 2$. 若否, 可设 $\overline{M}_1 < \overline{M}_2 < \cdots < \overline{M}_s$ 是 $\overline{G}$ 的一条非正规子群链, 其中 $s \geq 3$. 对每个 i, 由 $\overline{M}_i \ntrianglelefteq \overline{G}$ 和对应定理可得 $M_i N \ntrianglelefteq G$. 于是 $M_1 N < M_2 N < \cdots < M_s N$ 是 G 的一条非正规子群链, 与 $\mathrm{chn}(G) \leq 2$ 矛盾.

引理 2.3.2 设 G 为非 Dedekind p 群. 若 $\mathrm{chn}(G) \leq 2$, 则 $d(G) \leq 5$ 且 $|G'| \leq p^3$.

证明 根据引理 2.1.4 可得 $d(G) \leq 5$ 且 $|G'| \leq p^4$. 下面, 我们进一步来证明 $|G'| \leq p^3$.

因为 $p > 2$, 所以根据引理 1.2.3 可知, G 中一定存在 (p, p) 型正规子群 N. 由于 $\mathrm{chn}(G) \leq 2$, 因此根据引理 2.1.3 可知 $\mathrm{chn}(G/N) \leq 1$.

假设 $\mathrm{chn}(G/N) = 0$, 则 G/N 为 Dedekind 群. 因此 $|(G/N)'| = 1$. 进而, $|G'| \leq p^2$.

假设 $\mathrm{chn}(G/N) = 1$, 则 G/N 为定理 2.1.1 中的群(其中 $p > 2$ 的情形)之一. 当 $|G/N| \neq 3^4$, 即 $|G| \neq 3^6$ 时, $|(G/N)'| = p$. 因此 $|G'| \leq p^3$. 当 $|G| = 3^6$ 时, 利用 Magma 程序检查小群库可得, $|G'| \leq 3^3$.(具体程序仍采用上一节结尾部分给出的程序.)

下面我们将分两种情形: (1) $|G'| = p$; (2) $|G'| \geq p^2$ 来完成分类.

一、$|G'| = p$.

定理 2.3.1 设 G 为有限 p 群. 若 $|G'| = p$ 且 $d(G) = 2$, 则 $\mathrm{chn}(G) \leq 2$ 当且仅当 G 同构于下列互不同构的群之一:

(1) $\mathrm{M}_p(n, m)$, 其中 $n \geq 2, m \geq 1$;

(2) $\mathrm{M}_p(n, m, 1)$, 其中 $2 \geq n \geq m \geq 1$.

证明 ($\Rightarrow$) 因为 $d(G) = 2$ 且 $|G'| = p$, 所以根据引理 1.2.5 可知 G 内交换. 注意到 $p > 2$. 因此根据定理 1.2.2 可知, G 同构于 $\mathrm{M}_p(n, m)$ 或者 $\mathrm{M}_p(n, m, 1)$ 之一.

假设 $G \cong \mathrm{M}_p(n, m, 1)$. 若 $n \geq 3$, 则 $\langle b \rangle < \langle a^{p^{n-1}}, b \rangle < \langle a^{p^{n-2}}, b \rangle$ 为 G 的一条非正规子群链. 因此 $\mathrm{chn}(G) \geq 3$, 矛盾. 故 $n \leq 2$. 进而, 结论成立.

($\Leftarrow$) 显然定理中的群 (1) 为定理 2.1.1 中的群 (i). 假设 G 为群 (2). 若 $n = m = 1$, 则 $|G| = p^3$. 若 $n = 2, m = 1$, 则 $|G| = p^4$. 若 $n = m = 2$, 则 G 为文献 [3] 的定理 15 中的群 (3), 其中 $n = 1$ 的情形. 综上, 不难知 $\mathrm{chn}(G) \leq 2$.

定理 2.3.2 设 G 为有限 p 群. 若 $|G'| = p$ 且 $d(G) = 3$, 则 $\mathrm{chn}(G) \leq 2$ 当且仅当 G 同构于下列互不同构的群之一:

(1) $\mathrm{M}_p(n, m) \times \mathrm{C}_p$, 其中 $n \geq 2, m \geq 1$;

(2) $\mathrm{M}_p(1, 1, 1) \times \mathrm{C}_p$;

(3) $\mathrm{M}_p(n, m, 1) * \mathrm{C}_{p^k}$, 其中 $\mathrm{M}_p(n, m, 1) \cap \mathrm{C}_{p^k} = \mathrm{M}_p'(n, m, 1)$, $2 \geq n \geq m \geq 1$, $k \geq 2$.

证明 ($\Rightarrow$) 注意到 $|G'| = p$ 且 $d(G) = 3$. 因此根据文献 [5] 的定理 3.1 可知, G 同构于下列群之一:

(i) $M_p(n,m) \times C_{p^k}$, 其中 $n \geq 2, m \geq 1, k \geq 1$;

(ii) $M_p(n,m,1) \times C_{p^k}$, 其中 $n \geq m \geq 1, k \geq 1$;

(iii) $M_p(n,m,1) * C_{p^k}$, 其中 $M_p(n,m,1) \cap C_{p^k} = M_p'(n,m,1)$, $n \geq m \geq 1$, $k \geq 2$.

对于群 (i), 不失一般性可设

$$G = \langle a,b,c \mid a^{p^n} = b^{p^m} = c^{p^k} = 1, [a,b] = a^{p^{n-1}}, [c,a] = [c,b] = 1 \rangle.$$

若 $k \geq 2$, 则 $\langle b \rangle < \langle b, c^{p^{k-1}} \rangle < \langle b, c^{p^{k-2}} \rangle$ 为 G 的一条非正规子群链. 因此 $\text{chn}(G) \geq 3$, 矛盾. 故 $k = 1$. 从而可得定理中的 (1). 对于群 (ii) 和 (iii) 而言, 不失一般性可设

$$H = \langle a,b,c \mid a^{p^n} = b^{p^m} = c^p = 1, [a,b] = c, [c,a] = [c,b] = 1 \rangle \cong M_p(n,m,1).$$

注意到 $\text{chn}(H) \leq 2$, $|H'| = p$ 且 $d(H) = 2$. 因此根据定理 2.3.1 可知, $2 \geq n \geq m \geq 1$. 进而, 若 G 为群 (iii), 则可得定理中的群 (3). 假设 G 为群 (ii) 且令 $G = H \times \langle d \rangle$, 其中 $\langle d \rangle \cong C_{p^k}$, $k \geq 1$. 若 $n = 2$, 则 $\langle b \rangle < \langle b, a^p \rangle < \langle b, a^p, d \rangle$ 为 G 的一条非正规子群链. 因此 $\text{chn}(G) \geq 3$, 矛盾. 故 $n = 1$ 并且可得 $m = 1$. 接下来, 若 $k \geq 2$, 则 $\langle b \rangle < \langle b, d^{p^{k-1}} \rangle < \langle b, d^{p^{k-2}} \rangle$ 为 G 的一条非正规子群链. 因此 $\text{chn}(G) \geq 3$, 矛盾. 故 $k = 1$. 从而可得定理中的群 (2).

($\Leftarrow$) 显然定理中的群 (2) 是文献 [3] 的定理 14 中的群 (7), 其中 $n = 1$ 的情形. 假设 G 是群 (3). 若 $n = 2, m = 1$, 则 G 是文献 [3] 的定理 14 中的群 (10). 若 $n = m = 2$, 则 G 是文献 [3] 的定理 15 中的群 (3). 若 $n = m = 1$, 则 G 是定理 2.1.1 中的群 (ii). 从而, 不难知 $\text{chn}(G) \leq 2$.

现在, 我们只需证明对于定理中的群 (1) 而言, $\text{chn}(G) \leq 2$. 若否, 则 G 中存在一条非正规子群链使得 $\text{chn}(G) \geq 3$. 假设 $H_1 < H_2 < H_3$ 为 G 的一个非正规子群链. 因为 $|G'| = p$, 所以 H_3 交换. 注意到 $G' \leq \mho_1(\Omega_2(G)) \lesssim C_p^2$. 因此 $|\mho_1(\Omega_2(H_3))| \leq p$. 从而 $H_3/\Omega_1(H_3)$ 循环. 令 $H_3 = \langle x \rangle \Omega_1(H_3)$. 由于 $G' \leq \Omega_1(G) \cong C_p^3$, 因此 $|\Omega_1(H_3)| \leq p^2$. 从而 $H_3 = \langle x \rangle$ 或 $\langle x \rangle \times \langle y \rangle$, 其中 $o(x) \geq p^2$, $o(y) = p$. 若 $m = 1$, 则 $G' = \Omega_1(\mho_1(G))$ 且 $\mho_1(G)$ 循环. 因此 $G' \leq \mho_1(H_3) \leq \mho_1(G)$. 故 $H_3 \trianglelefteq G$, 矛盾. 假设 $m \geq 2$. 若 $H_3 = \langle x \rangle$, 则 $H_2 = \langle x^p \rangle \leq Z(G)$, 矛盾. 若 $H_3 = \langle x \rangle \times \langle y \rangle$, 则 $H_2 = \langle x^p \rangle \times \langle y \rangle$ 或者 $\langle xy^i \rangle$. 若 $H_2 = \langle x^p \rangle \times \langle y \rangle$, 则 $H_2 \leq Z(G)$. 若 $H_2 = \langle xy^i \rangle$, 则 $H_1 = \langle x^p \rangle \leq Z(G)$. 综上, 无论何种情形, 总有 $H_2 \trianglelefteq G$ 或者 $H_1 \trianglelefteq G$, 矛盾.

引理 2.3.3 设 G 为有限 p 群, $|G'| = p$ 且 $d(G) \geq 4$. 若 $\text{chn}(G) \leq 2$, 则 G 中存在子群同构于 $M_p(1,1,1)$.

证明 不失一般性, 我们仅需考虑 $d(G) = 4$ 的情形. 假设 $G/G' = \langle \bar{a}_1 \rangle \times \langle \bar{a}_2 \rangle \times \langle \bar{a}_3 \rangle \times \langle \bar{a}_4 \rangle$, 其中

$$\bar{a}_1^{p^{m_1}} = \bar{a}_2^{p^{m_2}} = \bar{a}_3^{p^{m_3}} = \bar{a}_4^{p^{m_4}} = \bar{1}.$$

因此 $G = \langle a_1, a_2, a_3, a_4 \rangle$. 注意到 $|G'| = p$. 不失一般性, 可设 $G' = \langle [a_1, a_2] \rangle$ 且令

$$[a_1, a_3] = [a_1, a_2]^{i_1}, \quad [a_1, a_4] = [a_1, a_2]^{i_2},$$

$$[a_2, a_3] = [a_1, a_2]^{i_3}, \ [a_2, a_4] = [a_1, a_2]^{i_4} \ \text{且} \ [a_3, a_4] = [a_1, a_2]^{i_5}.$$

分别用 $a_1^{i_3} a_2^{-i_1} a_3$, $a_1^{i_4} a_2^{-i_2} a_4$ 替换 a_3, a_4 可得,

$$[a_1, a_3] = [a_2, a_3] = [a_1, a_4] = [a_2, a_4] = 1, \ [a_3, a_4] = 1 \ \text{或} \ [a_1, a_2].$$

因此我们可设 $G = \langle a_1, a_2 \rangle * \langle a_3, a_4 \rangle$, 其中 $\langle a_1, a_2 \rangle \cap \langle a_3, a_4 \rangle \leq G'$.

注意到 $\langle a_1, a_2 \rangle$ 内交换且 $\mathrm{chn}(\langle a_1, a_2 \rangle) \leq 2$. 因此 $\langle a_1, a_2 \rangle$ 同构于定理 2.3.1 中的群之一. 若 $\langle a_1, a_2 \rangle \cong \mathrm{M}_p(1, 1, 1)$, 则定理结论成立. 下面, 我们假设 $\langle a_1, a_2 \rangle \cong \mathrm{M}_p(n, m)$, $n \geq 2$, $m \geq 1$ 或者 $\mathrm{M}_p(2, m, 1)$, $2 \geq m \geq 1$.

接下来, 因为 $\langle \overline{a}_3 \rangle \cap \langle \overline{a}_4 \rangle = \overline{1}$, 所以 $\langle a_3 \rangle \cap \langle a_4 \rangle \leq G'$. 若 $\langle a_1, a_2 \rangle \cap \langle a_3, a_4 \rangle = 1$, 则 $[a_3, a_4] = 1$ 且 $\langle a_3 \rangle \cap \langle a_4 \rangle = 1$. 因此 $G = \langle a_1, a_2 \rangle \times \langle a_3 \rangle \times \langle a_4 \rangle$. 此时, 显然 $\mathrm{chn}(G) \geq 3$, 矛盾. 因此, 总可假设 $\langle a_1, a_2 \rangle \cap \langle a_3, a_4 \rangle = G'$.

情形1 $[a_3, a_4] = [a_1, a_2]$.

注意到 $|\langle a_3, a_4 \rangle'| = |\langle a_1, a_2 \rangle'| = p$. 因此根据引理 1.2.5 可知 $\langle a_3, a_4 \rangle$ 内交换. 因此 $\langle a_3, a_4 \rangle$ 同构于定理 2.3.1 中的群之一. 若 $\langle a_3, a_4 \rangle \cong \mathrm{M}_p(1, 1, 1)$, 则定理的结论成立. 若 $\langle a_3, a_4 \rangle \not\cong \mathrm{M}_p(1, 1, 1)$, 则可设 $G = \langle a_1, a_2 \rangle * \langle a_3, a_4 \rangle$ 同构于

$$\mathrm{M}_p(n, m) * \mathrm{M}_p(n_1, m_1), \mathrm{M}_p(2, m, 1) * \mathrm{M}_p(n_1, m_1), \text{或} \ \mathrm{M}_p(2, m, 1) * \mathrm{M}_p(2, m_1, 1)$$

之一.

假设 $G \cong \mathrm{M}_p(2, m, 1) * \mathrm{M}_p(n_1, m_1)$. 令 $G = \langle a_1, a_2, a_3, a_4 \rangle$ 且具有如下定义关系:

$$a_1^{p^2} = a_2^{p^m} = a_3^{p^{n_1}} = a_4^{p^{m_1}} = 1, [a_1, a_2] = [a_3, a_4] = a_3^{p^{n_1 - 1}},$$

$$[a_1, a_3] = [a_1, a_4] = [a_2, a_3] = [a_2, a_4] = 1.$$

则 $\langle a_2 \rangle < \langle a_2, a_1^p \rangle < \langle a_2, a_1^p, a_4^{p^{m_1 - 1}} \rangle$ 为 G 的一条非正规子群链. 因此 $\mathrm{chn}(G) \geq 3$, 矛盾.

假设 $G \cong \mathrm{M}_p(2, m, 1) * \mathrm{M}_p(2, m_1, 1)$. 令 $G = \langle a_1, a_2, a_3, a_4, x \rangle$ 且具有如下定义关系:

$$a_1^{p^2} = a_2^{p^m} = a_3^{p^2} = a_4^{p^{m_1}} = x^p = 1, [a_1, a_2] = [a_3, a_4] = x,$$

$$[a_1, a_3] = [a_1, a_4] = [a_2, a_3] = [a_2, a_4] = [x, a_1] = [x, a_2] = [x, a_3] = [x, a_4] = 1.$$

类似上段的讨论可得, $\mathrm{chn}(G) \geq 3$, 矛盾.

假设 $G \cong \mathrm{M}_p(n, m) * \mathrm{M}_p(n_1, m_1)$. 不失一般性, 可设 $n \geq n_1$. 令 $G = \langle a_1, a_2, a_3, a_4 \rangle$ 且具有如下定义关系:

$$a_1^{p^n} = a_2^{p^m} = a_3^{p^{n_1}} = a_4^{p^{m_1}} = 1, [a_1, a_2] = [a_3, a_4] = a_1^{p^{n-1}} = a_3^{p^{n_1 - 1}},$$

$$[a_1, a_3] = [a_1, a_4] = [a_2, a_3] = [a_2, a_4] = 1.$$

若 $m \geq 2$, 则 $\langle a_4 \rangle < \langle a_4, a_2^{p^{m-1}} \rangle < \langle a_4, a_2^{p^{m-2}} \rangle$ 为 G 的一条非正规子群链. 若 $m_1 \geq 2$, 则 $\langle a_2 \rangle < \langle a_2, a_4^{p^{m_1-1}} \rangle < \langle a_2, a_4^{p^{m_1-2}} \rangle$ 为 G 的一条非正规子群链. 因此 $\mathrm{chn}(G) \geq 3$, 矛盾. 故 $m = m_1 = 1$. 接下来, 若 $n_1 \geq 3$, 则 $\langle a_4 \rangle < \langle a_2, a_4 \rangle < \langle a_1^{p^{n-2}} a_3^{-p^{n_1-2}}, a_2, a_4 \rangle$ 为 G 的一条非正规子群链. 因此 $\mathrm{chn}(G) \geq 3$, 矛盾. 故 $n_1 = 2$. 从而 $G \cong \mathrm{M}_p(n,1) * \mathrm{M}_p(2,1)$. 若 $n = 2$, 则分别用 $a_2 a_4$, $a_3 a_1^{-1}$ 替换 a_2, a_3 可得, $G \cong \mathrm{M}_p(2,1) * \mathrm{M}_p(1,1,1)$. 若 $n \geq 3$, 则用 $a_3 a_1^{-p^{n-2}}$ 替换 a_3 可得, $G \cong \mathrm{M}_p(n,1) * \mathrm{M}_p(1,1,1)$. 因此, 定理结论成立.

情形2 $[a_3, a_4] = 1$.

不失一般性, 可设 $G = (\langle a_1, a_2 \rangle * \langle a_3 \rangle) \times \langle a_4 \rangle$, 其中 $|\langle a_3 \rangle| \geq p^2$.

假设 $G \cong (\mathrm{M}_p(2,m,1) * \mathrm{C}_{p^{k_1}}) \times \mathrm{C}_{p^{k_2}}$, $k_1 \geq 2$. 令 $G = \langle a_1, a_2, a_3, a_4 \rangle$ 且具有如下定义关系:

$$a_1^{p^2} = a_2^{p^m} = a_3^{p^{k_1}} = a_4^{p^{k_2}} = 1, [a_1, a_2] = a_3^{p^{k_1-1}},$$

$$[a_1, a_3] = [a_1, a_4] = [a_2, a_3] = [a_2, a_4] = [a_3, a_4] = 1.$$

则 $\langle a_2 \rangle < \langle a_2, a_1^p \rangle < \langle a_2, a_1^p, a_4^{p^{k_2-1}} \rangle$ 为 G 的一条非正规子群链. 因此 $\mathrm{chn}(G) \geq 3$, 矛盾.

假设 $G \cong (\mathrm{M}_p(n,m) * \mathrm{C}_{p^{k_1}}) \times \mathrm{C}_{p^{k_2}}$, $k_1 \geq 2$. 令 $G = \langle a_1, a_2, a_3, a_4 \rangle$ 且具有如下定义关系:

$$a_1^{p^n} = a_2^{p^m} = a_3^{p^{k_1}} = a_4^{p^{k_2}} = 1, [a_1, a_2] = a_1^{p^{n-1}} = a_3^{p^{k_1-1}},$$

$$[a_1, a_3] = [a_1, a_4] = [a_2, a_3] = [a_2, a_4] = [a_3, a_4] = 1.$$

若 $k_2 \geq 2$, 则 $\langle a_2 \rangle < \langle a_2, a_4^{p^{k_2-1}} \rangle < \langle a_2, a_4^{p^{k_2-2}} \rangle$ 为 G 的一条非正规子群链. 因此 $\mathrm{chn}(G) \geq 3$, 矛盾. 故 $k_2 = 1$. 接下来, 若 $n \geq 3$, 则 $\langle a_2 \rangle < \langle a_2, a_4 \rangle < \langle a_2, a_4, a_1^{p^{n-2}} a_3^{-p^{k_1-2}} \rangle$ 为 G 的一条非正规子群链. 因此 $\mathrm{chn}(G) \geq 3$, 矛盾. 故 $n = 2$. 进一步, 若 $m \geq 2$, 则 $\langle a_1 a_3^{-p^{k_1-2}} \rangle < \langle a_1 a_3^{-p^{k_1-2}}, a_2^{p^{m-1}} \rangle < \langle a_1 a_3^{-p^{k_1-2}}, a_2^{p^{m-1}}, a_4 \rangle$ 为 G 的一条非正规子群链. 因此 $\mathrm{chn}(G) \geq 3$, 矛盾. 故 $m = 1$. 因此

$$G \cong (\mathrm{M}_p(2,1) * \mathrm{C}_{p^{k_1}}) \times \mathrm{C}_p \cong (\mathrm{M}_p(1,1,1) * \mathrm{C}_{p^{k_1}}) \times \mathrm{C}_p.$$

故定理结论成立.

定理 2.3.3 设 G 为有限 p 群. 若 $|G'| = p$ 且 $d(G) = 4$, 则 $\mathrm{chn}(G) \leq 2$ 当且仅当 G 同构于下列互不同构的群之一:

(1) $\mathrm{M}_p(1,1,1) * \mathrm{M}_p(n,1)$, 其中 $n \geq 2$;

(2) $\mathrm{M}_p(1,1,1) * \mathrm{M}_p(1,1,1)$;

(3) $(\mathrm{M}_p(1,1,1) * \mathrm{C}_{p^n}) \times \mathrm{C}_p$, 其中 $n \geq 2$.

证明 $(\Rightarrow)$ 根据引理 1.2.6 以及引理 2.3.3 可知, $G = \mathrm{M}_p(1,1,1) * C_G(\mathrm{M}_p(1,1,1))$, 其中

$$\mathrm{M}_p(1,1,1) \cap C_G(\mathrm{M}_p(1,1,1)) \leq Z(\mathrm{M}_p(1,1,1)) = \mathrm{M}_p(1,1,1)' = G'.$$

注意到 $d(G) = 4$. 因此可设 $G = \langle a_1, a_2 \rangle * \langle a_3, a_4 \rangle$, 其中

$$\langle a_1, a_2 \rangle \cong \mathrm{M}_p(1,1,1), \ \langle a_1, a_2 \rangle \cap \langle a_3, a_4 \rangle \leq G'.$$

类似引理 2.3.3 的讨论, 我们总可假设 $\langle a_1, a_2 \rangle \cap \langle a_3, a_4 \rangle = G'$.

情形1 $[a_3, a_4] = [a_1, a_2]$.

注意到 $|\langle a_3, a_4 \rangle'| = |\langle a_1, a_2 \rangle'| = p$. 因此根据引理 1.2.5 可知 $\langle a_3, a_4 \rangle$ 内交换. 进而, 根据定理 2.3.1 可知, $\langle a_3, a_4 \rangle \cong \mathrm{M}_p(n,m)$, $n \geq 2$, $m \geq 1$ 或者 $\mathrm{M}_p(n,m,1)$, $2 \geq n \geq m \geq 1$.

假设 $G \cong \mathrm{M}_p(1,1,1) * \mathrm{M}_p(n,m)$. 令 $G = \langle a_1, a_2, a_3, a_4 \rangle$ 且具有如下定义关系:

$$a_1^p = a_2^p = a_3^{p^n} = a_4^{p^m} = 1, [a_1, a_2] = [a_3, a_4] = a_3^{p^{n-1}},$$

$$[a_1, a_3] = [a_1, a_4] = [a_2, a_3] = [a_2, a_4] = 1.$$

若 $m \geq 2$, 则 $\langle a_2 \rangle < \langle a_2, a_4^{p^{m-1}} \rangle < \langle a_2, a_4^{p^{m-2}} \rangle$ 为 G 的一条非正规子群链. 因此 $\mathrm{chn}(G) \geq 3$, 矛盾. 故 $m = 1$ 且可得定理中的群 (1).

假设 $G \cong \mathrm{M}_p(1,1,1) * \mathrm{M}_p(n,m,1)$. 令 $G = \langle a_1, a_2, a_3, a_4, x \rangle$ 且具有如下定义关系:

$$a_1^p = a_2^p = a_3^{p^n} = a_4^{p^m} = x^p = 1, [a_1, a_2] = [a_3, a_4] = x,$$

$$[a_1, a_3] = [a_1, a_4] = [a_2, a_3] = [a_2, a_4] = [x, a_1] = [x, a_2] = [x, a_3] = [x, a_4] = 1.$$

若 $n = 2$, 则 $\langle a_2 \rangle < \langle a_2, a_3^p \rangle < \langle a_2, a_3 \rangle$ 为 G 的一条非正规子群链. 因此 $\mathrm{chn}(G) \geq 3$, 矛盾. 故 $n = m = 1$ 并且可得定理中的群 (2).

情形2 $[a_3, a_4] = 1$.

不失一般性, 可设

$$G = (\langle a_1, a_2 \rangle * \langle a_3 \rangle) \times \langle a_4 \rangle \cong (\mathrm{M}_p(1,1,1) * C_{p^{k_1}}) \times C_{p^{k_2}}, k_1 \geq 2.$$

若 $k_2 \geq 2$, 则 $\langle a_1 \rangle < \langle a_1, a_4^{p^{k_2-1}} \rangle < \langle a_1, a_4^{p^{k_2-2}} \rangle$ 为 G 的一条非正规子群链. 因此 $\mathrm{chn}(G) \geq 3$, 矛盾. 故 $k_2 = 1$. 从而可得定理中的群 (3).

$(\Leftarrow)$ 显然, 定理中的群 (1) 为文献 [3] 的定理 14 中的群 (1). 定理中的群 (2) 为文献 [3] 的定理 14 中的群 (2), 其中 $n = 1$ 的情形. 定理中的群 (3) 为文献 [3] 的定理 14 中的群 (7), 其中 $n \geq 2$ 的情形. 因此, 不难知 $\mathrm{chn}(G) \leq 2$.

定理 2.3.4 设 G 为有限 p 群. 若 $|G'| = p$ 且 $d(G) = 5$, 则 $\mathrm{chn}(G) \leq 2$ 当且仅当 $G \cong \mathrm{M}_p(1,1,1) * \mathrm{M}_p(1,1,1) * C_{p^k}$, 其中 $k \geq 2$.

证明 ($\Rightarrow$) 类似定理 2.3.3 的讨论, 可设 $G = \langle a_1, a_2 \rangle * \langle a_3, a_4, a_5 \rangle$, 其中

$$\langle a_1, a_2 \rangle \cong \mathrm{M}_p(1,1,1), \quad \langle a_1, a_2 \rangle \cap \langle a_3, a_4, a_5 \rangle \leq G'.$$

若 $\langle a_1, a_2 \rangle \cap \langle a_3, a_4, a_5 \rangle = 1$, 则 $[a_3, a_4] = [a_3, a_5] = [a_4, a_5] = 1$. 因此可设

$$G = \langle a_1, a_2 \rangle \times \langle a_3 \rangle \times \langle a_4 \rangle \times \langle a_5 \rangle.$$

显然, $\mathrm{chn}(G) \geq 3$, 矛盾. 因此, 总可假设 $\langle a_1, a_2 \rangle \cap \langle a_3, a_4, a_5 \rangle = G'$.

假设 $\langle a_3, a_4, a_5 \rangle' = 1$. 不失一般性, 可设 $G = (\langle a_1, a_2 \rangle * \langle a_3 \rangle) \times \langle a_4 \rangle \times \langle a_5 \rangle$. 容易知 $\mathrm{chn}(G) \geq 3$, 矛盾. 因此 $\langle a_3, a_4, a_5 \rangle' = G'$. 故 $\langle a_3, a_4, a_5 \rangle$ 同构于定理 2.3.2 中的群之一. 进而, G 同构于下列群之一:

(i) $\mathrm{M}_p(1,1,1) * \mathrm{M}_p(n,m) \times \mathrm{C}_p$, $n \geq 2$, $m \geq 1$;

(ii) $\mathrm{M}_p(1,1,1) * \mathrm{M}_p(1,1,1) \times \mathrm{C}_p$;

(iii) $\mathrm{M}_p(1,1,1) * \mathrm{M}_p(n,m,1) * \mathrm{C}_{p^k}$, $2 \geq n \geq m \geq 1$, $k \geq 2$.

若 G 为群 (i) 或者 (ii) 之一, 则容易证明 G 中存在一条非正规子群链使得 $\mathrm{chn}(G) \geq 3$. 假设 G 为群 (iii). 令 $H \leq G$ 且 $H \cong \mathrm{M}_p(1,1,1) * \mathrm{M}_p(n,m,1)$. 注意到 $\mathrm{chn}(H) \leq 2$ 且 $d(H) = 4$. 因此根据定理 2.3.3 可知, $n = m = 1$ 并且可得定理中的群.

($\Leftarrow$) 由于定理中的群为文献 [3] 的定理 14 中的群 (2), 因此, 显然 $\mathrm{chn}(G) \leq 2$.

注 2.3.1 若 G 为有限 p 群 $(p > 2)$ 且 $\mathrm{chn}(G) = 1$, 则根据定理 2.1.1 可知, $d(G) \leq 3$. 因而, 若 G 同构于定理 2.3.3 和定理 2.3.4 中的群之一, 则 $\mathrm{chn}(G) = 2$.

二、$|G'| \geq p^2$.

下面我们来研究 $|G'| \geq p^2$ 的情形. 首先, 我们来证明如下的引理.

引理 2.3.4 设 G 为有限 p 群. 若 $|G'| \geq p^2$ 且 $d(G) \geq 4$, 则 $\mathrm{chn}(G) > 2$.

证明 利用反证法. 假设结论不成立. 则存在群 G 满足 $\mathrm{chn}(G) \leq 2$. 进而, 根据引理 2.3.2 可知 $d(G) = 4$ 或者 5 且 $|G'| = p^2$ 或者 p^3. 设 $N \leq G' \cap Z(G)$ 且 $|N| = p$. 令 $N = \langle x \rangle$ 且 $\overline{G} = G/N$. 显然 $d(\overline{G}) = d(G) = 4$ 或者 5.

若 $|G'| = p^2$, 则 $|\overline{G'}| = |G'/N| = p$. 因为 $\mathrm{chn}(G) \leq 2$, 所以 $\mathrm{chn}(\overline{G}) \leq 2$. 因此 $\overline{G}$ 同构于定理 2.3.3 以及定理 2.3.4 中的群之一. 进一步, 由注 2.3.1 可知, $\mathrm{chn}(\overline{G}) = 2$. 假设 $\overline{H} < \overline{K}$ 为 $\overline{G}$ 的一条非正规子群链且使得 $|\overline{H}| = p$. 则 $H < K$ 为 G 的一条非正规子群链且 $|H| = p^2$. 若 $H \cong \mathrm{C}_p^2$, 则存在 $M \lhd H$ 使得 $M \not\trianglelefteq G$. 因此 $M < H < K$ 为 G 的一条非正规子群链. 从而 $\mathrm{chn}(G) \geq 3$, 矛盾. 故 $H \cong \mathrm{C}_{p^2}$.

假设 $\overline{G} \not\cong (\mathrm{M}_p(1,1,1) * \mathrm{C}_{p^n}) \times \mathrm{C}_p$. 则存在 $\overline{L} \cong \mathrm{C}_p^2 \not\trianglelefteq \overline{G}$ 且对于任意的 $\overline{M} < \overline{L}$, 总有 $\overline{M} \not\trianglelefteq \overline{G}$. 注意到 $|\overline{M}| = p$. 因此 $M \cong \mathrm{C}_{p^2}$. 另一方面, 因为 $|L| = p^3$, 所以

$L \cong \mathrm{M}_p(2,1)$ 或者 $\mathrm{M}_p(1,1,1)$. 因此总存在 $N \leq M \leq \Omega_1(L)$ 使得 $|\overline{M}| = p$ 且 $M \cong \mathrm{C}_p^2$, 矛盾.

假设 $\overline{G} \cong (\mathrm{M}_p(1,1,1) * \mathrm{C}_{p^n}) \times \mathrm{C}_p$. 不失一般性, 可设 $G = \langle a, b, c, d, x \mid a^p = x^{i_1}, b^p = x^{i_2}, c^{p^n} = x^{i_3}, d^p = x^{i_4}, x^p = 1, [a,b] = c^{p^{n-1}} x^{i_5}, [c,a] = x^{i_6}, [d,a] = x^{i_7}, [c,b] = x^{i_8}, [d,b] = x^{i_9}, [d,c] = x^{i_{10}}, [x,a] = [x,b] = [x,c] = [x,d] = 1 \rangle$, $i_k \in \{0, 1, 2, \cdots, p-1\}$, $k \in \{1, 2, \cdots, 10\}$. 因为 $b^p \in Z(G)$, 所以 $1 = [a, b^p] = c^{p^n}$. 故 $i_3 = 0$. 从而 $G' \cong \mathrm{C}_p^2$. 显然, $\langle \overline{a} \rangle < \langle \overline{a}, \overline{d} \rangle$ 和 $\langle \overline{b} \rangle < \langle \overline{b}, \overline{d} \rangle$ 均为 $\overline{G}$ 的非正规子群链. 注意到 $|\langle \overline{a} \rangle| = |\langle \overline{b} \rangle| = p$. 根据上面的讨论, 总有 $\langle a \rangle \cong \mathrm{C}_{p^2}$ 且 $\langle b \rangle \cong \mathrm{C}_{p^2}$. 从而可得 $\langle a^p \rangle = \langle b^p \rangle$. 因此我们总可假设 $a^p = b^{ip}$, 其中 $p \nmid i$. 进而可得 $(ab^{-i})^p = 1$. 因此 $\langle ab^{-i}, x \rangle \cong \mathrm{C}_p^2$ 且 $\langle ab^{-i}, x \rangle \ntrianglelefteq G$, 矛盾.

因此, 若 $|G'| = p^2$, 则 $\mathrm{chn}(G) > 2$.

接下来, 若 $|G'| = p^3$, 则 $|\overline{G}'| = |G'/N| = p^2$. 由前面的讨论可知, $\mathrm{chn}(\overline{G}) > 2$. 故 $\mathrm{chn}(G) > 2$, 矛盾.

综上可知, 定理结论成立.

根据引理 2.3.4 可知, 我们仅需处理 $d(G) \leq 3$ 的情形.

定理 2.3.5 设 G 为有限 p 群. 若 $|G'| \geq p^2$ 且 $d(G) = 2$, 则 $\mathrm{chn}(G) \leq 2$ 当且仅当 G 同构于下列互不同构的群之一:

(I) $|G'| = p^2$.

(1) $\langle a, b, c \mid a^9 = c^3 = 1, a^3 = b^3, [a,b] = c, [c,a] = a^3, [c,b] = 1 \rangle$;

(2) $\langle a, b, c \mid a^{p^2} = b^p = c^p = 1, [a,b] = c, [c,a] = 1, [c,b] = a^{\nu p} \rangle$, 其中 $\nu = 1$ 或是一个固定的模 p 的平方非剩余;

(3) $\langle a, b, c \mid a^{p^2} = b^p = c^p = 1, [a,b] = c, [c,a] = a^p, [c,b] = 1 \rangle$;

(4) $\langle a, b, c, d \mid a^p = b^p = c^p = d^p = 1, [a,b] = c, [c,a] = 1, [c,b] = d \rangle$, 其中 $p \geq 5$;

(5) $\langle a, b, c \mid a^{p^2} = b^{p^2} = c^p = 1, [a,b] = c, [c,a] = b^{\nu p}, [c,b] = 1 \rangle$, 其中 $\nu = 1$ 或是一个固定的模 p 的平方非剩余;

(II) $|G'| = p^3$.

(6) $\langle a, b, c \mid a^{3^2} = b^{3^2} = c^3 = 1, [a,b] = c, [c,a] = b^3, [c,b] = a^3, [a^3, b] = [b^3, a] = 1 \rangle$;

(7) $\langle a, b, c \mid a^{3^2} = b^{3^2} = c^3 = 1, [a,b] = c, [c,a] = b^6, [c,b] = a^3, [a^3, b] = [b^3, a] = 1 \rangle$;

(8) $\langle a, b, c \mid a^{p^2} = b^{p^2} = c^p = 1, [b,a] = c, [c,a] = b^{-p}, [c,b] = a^{\nu p} b^{hp} \rangle$, 其中 $p \geq 5$, $\nu = 1$ 或是一个固定的模 p 的平方非剩余, $h \in \{0, 1, \cdots, \frac{p-1}{2}\}$ 且 $h^2 - 4\nu$ 模 p 平方非剩余.

证明 ($\Rightarrow$) 设 $N \leq G' \cap Z(G)$ 且 $|N| = p$. 令 $N = \langle x \rangle$ 且 $\overline{G} = G/N$, 则 $d(\overline{G}) = d(G) = 2$. 因为 $\mathrm{chn}(G) \leq 2$, 所以根据引理 2.3.2 可知, $|G'| = p^2$ 或者 p^3. 下面我们将分 $|G'| = p^2$ 和 $|G'| = p^3$ 两种情形来讨论.

情形1 $|G'| = p^2$.

注意到 $d(\overline{G}) = 2$, $|\overline{G}'| = |G'/N| = p$ 且 $\mathrm{chn}(\overline{G}) \leq 2$. 因此 $\overline{G}$ 同构于定理 2.3.1 中的群之一, 并且 G 为 p 阶群 N 被定理 2.3.1 中的群的中心扩张得到的群. 而这类群已经在文献 [47] 的定理 10, 定理 11 中给出分类, 对这些群逐个进行检查可得定理中的群 (1)–(5) (详细计算过程略).

情形2 $|G'| = p^3$.

注意到 $d(\overline{G}) = 2$, $|\overline{G}'| = |G'/N| = p^2$ 且 $\mathrm{chn}(\overline{G}) \leq 2$. 因此 $\overline{G}$ 同构于该定理中的群 (1)–(5) 之一.

假设 $\overline{G}$ 同构于群 (5). 不失一般性, 可设 $G = \langle a, b, c, x \rangle$ 且具有如下定义关系:

$$a^{p^2} = x^{i_1}, b^{p^2} = x^{i_2}, c^p = x^{i_3}, x^p = 1, [a, b] = c, [c, a] = b^{\nu p} x^{i_4}, [c, b] = x^{i_5},$$

$$[x, a] = [x, b] = [x, c] = 1.$$

因为 $c^p \in Z(G)$, 所以 $1 = [c^p, a] = b^{\nu p^2}$. 故 $i_2 = 0$. 注意到 $|G'| = p^3$. 因此 i_3 和 i_5 中至少有一个不等于 0.

若 $i_1 \neq 0$, 则 $\langle b \rangle < \langle b, a^{p^2} \rangle < \langle b, a^p \rangle$ 为 G 的一条非正规子群链. 因此 $\mathrm{chn}(G) \geq 3$, 矛盾. 故我们总可假设 $i_1 = 0$. 接下来, 若 $i_3 = 0$, 则 $i_5 \neq 0$ 且 $\langle c \rangle < \langle c, a^p \rangle < \langle c, a^p, b^p \rangle$ 为 G 的一条非正规子群链. 因此 $\mathrm{chn}(G) \geq 3$, 矛盾. 若 $i_3 \neq 0$, 则 $\langle a \rangle < \langle a, c^p \rangle < \langle a, b^p \rangle$ 为 G 的一条非正规子群链. 因此 $\mathrm{chn}(G) \geq 3$, 矛盾.

因此 $\overline{G}$ 同构于该定理中的群 (1)–(4) 之一并且 $|\overline{G}| = p^4$. 故 $|G| = p^5$. 若 $p = 3$, 则检查 3^5 阶群表可得定理中的群 (6), (7). 假设 $p \geq 5$. 注意到 p^5 阶群已经在本书第四章 §4.1.3 或者文献 [112] 中给出了分类. 因此通过检查群表可得定理中的 (8).

($\Leftarrow$) 若 G 是定理中的群 (1)–(4) 之一, 则 $|G| = p^4$ 且显然 $\mathrm{chn}(G) \leq 2$. 若 G 同构于定理中的群 (5), 其中 $p = 3$ 的情形, 群 (6), 群 (7) 之一, 则 $|G| = 3^5$. 利用 Magma 检查知, $\mathrm{chn}(G) \leq 2$. 接下来, 我们仅需证明, 对于定理中的群 (5), 其中 $p \geq 5$ 的情形以及群 (8) 而言, $\mathrm{chn}(G) \leq 2$.

通过计算可知, $Z(G) = \mho_1(G) = \langle a^p, b^p \rangle$, $\Phi(G) = \Omega_1(G) = \langle a^p, b^p, c \rangle$. 因为 $|G| = p^5$, 所以 $\mathrm{chn}(G) \leq 3$. 若 $\mathrm{chn}(G) = 3$, 则可令 $H_1 < H_2 < H_3$ 为 G 的一条非正规子群链, 其中 $|H_i| = p^i$, $i = 1, 2, 3$. 显然, $H_2 \cong \mathrm{C}_{p^2}$ 或者 C_p^2. 若 $H_2 \cong \mathrm{C}_{p^2}$, 则 $H_1 = \mho_1(H_2) \leq \mho_1(G) = Z(G)$. 因此 $H_1 \unlhd G$, 矛盾. 故 $H_2 \cong \mathrm{C}_p^2$. 因为 $\exp(G) = p^2$, 所以 $\exp(H_3) \leq p^2$. 注意到 $|H_3| = p^3$. 若 $\exp(H_3) = p$, 则 $H_3 = \Omega_1(G) \unlhd G$, 矛盾. 因此 $H_3 \cong \mathrm{C}_{p^2} \times \mathrm{C}_p$ 或者 $\mathrm{M}_p(2, 1)$ 之一. 令 $H_3 = \langle x, y \rangle$, 其中 $o(x) = p^2$, $o(y) = p$. 若 $y \in Z(G)$, 则 $H_2 = \Omega_1(H_3) \leq Z(G)$. 因此 $H_2 \unlhd G$, 矛盾. 故 $y \in \Omega_1(G) \backslash Z(G)$. 不失一般性, 假设 $y = c$. 进而, $H_2 = \langle x^p, c \rangle$ 且 $H_3 = \langle x, c \rangle$. 令 $x = a^i b^j c^k$, 其中 $p \nmid i$ 或者 $p \nmid j$. 对于群 (5) 而言, 若 $p \mid i$, 则 $p \nmid j$. 因此 $G' \leq H_2$. 故 $H_2 \unlhd G$, 矛盾. 因而 $p \nmid i$ 并且进一步可得 $G' \leq H_3$. 从而 $H_3 \unlhd G$, 矛盾. 对于群 (8) 而言, 若 $p \mid i$, 则 $p \nmid j$. 进一步可得 $G' \leq H_3$. 因此 $H_3 \unlhd G$, 矛盾. 故 $p \nmid i$. 经过类似的讨论, 也可得 $p \nmid j$. 进

一步, 计算知 $x^p = a^{ip}b^{jp}$, $[c,x] = [c,a]^i[c,b]^j = a^{j\nu p}b^{(jh-i)p}$. 由于 $h^2 - 4\nu$ 模 p 平方非剩余, 因此 $i^2 - ijh + j^2\nu \equiv 0 (\mathrm{mod}\ p)$ 无解. 从而 $G' = \langle c, a^p, b^p \rangle \leq H_3$. 故 $H_3 \trianglelefteq G$, 矛盾. 因此 $\mathrm{chn}(G) \leq 2$.

定理 2.3.6 设 G 为有限 p 群. 若 $|G'| = p^2$ 且 $d(G) = 3$, 则 $\mathrm{chn}(G) \leq 2$ 当且仅当 G 同构于下列互不同构的群之一:

(1) $\langle a,b,c,d,e \mid c^3 = d^3 = e^3 = 1, a^3 = e, b^3 = e^{-1}, [b,a] = d, [d,a] = e, [b,c] = e^s, [c,a] = [c,e] = [d,b] = [d,c] = [d,e] = 1 \rangle$, 其中 $s = 0,1$;

(2) $\langle a,b,c \mid a^{p^2} = b^{p^{n+1}} = c^p = 1, [a,b] = a^p, [c,a] = b^{p^n}, [c,b] = 1 \rangle$, 其中 $n \geq 1$;

(3) $\langle a,b,c \mid a^{p^2} = b^{p^2} = c^p = 1, [b,a] = 1, [b,c] = a^p b^{hp}, [c,a] = b^{\nu p} \rangle$, 其中 $h \in \{0,1,2,\cdots,\frac{p-1}{2}\}$, $\nu = 1$ 或是一个固定的模 p 的平方非剩余, 并且 $h^2 - 4\nu$ 模 p 平方非剩余;

(4) $\langle a,b,c \mid a^{p^2} = b^{p^2} = c^{p^2} = 1, [c,a] = b^p c^{tp}, [a,b] = b^{-tp} c^{\nu p}, [c,b] = 1 \rangle$, 其中, 若 -1 模 p 平方非剩余, 则 $\nu = 1$; 若 -1 模 p 平方剩余, 则 ν 是一个固定的模 p 的平方非剩余, $t \in \{0,1,\cdots,\frac{p-1}{2}\}$ 并且 $t^2 \neq -\nu$.

证明 $(\Rightarrow)$ 假设 $|G| = p^5$. 若 $p = 3$, 则检查 3^5 阶群表可得定理中的群 (1), (2), 其中 $p = 3, n = 1$ 的情形以及群 (3), 其中 $p = 3$ 的情形. 下面, 总假设 $p \geq 5$. 注意到本书第四章 §4.1.3 或者文献 [112] 已经给出了 p^5 阶群的分类. 因此通过检查分类结果可得, 定理中的群 (2), 其中 $p \geq 5, n = 1$ 的情形以及定理中的群 (3), 其中 $p \geq 5$ 的情形. 以下我们总假设 $|G| \geq p^6$.

设 $N \leq G' \cap Z(G)$ 且 $|N| = p$. 令 $N = \langle x \rangle$ 且 $\overline{G} = G/N$, 则 $d(\overline{G}) = d(G) = 3$ 且 $|\overline{G}'| = |G'/N| = p$. 因而 $\overline{G}$ 同构于定理 2.3.2 中的群 (1) 和群 (3) 之一并且 $|\overline{G}| \geq p^5$.

情形1 $\overline{G}$ 同构于群 (1), 其中 $n + m \geq 4$.

不失一般性, 可设 $G = \langle a,b,c,x \mid a^{p^n} = x^{i_1}, b^{p^m} = x^{i_2}, c^p = x^{i_3}, x^p = 1, [a,b] = a^{p^{n-1}}x^{i_4}, [c,a] = x^{i_5}, [c,b] = x^{i_6}, [x,a] = [x,b] = [x,c] = 1 \rangle$, 其中 $n \geq 2, m \geq 1$, $i_k \in \{0,1,2,\cdots,p-1\}$, $k \in \{1,2,\cdots,6\}$.

下面, 我们分 $i_1 = 0$ 和 $i_1 \neq 0$ 两种情形来讨论.

子情形1.1 $i_1 = 0$.

注意到 $[a^{p^{n-1}}, b] = 1$. 因此 $a^{p^{n-1}} \in Z(G)$. 从而 $G' \cong \mathrm{C}_p^2 \leq Z(G)$. 因为 $|G'| = p^2$, 所以 i_5, i_6 中至少有一个不是 0. 假设 $i_5 \neq 0$ 且 $i_6 \neq 0$. 若 $m \geq n$, 则令 $b_1 = ba^{-i_5^{-1}i_6}$, 我们总有 $b_1^{p^m} = x^{i_2}, [a,b_1] = a^{p^{n-1}}x^{i_4}, [c,b_1] = 1$. 若 $n > m$, 则令 $a_1 = ab^{-i_6^{-1}i_5}$, 我们总有 $a_1^{p^n} = 1, [a_1,b] = a^{p^{n-1}}x^{i_4}, [c,a_1] = 1$. 因此总可假设 $i_5 \neq 0$, $i_6 = 0$ 或者 $i_5 = 0$, $i_6 \neq 0$. 进而, 不失一般性, 可设 $[c,a] = x$, $[c,b] = 1$ 或者 $[c,a] = 1$, $[c,b] = x$.

子情形1.1.1 $i_3 = 0$.

若 $n \geq 3$ 或者 $[c,a] = 1$, 则 $\langle c \rangle < \langle c, a^{p^{n-1}} \rangle < \langle c, a^{p^{n-2}} \rangle$ 为 G 的一条非正规子群链. 因此 $\mathrm{chn}(G) \geq 3$, 矛盾. 故 $n = 2$ 且 $[c,a] = x$. 接下来, 用 bc^{i_4} 替换 b 可得, $b^{p^m} = x^{i_2}$, $[a,b] = a^p$, $[c,b] = 1$.

若 $i_2 = 0$, 则 $\langle b \rangle < \langle b, c \rangle < \langle b, c, a^p \rangle$ 为 G 的一条非正规子群链. 因此 $\mathrm{chn}(G) \geq 3$, 矛盾. 故可设 $i_2 \neq 0$. 接下来, 用 c^{i_2} 替换 c 可得定理中的群 (2), 其中 $n \geq 2$ 的情形.

子情形1.1.2 $i_3 \neq 0$.

若 $i_2 = 0$, 则 $\langle b \rangle < \langle b, c^p \rangle < \langle b, c \rangle$ 为 G 的一条非正规子群链. 因此 $\mathrm{chn}(G) \geq 3$, 矛盾. 故可设 $i_2 \neq 0$. 若 $m \geq 2$, 则令 $c_1 = cb^{-i_2^{-1} i_3 p^{m-1}}$ 可得, $c_1^p = 1$, 这与假设 $i_3 \neq 0$ 矛盾. 故 $m = 1$. 接下来, 用 $bc^{-i_2 i_3^{-1}}$ 替换 b 可得, $b^p = 1$, 这与假设 $i_2 \neq 0$ 矛盾.

子情形1.2 $i_1 \neq 0$.

因为 $b^{p^m} \in Z(G)$, 所以 $[a, b^{p^m}] = 1$. 另一方面, $[a, b^{p^m}] = a^{p^{n+m-1}}$. 故 $a^{p^{n+m-1}} = 1$. 从而 $m \geq 2$. 若 $i_2 = 0$, 则 $\langle b^p \rangle < \langle b \rangle < \langle b, x \rangle$ 为 G 的一条非正规子群链. 因此 $\mathrm{chn}(G) \geq 3$, 矛盾. 故 $i_2 \neq 0$. 进而, 用 $cb^{-i_2^{-1} i_3 p^{m-1}}$ 替换 c 可得, $c^p = 1$. 故总可假设 $i_3 = 0$.

若 $n > m$, 则用 $ba^{-i_1^{-1} i_2 p^{n-m}}$ 替换 b 可得, $b^{p^m} = 1$. 从而可得 $i_2 = 0$, 矛盾. 故 $n \leq m$. 此时, 计算知

$$\langle ab^{-i_1 i_2^{-1} p^{m-n}} \rangle < \langle ab^{-i_1 i_2^{-1} p^{m-n}}, x \rangle < \langle ab^{-i_1 i_2^{-1} p^{m-n}}, x, c \rangle$$

为 G 的一条非正规子群链. 因此 $\mathrm{chn}(G) \geq 3$, 矛盾.

情形2 $\overline{G}$ 同构于群 (3), 其中 $n + m + k \geq 5$.

不失一般性, 可设 $G = \langle a, b, c, x \mid a^{p^n} = x^{i_1}, b^{p^m} = x^{i_2}, c^{p^k} = x^{i_3}, x^p = 1, [a,b] = c^{p^{k-1}} x^{i_4}, [c,a] = x^{i_5}, [c,b] = x^{i_6}, [x,a] = [x,b] = [x,c] = 1 \rangle$, 其中 $2 \geq n \geq m \geq 1$, $k \geq 2$, $i_j \in \{0, 1, 2, \cdots, p-1\}$, $j \in \{1, 2, \cdots, 6\}$.

假设 $i_3 \neq 0$. 则 $c^{p^{k+1}} = 1$. 断言 $n = m = 2$. 若否, 则 $n = 1$ 或者 $m = 1$. 若 $n = 1$, 则 $a^p \in Z(G)$. 因此 $1 = [a^p, b] = c^{p^k}$, 矛盾. 若 $m = 1$, 则 $b^p \in Z(G)$. 因此 $1 = [a, b^p] = c^{p^k}$, 矛盾. 接下来, 分别用 $ac^{-i_3^{-1} i_1 p^{k-2}}$, $bc^{-i_3^{-1} i_2 p^{k-2}}$ 替换 a, b 可得, $a^{p^2} = b^{p^2} = 1$. 进而, $\langle a \rangle < \langle a, c^{p^k} \rangle < \langle a, b^p \rangle$ 为 G 的一条非正规子群链. 因此 $\mathrm{chn}(G) \geq 3$, 矛盾. 故总可假设 $i_3 = 0$, 即 $c^{p^k} = 1$.

注意到 $[c^{p^{k-1}}, a] = [c^{p^{k-1}}, b] = 1$. 因此 $c^{p^{k-1}} \in Z(G)$. 故 $G' \cong C_p^2 \leq Z(G)$. 因为 $|G'| = p^2$, 所以 i_5, i_6 中至少有一个不为 0. 进一步, 总可经过适当替换使得 $i_5 \neq 0, i_6 = 0$ 或者 $i_5 = 0, i_6 \neq 0$.

子情形2.1 $n = m = 2$ 或 1.

由于 a, b 地位对称, 因此总可假设 $i_5 \neq 0, i_6 = 0$. 即, $[c,a] = x^{i_5}$, $[c,b] = 1$.

若 $i_2 \neq 0$, 则用 $ab^{-i_2^{-1} i_1}$ 替换 a 可得, $a^{p^n} = 1$. 故总可假设 i_1, i_2 中至少有一个为 0. 假设 $i_1 = i_2 = 0$. 若 $n = m = 2$, 则 $\langle c \rangle < \langle c, b^p \rangle < \langle c, b^p, a^p \rangle$ 为 G 的一条非正规

子群链. 因此 $\mathrm{chn}(G) \geq 3$, 矛盾. 故 $n = m = 1$. 此时, 显然 $\langle a \rangle < \langle a, c^{p^{k-1}} x^{i_4} \rangle < \langle a, b \rangle$ 为 G 的一条非正规子群链. 因此 $\mathrm{chn}(G) \geq 3$, 矛盾. 故总可假设 $i_1 = 0, i_2 \neq 0$ 或者 $i_1 \neq 0, i_2 = 0$.

假设 $i_1 = 0, i_2 \neq 0$. 若 $k \geq 3$, 则 $\langle a \rangle < \langle a, c^{p^{k-1}} \rangle < \langle a, c^{p^{k-2}} \rangle$ 为 G 的一条非正规子群链. 因此 $\mathrm{chn}(G) \geq 3$, 矛盾. 故 $k = 2$. 若 $n = m = 1$, 则 $|G| = p^5$, 矛盾. 因此 $n = m = 2$. 从而 $\langle a \rangle < \langle a, b^{p^2} \rangle < \langle a, b^p \rangle$ 为 G 的一条非正规子群链. 因此 $\mathrm{chn}(G) \geq 3$, 矛盾.

假设 $i_1 \neq 0, i_2 = 0$. 若 $n = m = 2$, 则 $\langle c \rangle < \langle c, b^p \rangle < \langle c, b \rangle$ 为 G 的一条非正规子群链. 因此 $\mathrm{chn}(G) \geq 3$, 矛盾. 故总可假设 $n = m = 1$. 接下来, 若 $i_4 \neq 0$, 则 $\langle b \rangle < \langle b, c^{p^{k-1}} \rangle < \langle b, c^{p^{k-2}} \rangle$ 为 G 的一条非正规子群链. 因此 $\mathrm{chn}(G) \geq 3$, 矛盾. 故 $i_4 = 0$. 分别用 $c^{-i_1 i_5^{-1}}, b^{i_1 i_5^{-1}}$ 替换 b, c 可得,

$$[a, b] = a^p, [c, a] = b^{p^{k-1}}, [c, b] = 1.$$

从而可得, 定理中的群 (2), 其中 $n \geq 2$ 的情形.

子情形2.2 $n = 2, m = 1$.

若 $i_1 \neq 0$, 则用 $ba^{-i_1^{-1} i_2 p}$ 替换 b 可得, $b^p = 1$. 因此总可假设 i_1, i_2 中至少有一个为 0. 假设 $i_1 = i_2 = 0$. 则 $\langle b \rangle < \langle b, a^p \rangle < \langle b, a^p, x \rangle$ 为 G 的一条非正规子群链. 因此 $\mathrm{chn}(G) \geq 3$, 矛盾. 假设 $i_1 \neq 0, i_2 = 0$. 则 $\langle b \rangle < \langle b, a^{p^2} \rangle < \langle b, a^p \rangle$ 为 G 的一条非正规子群链. 因此 $\mathrm{chn}(G) \geq 3$, 矛盾. 故总可假设 $i_1 = 0, i_2 \neq 0$.

接下来, 若 $i_5 = 0, i_6 \neq 0$, 则 $\langle c \rangle < \langle c, a^p \rangle < \langle c, a \rangle$ 为 G 的一条非正规子群链. 因此 $\mathrm{chn}(G) \geq 3$, 矛盾. 因此总可假设 $i_5 \neq 0, i_6 = 0$. 若 $k \geq 3$, 则 $\langle a \rangle < \langle a, c^{p^{k-1}} \rangle < \langle a, c^{p^{k-2}} \rangle$ 为 G 的一条非正规子群链. 因此 $\mathrm{chn}(G) \geq 3$, 矛盾. 故 $k = 2$ 并且可得

$$G = \langle a, b, c \mid a^{p^2} = b^{p^2} = c^{p^2} = 1, [a, b] = c^p b^{i_2^{-1} i_4 p}, [c, a] = b^{i_2^{-1} i_5 p}, [c, b] = 1 \rangle.$$

注意到 $d(G) = 3$, $\Phi(G) \leq Z(G)$ 且 $G' \cong \mathrm{C}_p^2$. 根据文献 [5] 的定理 4.7 可得, G 同构于下列两个群之一:

(a) $G = \langle a, b, c \mid a^{p^2} = b^{p^2} = c^{p^2} = 1, [c, a] = b^p c^p, [a, b] = b^{-p}, [c, b] = 1 \rangle$;

(b) $G = \langle a, b, c \mid a^{p^2} = b^{p^2} = c^{p^2} = 1, [c, a] = b^p c^{tp}, [a, b] = b^{-tp} c^{\nu p}, [c, b] = 1 \rangle$, 其中 $\nu = 1$ 或是一个固定的模 p 的平方非剩余, $t \in \{0, 1, \cdots, \frac{p-1}{2}\}$ 并且 $t^2 \neq -\nu$.

对于群 (a) 而言, 经计算知, $\langle a \rangle < \langle a, b^p \rangle < \langle a, b \rangle$ 为 G 的一条非正规子群链. 因此 $\mathrm{chn}(G) \geq 3$, 矛盾. 对于群 (b) 而言, 计算知, $\langle a \rangle < \langle a, b^p c^{hp} \rangle < \langle a, bc^h \rangle$ 为 G 的一条非正规子群链, 其中 $h^2 \equiv -\nu \pmod{p}$. 因此 $\mathrm{chn}(G) \geq 3$, 矛盾. 故总可假设 $-\nu$ 模 p 平方非剩余. 从而, 若 -1 模 p 平方非剩余, 则 $\nu = 1$; 若 -1 模 p 平方剩余, 则 ν 模 p 非平方剩余. 综上可得, 定理中的群 (4).

($\Leftarrow$) 若 G 是定理中的群 (1), 利用 Magma 检验可知, $\mathrm{chn}(G) \leq 2$. 若 G 是定理中的群 (3), 则 G 同构于文献 [3] 的定理 14 中的群 (14) 或者群 (15). 若 G 是定理中的群 (4), 则 G 同构于文献 [3] 的定理 15 中的群 (1). 因此, 不难知 $\mathrm{chn}(G) \leq 2$.

下面我们仅需证明, 若 G 为定理中的群 (2), 则 $\mathrm{chn}(G) \le 2$. 经计算可知,

$$G' = \langle a^p, b^{p^n} \rangle, \quad \Omega_1(G) = \langle a^p, b^{p^n}, c \rangle \text{ 且 } \mho_1(G) = Z(G) = \langle a^p, b^p \rangle.$$

若 $\mathrm{chn}(G) \ge 3$, 则, 令 $H_1 < H_2 < \cdots < H_s$ 为 G 的最长的一条非正规子群链. 因为 $H_3 \ntrianglelefteq G$ 且 $G' = \Omega_1(\mho_1(G))$, 所以 $|\Omega_1(\mho_1(H_3))| = p$ 且 $|H_3'| \le p$. 从而 $\mho_1(H_3)$ 具有唯一的 p 阶子群. 由于 $p > 2$, 因此 $\mho_1(H_3)$ 循环. 接下来, 因为 $\Omega_1(G) \cong \mathrm{C}_p^3$ 且 $\Omega_1(H_3) \le \Omega_1(G)$, 所以 $|\Omega_1(H_3)| \le p^2$.

若 $|\Omega_1(H_3)| = p$, 则 H_3 循环. 因此 $H_2 = \mho_1(H_3) \le \mho_1(G) \le Z(G)$. 故 $H_2 \trianglelefteq G$, 矛盾. 下面, 总假设 $|\Omega_1(H_3)| = p^2$. 注意到 $\mho_1(H_3)$ 循环. 因此 $H_3 \cong \mathrm{C}_{p^k} \times \mathrm{C}_p$ 或者 $\mathrm{M}_p(k, 1)$, $k \ge 2$. 令 $H_3 = \langle x, y \rangle$, 其中 $o(x) = p^k$, $o(y) = p$. 断言 H_2 非循环. 若否, 则 $H_2 = \langle xy^i \rangle$, $i = 0, 1, \cdots, p-1$. 进而 $H_1 = \mho_1(H_2) = \langle x^p \rangle \le Z(G)$. 故 $H_1 \trianglelefteq G$, 矛盾. 因此 $H_2 = \langle x^p, y \rangle$. 因为 $H_2 \ntrianglelefteq G$, 所以 $y \in \Omega_1(G) \setminus Z(G)$. 不失一般性, 可设 $y = c$. 从而 $H_2 = \langle x^p, c \rangle$. 进而 $H_1 = \langle x^p \rangle, \langle cx^{ip} \rangle$, 其中 $p \nmid i$ 或者 $\langle c, x^{p^2} \rangle$. 由于 H_1 为 G 的极小非正规子群, 因此, 根据引理 1.2.1 可知 H_1 循环. 若 $H_1 = \langle x^p \rangle$, 则 $H_1 \le \mho_1(G) \le Z(G)$. 因此 $H_1 \trianglelefteq G$, 矛盾. 假设 $o(x) \ge p^3$. 则 $H_1 = \langle cx^{ip} \rangle$, 其中 $p \nmid i$. 因此 $b^{p^n} \in \mho_1(H_1) = \langle x^{p^2} \rangle$. 故 $H_1 \trianglelefteq G$, 矛盾. 因此 $o(x) = p^2$ 且 $H_1 = \langle cx^{ip} \rangle$, 其中 $i = 0, 1, 2, \cdots, p-1$. 注意到 $x^{ip} \in Z(G)$. 我们总可假设 $H_1 = \langle c \rangle$. 不失一般性, 令 $x = a^i b^{jp^{n-1}} c^k$, 其中 $p \nmid i$ 或者 $p \nmid j$. 则 $H_2 = \langle a^{ip} b^{p^n}, c \rangle$ 且 $H_3 = \langle a^i b^{jp^{n-1}}, c \rangle$. 显然, $H_2 \trianglelefteq G$ 或者 $H_3 \trianglelefteq G$, 矛盾. 综上可知, $\mathrm{chn}(G) \le 2$.

定理 2.3.7 设 G 为有限 p 群. 若 $|G'| = p^3$ 且 $d(G) = 3$, 则 $\mathrm{chn}(G) > 2$.

证明 利用反证法. 假设结论不成立. 则存在群 G 满足 $\mathrm{chn}(G) \le 2$. 设 $N \le G' \cap Z(G)$ 且 $|N| = p$. 令 $N = \langle x \rangle$ 且 $\overline{G} = G/N$. 则 $d(\overline{G}) = d(G) = 3$ 且 $|\overline{G}'| = |G'/N| = p^2$. 因为 $\mathrm{chn}(G) \le 2$, 所以 $\mathrm{chn}(\overline{G}) \le 2$. 因此 $\overline{G}$ 同构于定理 2.3.6 中的群之一.

情形1 $\overline{G}$ 同构于群 (1).

不失一般性, 可设 $G = \langle a, b, c, d, e, x \mid c^3 = x^{i_1}, d^3 = x^{i_2}, e^3 = x^{i_3}, a^3 = ex^{i_4}, b^3 = e^{-1}x^{i_5}, x^3 = 1, [b, a] = dx^{i_6}, [d, a] = ex^{i_7}, [b, c] = e^s x^{i_8}, [c, a] = x^{i_9}, [c, e] = x^{i_{10}}, [d, b] = x^{i_{11}}, [d, c] = x^{i_{12}}, [d, e] = x^{i_{13}}, [x, a] = [x, b] = [x, c] = [x, d] = [x, e] = 1 \rangle$, 其中 $s = 0, 1$, $i_k \in \{0, 1, 2\}$, $k \in \{1, 2, \cdots, 13\}$.

因为 $d^3 \in Z(G)$, 所以 $1 = [d^3, a] = e^3$. 因此 $i_3 = 0$. 由于 $b^a = bdx^{i_6}$, 因此 $\langle b \rangle < \langle b, x \rangle < \langle b, x, c \rangle$ 为 G 的一条非正规子群链. 从而 $\mathrm{chn}(G) \ge 3$, 矛盾. 故情形 1 不存在.

情形2 $\overline{G}$ 同构于群 (2).

不失一般性, 可设 $G = \langle a, b, c, x \mid a^{p^2} = x^{i_1}, b^{p^{n+1}} = x^{i_2}, c^p = x^{i_3}, x^p = 1, [a, b] = a^p x^{i_4}, [c, a] = b^{p^n} x^{i_5}, [c, b] = x^{i_6}, [x, a] = [x, b] = [x, c] = 1 \rangle$, 其中 $i_k \in \{0, 1, 2, \cdots, p-1\}$, $k \in \{1, 2, \cdots, 6\}$.

因为 $c^p \in Z(G)$, 所以 $[c^p, a] = 1$. 而另一方面 $[c^p, a] = b^{p^{n+1}}$. 故 $b^{p^{n+1}} = 1$. 即, $i_2 = 0$. 经简单计算知,

$$[a^p, b] = a^{p^2}, \ [a^p, c] = 1, \ [b^{p^n}, c] = 1 \ \text{且} \ [b^{p^n}, a] = a^{-p^{n+1}}.$$

因此 $G_3 = \langle a^{p^2} \rangle$ 且 $G' = \langle a^p x^{i_4}, b^{p^n} x^{i_5}, x^{i_6} \rangle$ 交换.

假设 $i_1 = 0$. 因为 $|G'| = p^3$, 所以 $i_6 \neq 0$. 若 $i_3 = 0$, 则 $\langle c \rangle < \langle c, a^p \rangle < \langle c, a^p, b^{p^n} \rangle$ 为 G 的一条非正规子群链. 若 $i_3 \neq 0$, 则 $\langle b \rangle < \langle b, c^p \rangle < \langle b, c \rangle$ 为 G 的一条非正规子群链. 因此 $\mathrm{chn}(G) \geq 3$, 矛盾. 故 $i_1 \neq 0$. 此时, $\langle b^p \rangle < \langle b \rangle < \langle b, x \rangle$ 为 G 的一条非正规子群链. 因此 $\mathrm{chn}(G) \geq 3$, 矛盾. 故情形 2 不存在.

情形3 G 同构于群 (3).

不失一般性, 可设 $G = \langle a, b, c, x \mid a^{p^2} = x^{i_1}, b^{p^2} = x^{i_2}, c^p = x^{i_3}, x^p = 1, [b, a] = x^{i_4}, [b, c] = a^p b^{hp} x^{i_5}, [c, a] = b^{\nu p} x^{i_6}, [x, a] = [x, b] = [x, c] = 1 \rangle$, 其中 $h \in \{0, 1, 2, \cdots, \frac{p-1}{2}\}$, $\nu = 1$ 或是一个固定的模 p 的平方非剩余, 并且 $h^2 - 4\nu$ 模 p 平方非剩余, $i_k \in \{0, 1, 2, \cdots, p-1\}$, $k \in \{1, 2, \cdots, 6\}$.

经计算知, $G' = \langle x^{i_4}, a^p b^{hp} x^{i_5}, b^{\nu p} x^{i_6} \rangle$ 交换. 因为 $c^p \in Z(G)$, 所以 $[c^p, a] = [b, c^p] = 1$. 而另一方面 $[c^p, a] = b^{\nu p^2}, [b, c^p] = a^{p^2} b^{hp^2}$. 故 $a^{p^2} = b^{p^2} = 1$. 即 $i_1 = i_2 = 0$. 因为 $|G'| = p^3$, 所以 $i_4 \neq 0$. 假设 $i_3 = 0$. 则 $\langle c \rangle < \langle c, x \rangle < \langle c, x, a^p \rangle$ 为 G 的一条非正规子群链. 因此 $\mathrm{chn}(G) \geq 3$, 矛盾. 故 $i_3 \neq 0$.

注意到

$$G/G' \cong \mathrm{C}_p^3, d(G) = 3, G' \cong \mathrm{C}_p^3 \ \text{且} \ \Phi(G) \leq Z(G).$$

因此根据文献 [73] 的定理 6.1 可知, G 同构于下列互不同构的群之一:

(a) $\langle a, b, c \mid a^{p^2} = b^{p^2} = c^{p^2} = 1, [a, b] = c^p, [b, c] = a^p, [c, a] = b^p \rangle$;

(b) $\langle a, b, c \mid a^{p^2} = b^{p^2} = c^{p^2} = 1, [a, b] = b^p, [b, c] = a^p, [c, a] = c^{-p} \rangle$;

(c) $\langle a, b, c \mid a^{p^2} = b^{p^2} = c^{p^2} = 1, [a, b] = b^p c^{\nu p}, [b, c] = a^p, [c, a] = c^{-p} \rangle$, 其中 $\nu = 1$ 或是一个固定的模 p 的平方非剩余;

(d) $\langle a, b, c \mid a^{p^2} = b^{p^2} = c^{p^2} = 1, [a, b]^{1+r} = b^p c^p, [b, c] = a^p, [c, a]^{1+r} = b^{rp} c^{-p} \rangle$, 其中 $r \in \{1, \cdots, p-2\}$;

(e) $\langle a, b, c \mid a^{p^2} = b^{p^2} = c^{p^2} = 1, [a, b] = a^p, [b, c] = a^{-p} b^p c^p, [c, a] = b^p a^{-p} \rangle$.

对于群 (a) 而言,

$$\langle ac^i \rangle < \langle ac^i, (bc^j)^p \rangle < \langle ac^i, bc^j \rangle$$

为 G 的一条非正规子群链, 其中 $1 + i^2 + j^2 \equiv 0 \pmod{p}$. 对于群 (b) 而言, $\langle a \rangle < \langle a, b^p \rangle < \langle a, b \rangle$ 为 G 的一条非正规子群链. 对于群 (c) 而言, $\langle a \rangle < \langle a, c^p \rangle < \langle a, c \rangle$ 为 G 的一条非正规子群链. 对于群 (d) 而言,

$$\langle ac^i \rangle < \langle ac^i, (bc^j)^p \rangle < \langle ac^i, bc^j \rangle$$

为 G 的一条非正规子群链, 其中 $(1+r)+i^2+r(1+r)j^2 \equiv 0 \pmod{p}$. 对于群 (e) 而言, $\langle b \rangle < \langle b, a^p \rangle < \langle b, a \rangle$ 为 G 的一条非正规子群链. 综上, 无论 G 同构于何种类型的群, 均有 $\mathrm{chn}(G) \geq 3$, 矛盾. 故情形 3 不存在.

情形4 $\overline{G}$ 同构于群 (4).

不失一般性, 可设 $G = \langle a, b, c, x \mid a^{p^2} = x^{i_1}, b^{p^2} = x^{i_2}, c^{p^2} = x^{i_3}, x^p = 1, [c,a] = b^p c^{tp} x^{i_4}, [a,b] = b^{-tp} c^{\nu p} x^{i_5}, [c,b] = x^{i_6}, [x,a] = [x,b] = [x,c] = 1 \rangle$, 其中, 若 -1 模 p 平方非剩余, 则 $\nu = 1$; 若 -1 模 p 平方剩余, 则 ν 是一个固定的模 p 的平方非剩余, $t \in \{0, 1, \cdots, \frac{p-1}{2}\}$ 并且 $t^2 \neq -\nu$. 接下来, 计算知

$$[c^p, b] = [c, b^p] = 1, \quad [c^p, a] = [c, a^p] = b^{p^2} c^{tp^2}, \quad [a, b^p] = [a^p, b] = b^{-tp^2} c^{\nu p^2}.$$

假设 $i_1 = 0$. 若 $i_2 \neq 0$, 则 $\langle a \rangle < \langle a, b^{p^2} \rangle < \langle a, b^p \rangle$ 为 G 的一条链长为 3 的非正规子群链. 故 $i_2 = 0$. 类似地, 若 $i_3 \neq 0$, 则 $\langle a \rangle < \langle a, c^{p^2} \rangle < \langle a, c^p \rangle$ 为 G 的一条链长为 3 的非正规子群链. 故 $i_3 = 0$. 因此 $a^{p^2} = b^{p^2} = c^{p^2} = 1$. 注意到 $|G'| = p^3$. 因此 $i_6 \neq 0$. 进而, $\langle c \rangle < \langle c, a^p \rangle < \langle c, a^p, b^p \rangle$ 为 G 的一条链长为 3 的非正规子群链, 矛盾.

假设 $i_1 \neq 0$. 若 $i_2 \neq 0$, 则用 $ab^{-i_1 i_2^{-1}}$ 替换 a 可得, $a^{p^2} = 1$. 这可归结为 $i_1 = 0$ 的情形. 因此可设 $i_2 = 0$. 但此时 $\langle b \rangle < \langle b, a^{p^2} \rangle < \langle b, a^p \rangle$ 为 G 的一条链长为 3 的非正规子群链, 矛盾. 故情形 4 不存在.

综上可知, 假设不成立. 即总有 $\mathrm{chn}(G) > 2$.

最后, 综合前面的结果可得,

定理 2.3.8 设 G 为非 Dedekind p 群, $p > 2$. 则 $\mathrm{chn}(G) \leq 2$ 当且仅当 G 同构于定理 2.3.1–定理2.3.6 中的群之一.

§2.4 非正规子群链长不超过 3 的有限 p 群

前面两节主要介绍了 $\mathrm{chn}(G) \leq 2$ 的有限 p 群的结构. 本节将来关注 $\mathrm{chn}(G) \leq 3$ 的有限 p 群的结构. 截止目前, 我们仅有一些特殊情形的分类结果. 例如: 张勤海等人在文献 [111,114] 中研究了非正规子群的阶不超过 p^3 的有限 p 群的分类. 显然, 这样的 p 群就是 $\mathrm{chn}(G) \leq 3$ 的群. 本节分 $p \neq 2$ 和 $p = 2$ 两种情形介绍这项分类工作.

为叙述简便, 以下我们假设所讨论的 p 群 G 满足: G 的阶 $\geq p^4$ 的子群均正规且 G 至少有一个 p^3 阶非正规子群. 记这样的群为 $\mathcal{N}_3$ 群. $\mu(G)$ 表示 G 的非正规子群阶的极大值. 不失一般性, 本节总假设 $|G| \geq p^6$.

引理 2.4.1 设 G 是有限 p 群, $\mu(G) = |G'| = p^k$, 其中 $k \geq 2$. 若 $N \leq G'$, $N \trianglelefteq G$ 且 $|N| = p$, 则 $\mu(G/N) = p^{k-1}$.

证明 设 $H/N \leq G/N$ 且 $|H/N| \geq p^k$. 则 $|H| \geq p^{k+1}$. 因为 $\mu(G) = p^k$, 故 $H \trianglelefteq G$. 因而 $H/N \trianglelefteq G/N$. 由此推出 $\mu(G/N) \leq p^{k-1}$. 由文献 [70] 的定理 2.3 可知, $p^{k-1} = |G'/N| = |(G/N)'| \leq \mu(G/N)$. 因而 $\mu(G/N) = p^{k-1}$.

先看 $p \neq 2$ 的情形.

引理 2.4.2 设 G 是有限 p 群且 $\mu(G) = p^3$. 则
(1) $|G'| \leq p^2$;
(2) 若 $|G'| = p^2$, 则 $d(G) \leq 5$.

证明 (1) 由文献 [70] 的定理 2.3 可知, $|G'| \leq p^3$. 下证 $|G'| \leq p^2$. 若否, 则 $|G'| = p^3$. 于是存在 $N \leq G'$ 满足 $|N| = p$ 且 $N \trianglelefteq G$ 使得 $|(G/N)'| = |G'/N| = p^2$. 因为 $\mu(G) = p^3$, 由引理 2.4.1 可得 $\mu(G/N) = p^2$. 于是 G/N 是文献 [110] 的定理 4.5 中的群之一. 因为 $p > 2$, 故 G/N 是文献 [110] 的定理 4.5 中的群 (iv) 或 (v). 不妨设

$$G/N \cong \langle \bar{a}, \bar{b}, \bar{c} \mid \bar{a}^{p^2} - \bar{b}^{p^2} = \bar{c}^p = 1, [\bar{a}, \bar{b}] = 1, [\bar{a}, \bar{c}] - \bar{b}^{\nu p}, [\bar{b}, \bar{c}] = \bar{a}^p \bar{b}^{wp} \rangle,$$

其中当 ν 是模 p 的平方非剩余时, $w = 0, 1, \cdots, \frac{p-1}{2}$; 当 $\nu = 1$ 时, $w = 1, \cdots, \frac{p-1}{2}$ 且 $\nu + \frac{w^2}{4}$ 模 p 平方非剩余.

为方便令 $N = \langle x \rangle$. 则可设 $G = \langle a, b, c, x \mid a^{p^2} = x^{i_1}, b^{p^2} = x^{i_2}, c^p = x^{i_3}, [a, b] = x^{i_4}, [a, c] = b^{\nu p} x^{i_5}, [b, c] = a^p b^{wp} x^{i_6}, x^p = 1, [x, a] = [x, b] = [x, c] = 1 \rangle$, 其中 $0 \leq i_k \leq p - 1$.

因为 $G/N = \langle \bar{a}, \bar{b} \rangle$, 故 $G' = \langle a^p, b^p, x \rangle$. 又因为 $[a, b] = x^{i_4}$, 故 $[a, b^p] = [a^p, b] = 1$. 由此可得 $[a^p, b^p] = 1$. 即 G' 交换. 于是 G 亚交换. 由命题 1.2.2 可知,

$$[a, c^p] = [a, c]^{\binom{p}{1}} [a, c, c]^{\binom{p}{2}} = [a, c]^p = b^{\nu p^2}.$$

另一方面, 由 $c^p = x^{i_3}$ 推出 $[a, c^p] = 1$. 因而 $b^{p^2} = 1$. 类似地, 计算 $[b, c^p]$ 可得 $a^{p^2} = 1$.

因为 $|G'| = p^3$, 故 $i_4 \neq 0$. 设 $i_3 = 0$. 因为 $|\langle a, c \rangle| \geq p^4$, 故 $\langle a, c \rangle \trianglelefteq G$. 另一方面, $[a, b] = x^{i_4} \notin \langle a, c \rangle$, 矛盾. 于是 $i_3 \neq 0$. 则

$$G = \langle a, b, c \mid a^{p^2} = b^{p^2} = c^{p^2} = 1, [a, b] = c^{pi_4}, [a, c] = b^{\nu p} c^{pi_5}, [b, c] = a^p b^{pw} c^{pi_6} \rangle.$$

明显地, $|G| = p^6$ 且 $G' = \langle a^p, b^p, c^p \rangle \leq Z(G)$. 设 H 是 G 的 p^4 阶子群. 则 $H \trianglelefteq G$ 且 $|G/H| = p^2$. 于是 G/H 交换. 由此推出 $G' \leq H$. 因为 $G' \leq Z(G)$, 故 H 交换. 又 $|G'| = p^3$, 由引理 1.2.5 可知 G 不是 $\mathcal{A}_1$ 群. 于是 G 是 $\mathcal{A}_2$ 群. 然而, 检查文献 [113] 中的 $\mathcal{A}_2$ 群表, 或由文献 [115] 的引理 2.6 可知, 不存在这样的群. 矛盾.

(2) 若 $|G'| = p^2$, 则存在 $N \leq G'$ 满足 $|N| = p$ 且 $N \trianglelefteq G$ 使得 $|(G/N)'| = |G'/N| = p$. 因为 $\mu(G) = p^3$, 故 $\mu(G/N) \leq p^2$. 由此推出 G/N 是文献 [70] 的命题 2.4 和文献 [110] 的定理 4.3 中的群之一. 因为 $N \leq G'$, 故 $d(G) = d(G/N)$. 由文献 [70] 的命题 2.4 和文献 [110] 的定理 4.3 可以看出 $d(G) \leq 5$.

定理 2.4.1 设 G 是有限 p 群, $d(G) = 2$ 且 $|G'| = p^2$. 则 $\mu(G) = p^3$ 当且仅当 $G \cong \langle a, b \mid a^{p^n} = b^{p^2} = 1, [a, b] = a^{p^{n-2}} \rangle$, 其中 $n \geq 4$. 进一步地, $Z(G) = \langle a^{p^2} \rangle$, $G' = \langle a^{p^{n-2}} \rangle$, G 亚循环且 G 无交换极大子群.

证明 因为 $|G'| = p^2$, 故存在 $N \leq G'$ 满足 $|N| = p$ 且 $N \trianglelefteq G$ 使得 $|(G/N)'| = |G'/N| = p$. 又 $\mu(G) = p^3$, 故 $\mu(G/N) \leq p^2$. 于是 G/N 是文献 [70] 的命题 2.4 和文献 [110] 的定理 4.3 中的群之一. 因为 $d(G) = 2$ 且 $N \leq G'$, 故 $d(G/N) = 2$. 又 $|G| \geq p^6$ 且 $|N| = p$, 故 $|G/N| \geq p^5$. 由引理 1.2.5 和定理 1.2.2 可得, $G/N \cong \mathrm{M}_p(m, 1)$ 或 $\mathrm{M}_p(m, 2)$. 为方便, 设 $\overline{G} = G/N$, $N = \langle x \rangle$.

若

$$\overline{G} \cong \mathrm{M}_p(m, 1) = \langle \overline{a}, \overline{b} \mid \overline{a}^{p^m} = \overline{b}^p = \overline{1}, [\overline{a}, \overline{b}] = \overline{a}^{p^{m-1}} \rangle,$$

则

$$G = \langle a, b, x \mid a^{p^m} = x^{i_1}, b^p = x^{i_2}, x^p = 1, [a, b] = a^{p^{m-1}} x^{i_3}, [a, x] = [b, x] = 1 \rangle,$$

其中 $i_1, i_2, i_3 \in \{1, \cdots, p\}$. 由文献 [10] 的定理 2 可知, G 亚循环. 于是 $G' = \langle a^{p^{m-1}}, x \rangle$ 循环. 由此可知, $\langle a^{p^m} \rangle = \langle x \rangle$ 且 $\langle a \rangle$ 是 G 的循环极大子群. 由文献 [100] 的定理 2.2.10 可知, $G \cong \mathrm{M}_p(m+1, 1)$ 且 $|G'| = p$. 这与 $|G'| = p^2$ 矛盾.

若

$$\overline{G} \cong \mathrm{M}_p(m, 2) = \langle \overline{a}, \overline{b} \mid \overline{a}^{p^m} = \overline{b}^{p^2} = \overline{1}, [\overline{a}, \overline{b}] = \overline{a}^{p^{m-1}} \rangle,$$

则

$$G = \langle a, b, x \mid a^{p^m} = x^{i_1}, b^{p^2} = x^{i_2}, x^p = 1, [a, b] = a^{p^{m-1}} x^{i_3}, [a, x] = [b, x] = 1 \rangle,$$

其中 $i_1, i_2, i_3 \in \{1, \cdots, p\}$. 由文献 [10] 的定理 2 可知, G 亚循环. 于是 $G' = \langle a^{p^{m-1}}, x \rangle$ 循环. 由此推出 $\langle a^{p^m} \rangle = \langle x \rangle$. 于是

$$G = \langle a, b \mid a^{p^{m+1}} = 1, b^{p^2} = a^{i_2 p^m}, [a, b] = a^{(1+p i_3) p^{m-1}} \rangle.$$

令 $a_1 = a^{1+p i_3}$ 且 $b_1 = (b a^{-i_2 p^{m-2}})^{1 - p i_3}$. 则

$$a_1^{p^m} = a^{p^m}, \quad b_1^{p^2} = (b a^{-i_2 p^{m-2}})^{p^2} = b^{p^2} (a^{-i_2 p^{m-2}})^{p^2} = b^{p^2} a^{-i_2 p^m} = 1$$

且

$$[a_1, b_1] = [a, b][a, b]^{p i_3}[a, b]^{-p i_3}[a, b]^{-(p i_3)^2} = [a, b] = a_1^{p^{m-1}}.$$

于是

$$G = \langle a, b \mid a^{p^{m+1}} = 1, b^{p^2} = a^{i_2 p^m}, [a, b] = a^{p^{m-1}} \rangle.$$

用 $b a^{-i_2 p^{m-2}}$ 替换 b 可得, $b^{p^2} = 1$. 于是

$$G = \langle a, b \mid a^{p^m} = b^{p^2} = 1, [a, b] = a^{p^{m-2}} \rangle.$$

此为定理中的群.

反之, $\langle a^{p^{m-1}}, b \rangle$ 是 G 的 p^3 阶的非正规子群. 即 $\mu(G) \geq p^3$. 设 $H \leq G$ 且 $|H| \geq p^4$. 断言 $|H \cap \langle a \rangle| \geq p^2$. 若否, 则 $|H \cap \langle a \rangle| \leq p$. 因为 $G' \leq \langle a \rangle \trianglelefteq G$, 故 $\langle a \rangle H \leq G$. 另一方面,

$$|\langle a \rangle H| = \frac{|H||\langle a \rangle|}{|H \cap \langle a \rangle|} \geq \frac{p^{4+m}}{p} = p^{m+3} > p^{m+2} = |G|,$$

矛盾. 于是 $G' = \langle a^{p^{m-2}} \rangle \leq H$. 因而 $H \trianglelefteq G$. 这说明 $\mu(G) = p^3$.

引理 2.4.3 设 G 是有限 p 群, $\mu(G) = p^3$. 若 $d(G) \geq 3$ 且 $|G'| = p^2$, 则 $G' \cong C_p^2$ 且 $c(G) = 2$.

证明 设 G 是反例. 则存在 $H \leq G$ 使得 $d(H) = 2$ 且 $H' = G'$. 令 H 的阶极大. 因为 $d(G) \geq 3$, 故 $H < G$. 然而, 由文献 [110] 的定理 4.5 可知, 不存在这样的 H 满足 $|H'| = p^2$, $d(H) = 2$ 且 $\mu(H) = p^2$. 因为 $\mu(H) \leq \mu(G)$, 故 $\mu(H) = p^3$. 由定理 2.4.1 就有

$$H = \langle x, y \mid x^{p^n} = y^{p^2} = 1, [x, y] = x^{p^{n-2}} \rangle,$$

其中 $n \geq 3$. 因为 $H' = G'$, 故 $H \trianglelefteq G$. 取 $d \in G \backslash H$. 令 $L = H\langle d \rangle$. 由 H 阶的极大性即得 $d(L) = 3$. 令 $N = \Omega_1(H')$. 则 $N = \langle x^{p^{n-1}} \rangle$ 且 $N \trianglelefteq L$. 由引理 2.4.1 可得, $\mu(L/N) = p^2$. 注意到 $H/N \cong M_p(n-1, 2) \leq L/N$. 由文献 [70] 的命题 2.4 和文献 [110] 的定理 4.3, 定理 4.5 可知, $L/N \cong M_p(2, 1, 1) * C_{p^{n-1}}$. 不妨设

$$L/N = \langle \bar{a}, \bar{b}, \bar{c} \mid \bar{a}^{p^2} = \bar{b}^p = \bar{c}^{p^{n-1}} = \bar{1}, [\bar{a}, \bar{b}] = \bar{c}^{p^{n-2}}, [\bar{c}, \bar{a}] = [\bar{c}, \bar{b}] = \bar{1} \rangle.$$

于是 $L' = H' = \langle x^{p^{n-1}}, c^{p^{n-2}} \rangle$. 因为 $[a, c] \in N \leq Z(L)$, 故 $[a, c^{p^{n-2}}] = [a, c]^{p^{n-2}} = 1$. 同理, $[b, c^{p^{n-2}}] = 1$. 因而 $c^{p^{n-2}} \in Z(L)$. 进一步地, $L' \leq Z(L)$. 又 $b^p \in N \leq Z(L)$, 故 $1 = [a, b^p] = [a, b]^p = c^{p^{n-1}}$. 由此推出 $\exp(L') = p$. 于是 $G' = L' \cong C_p \times C_p$. 因为 G 是反例, 故 $c(G) = 3$. 于是存在 $d_1 \in G$ 使得 $[H', d_1] \neq 1$. 令 $L_1 = H\langle d_1 \rangle$. 与对 L 相同的论证可知, $L_1' \leq Z(L_1)$. 由此推出 $[H', d_1] \leq (L_1)_3 = 1$, 矛盾.

定理 2.4.2 设 G 是有限 p 群, $d(G) = 3$ 且 $|G'| = p^2$. 则 $\mu(G) = p^3$ 当且仅当 G 是下列互不同构的群之一:

(1a) $G = \langle a, b, c \mid a^p = b^{p^3} = c^{p^3} = 1, [b, c] = 1, [c, a] = b^{p^2}c^{tp^2}, [a, b] = b^{-tp^2}c^{\nu p^2} \rangle = (\langle b \rangle \times \langle c \rangle) \rtimes \langle a \rangle$, 其中当 -1 是模 p 的平方非剩余时, $\nu = 1$; 当 -1 是模 p 的平方剩余时, ν 是模 p 的平方非剩余. $t \in \{0, 1, \cdots, \frac{p-1}{2}\}$. 进一步地, $|G| = p^7$, $Z(G) = \Phi(G) = \langle b^p, c^p \rangle, G' = \langle b^{p^2}, c^{p^2} \rangle$;

(1b) $G = \langle a, b, c \mid a^{p^2} = b^{p^2} = c^{p^2} = 1, [b, c] = 1, [c, a] = b^p c^{tp}, [a, b] = b^{-tp} c^{\nu p} \rangle = (\langle b \rangle \times \langle c \rangle) \rtimes \langle a \rangle$, 其中当 -1 是模 p 的平方非剩余时, $\nu = 1$; 当 -1 是模 p 的平方剩余时, ν 是模 p 的平方非剩余. $t \in \{0, 1, \cdots, \frac{p-1}{2}\}$. 进一步地, $|G| = p^6$, $Z(G) = \Phi(G) = \langle a^p, b^p, c^p \rangle, G' = \langle b^p, c^p \rangle$;

(2) $G = \langle a, b, c \mid a^p = b^{p^3} = c^{p^2} = 1, [b, c] = 1, [c, a] = b^{p^2}, [a, b] = c^{\nu p} \rangle = (\langle b \rangle \times \langle c \rangle) \rtimes \langle a \rangle$, 其中 $\nu = 1$ 或是模 p 的平方非剩余. 进一步地, $|G| = p^6$, $Z(G) = \Phi(G) = \langle b^p, c^p \rangle$, $G' = \langle b^{p^2}, c^p \rangle$;

(3) $G = \langle a, b, c \mid a^{p^3} = b^{p^2} = c^p = 1, [b, c] = 1, [c, a] = b^p, [a, b] = a^{p^2} \rangle = (\langle a \rangle \rtimes \langle b \rangle) \rtimes \langle c \rangle$. 进一步地, $|G| = p^6$, $Z(G) = \Phi(G) = \langle a^p, b^p \rangle$, $G' = \langle a^{p^2}, b^p \rangle$.

证明 ($\Rightarrow$) 因为 $\mu(G) = p^3$ 且 $d(G) = 3$, 由引理 2.4.3 可知, $G' \cong C_p^2$ 且 $c(G) = 2$. 这样的群是被安立坚等人在文献 [5] 中分类且 G 是文献 [5] 的定理 4.7 中的群之一. 因为 $p > 2$, 故 G 是文献 [5] 的定理 4.7 中的群 (A1)-(A3), (A7)-(A10), (B1)-(B3) 和 (C) 之一. 在这些群中找出满足定理条件的群即得定理中的群. 证明细节略去.

($\Leftarrow$) 明显地, 定理中每个群含有一个 p^3 阶的非正规子群. 设 H 是 G 的阶 $\geq p^4$ 的子群. 下证 $H \trianglelefteq G$.

若 $|G' \cap H| = 1$, 则 $G = HZ(G)$. 于是 $H \trianglelefteq G$. 若 $|G' \cap H| = p^2$, 则 $G' \leq H$. 于是 $H \trianglelefteq G$. 若 $|Z(G) \cap H| \leq p$, 则 $G = HZ(G)$. 于是 $H \trianglelefteq G$. 若 $|Z(G) \cap H| \geq p^3$, 则 $G' \leq H$. 从而 $H \trianglelefteq G$.

上述论证表明, 我们可设 $|G' \cap H| = p$ 且 $|Z(G) \cap H| = p^2$. 令 $K \leq G' \cap H$ 且 $|K| = p$. 若 G 是群 (1a), 则 $G/K \cong M_p(2,1,1) * C_{p^3}$. 若 G 是群 (1b), 则 $G/K \cong M_p(2,1,1) * C_{p^2}$. 若 G 是群 (2), 则 $G/K \cong M_p(2,1,1) * C_{p^2}$. 若 G 是群 (3), 则 $G/K \cong M_p(2,1,1) * C_{p^2}$. 由文献 [70] 的命题 2.4 和文献 [110] 的定理 4.3 可知, $\mu(G/K) \leq p^2$. 特别地, $\mu(G/G' \cap H) \leq p^2$. 由此推出 $H/G' \cap H \trianglelefteq G/G' \cap H$. 因而 $H \trianglelefteq G$.

定理 2.4.3 设 G 是有限 p 群, $\mu(G) = p^3$ 且 $|G'| = p^2$.

(1) 若 $d(G) = 4$, 则 $|G| = p^6$;

(2) 若 $d(G) = 5$, 则 $|G| = p^7$;

(3) 若 $d(G) \geq 4$, 则 $C_p^2 \cong G' = \Phi(G) \leq Z(G)$ 且 $\exp(G) \leq p^2$.

证明 由引理 2.4.3 可知, $G' \cong C_p^2$ 且 $c(G) = 2$. 由引理 1.2.2 可知, G 有一个 p 阶正规子群 N 满足 $N \leq G'$ 使得 G/N 不是 Dedekind 群. 因为 $\mu(G) = p^3$, 故 $\mu(G/N) \leq p^2$. 又 $|G'/N| = p$, 故 G/N 是文献 [70] 的命题 2.4 和文献 [110] 的定理 4.3 中的群之一. 又 $N < G'$, 故 $d(G/N) = d(G)$.

若 $d(G) = d(G/N) = 4$, 则 G/N 同构于下列群之一:

(A) $M_p(1,1,1) * M_p(1,1,1)$;

(B) $M_p(1,1,1) * M_p(m,1), (m \geq 2)$;

(C) $M_p(1,1,1) * C_{p^n} \times C_p, (n \geq 2)$.

若 G/N 同构于 (A), 则 $|G| = p^6$. 若 G/N 同构于 (B), 不妨设 $N = \langle x \rangle$ 且

$G = \langle a, b, c, d, x \mid a^p = x^{i_1}, b^p = x^{i_2}, c^{p^m} = 1, d^p = x^{i_4}, x^p = 1, [a, b] = c^{p^{m-1}} x^{i_5}, [c, d] = c^{p^{m-1}} x^{i_6}, [a, c] = x^{i_7}, [a, d] = x^{i_8}, [b, c] = x^{i_9}, [b, d] = x^{i_{10}} \rangle$, 其中 $0 \leq i_k \leq p-1, 1 \leq k \leq 10$. 若 $|G| > p^6$, 则 $m \geq 3$. 我们将证明这种情况不可能发生.

情形1 $i_1 = i_2 = 0$.

若 $[a, c] \neq 1$ 且 $[b, c] \neq 1$, 则存在 $h \in G$ 使得 $[ab^h, c] = 1$. 不妨设 $[a, c] = 1$. 因为 $|\langle a, c \rangle| \geq p^4$, 故 $\langle a, c \rangle \trianglelefteq G$. 又 $x \notin \langle a, c \rangle$, 故 $[b, c] = [a, d] = 1$, $[c, d] = [a, d] = c^{p^{m-1}}$. 类似地, 由 $[b, c] = 1$ 推出 $[b, d] = 1$. 于是 $G' = \langle c^{p^{m-1}} \rangle$. 这与 $|G'| = p^2$ 矛盾.

情形2 i_1 和 i_2 至少有一个不为零.

不妨设 $i_1 \neq 0$. 若 $i_2 \neq 0$, 对某个适当的 h, 用 ba^h 替换 b 则可得 $i_2 = 0$. 若 $i_4 \neq 0$, 对某个适当的 h, 用 ad^h 替换 a 则可得 $i_1 = 0$. 这归结为情形 1.

设 $i_4 = 0$. 若 $i_9 = 0$, 因为 $|\langle b, c \rangle| \geq p^4$, 故 $\langle b, c \rangle \trianglelefteq G$. 因为 $x \notin \langle b, c \rangle$, 故 $[b, d] = [a, c] = 1$, $[c, d] = [a, d] = c^{p^{m-1}}$. 类似地, 因为 $[b, d] = 1$, 故 $[a, d] = 1$. 于是 $G' = \langle c^{p^{m-1}} \rangle$. 这与 $|G'| = p^2$ 矛盾. 若 $i_9 \neq 0$ 且 $i_{10} \neq 0$, 对某个适当的 h, 用 cd^h 替换 c 则可得 $[b, c] = 1$. 这归结为 $i_9 = 0$ 的情形. 若 $i_9 \neq 0$ 且 $i_{10} = 0$, 则 $|\langle b, c^p, d \rangle| \geq p^4$ 且 $x \notin \langle b, c^p, d \rangle$. 另一方面, 因为 $[b, c] \in \langle b, c^p, d \rangle$, 故 $x \in \langle b, c^p, d \rangle$. 矛盾.

上述论证表明, 在任何情况下都导出矛盾. 故 $m = 2$ 且 $|G| = p^6$.

若 G/N 同构于 (C), 类似于上述论证仍有 $|G| = p^6$. 细节略去. 故 (1) 成立.

若 $d(G/N) = d(G) = 5$, 则 $G/N \cong M_p(1, 1, 1) * M_p(1, 1, 1) * C_{p^n}$, $n \geq 2$. 令 $N = \langle x \rangle$ 且

$G = \langle a, b, c, d, e, x \mid a^p = x^{i_1}, b^p = x^{i_2}, c^p = x^{i_3}, d^p = x^{i_4}, e^{p^n} = x^{i_5}, x^p = 1, [a, b] = e^{p^{n-1}} x^{i_6}, [c, d] = e^{p^{n-1}} x^{i_7}, [a, c] = x^{i_8}, [a, d] = x^{i_9}, [a, e] = x^{i_{10}}, [b, c] = x^{i_{11}}, [b, d] = x^{i_{12}}, [b, e] = x^{i_{13}}, [c, e] = x^{i_{14}}, [d, e] = x^{i_{15}} \rangle$, 其中 $0 \leq i_k \leq p - 1$, $1 \leq k \leq 15$.

若 $|G| > p^7$, 则 $n \geq 3$. 因为 $c(G) = 2$, 故 $G' = \langle e^{p^{n-1}}, x \rangle$. 又 $G' \cong C_p \times C_p$, 故 $e^{p^n} = 1$. 由 $[a, e] \in Z(G)$ 推出 $[e^p, a] = [e, a]^p = 1$. 类似地, $[e^p, b] = [e^p, c] = [e^p, d] = 1$. 于是 $e^p \in Z(G)$.

情形1 $a^p = b^p = c^p = d^p = 1$.

若 $[a, e], [b, e], [c, e]$ 和 $[d, e]$ 不为 1, 对某个适当的 h, 用 ab^h 替换 a 则可得 $[a, e] = 1$. 设 $[a, e], [b, e], [c, e]$ 和 $[d, e]$ 至少有一个是 1. 不妨设 $[a, e] = 1$. 因为 $|\langle a, e \rangle| > p^3$, 故 $\langle a, e \rangle \trianglelefteq G$. 又 $x \notin \langle a, e \rangle$, 故

$$[b, e] = [c, e] = [d, e] = [a, c] = [a, d] = 1, \quad [a, b] = e^{p^{n-1}}.$$

因为 $[c, e] = 1$, 故 $|\langle c, e \rangle| > p^3$. 因而 $\langle c, e \rangle \trianglelefteq G$. 又 $x \notin \langle c, e \rangle$, 故 $[b, c] = [b, d] = 1$, $[c, d] = e^{p^{n-1}}$. 于是 $x \notin G'$, 矛盾.

情形2 a^p, b^p, c^p 和 d^p 中至少有一个不是 1.

不妨设 $d^p = x \neq 1$. 分别用 ad^{h_1}, bd^{h_2} 和 cd^{h_3} 替换 a, b, c 可得 $a^p = b^p = c^p = 1$. 若 $[a, e] \neq 1$ 且 $[b, e] \neq 1$, 用 ab^h 替换 a 可得 $[a, e] = 1$. 不妨设 $[a, e] = 1$. 因为

$|\langle a, e \rangle| > p^3$, 故 $\langle a, e \rangle \trianglelefteq G$. 又 $x \notin \langle a, e \rangle$, 故

$$[b, e] = [c, e] = [d, e] = [a, c] = [a, d] = 1, \quad [a, b] = e^{p^{n-1}}.$$

因为 $[c, e] = 1$, 故 $|\langle c, e \rangle| > p^3$. 因而 $\langle c, e \rangle \trianglelefteq G$. 因为 $x \notin \langle c, e \rangle$, 故 $[b, c] = [b, d] = 1$, $[c, d] = e^{p^{n-1}}$. 于是 $x \notin G'$, 矛盾.

上述论证表明, 在任何情况下都导出矛盾. 故 $n = 2$ 且 $|G| = p^7$. 故 (2) 成立.

由引理 2.4.3 可得, $G' \cong C_p^2$ 且 $c(G) = 2$. 由 (1) 和 (2) 可得 $|\Phi(G)| = p^2$. 因而 $\Phi(G) = G' \cong C_p^2$. 对于任意元 $a \in G$, $a^p \in \Phi(G)$. 由此可得 $a^{p^2} = 1$. 于是 $\exp(G) \leq p^2$. 即 (3) 成立.

下述定理的证明篇幅较长, 在此仅列出结果, 证明过程略去, 有兴趣的读者可参看文献 [111] 的证明.

定理 2.4.4 设 G 是有限 p 群, $\mu(G) = p^3$. 则 $|G'| = p$ 当且仅当 G 是下列互不同构的群之一:

(1) $M_p(1, 1, 1) * M_p(1, 1, 1) * M_p(m, 1)$, $m \geq 2$, 此时 $|G| = p^{m+5}$, $Z(G) \cong C_{p^{m-1}}$;

(2) $M_p(1, 1, 1) * M_p(1, 1, 1) * M_p(1, 1, 1) * C_{p^n}$, $n \geq 1$, 此时 $|G| = p^{n+6}$, $Z(G) \cong C_{p^n}$;

(3) $(M_p(1, 1, 1) * M_p(1, 1, 1) * C_{p^n}) \times C_p$, $n \geq 1$, 此时 $|G| = p^{n+5}$, $Z(G) \cong C_{p^n} \times C_p$;

(4) $(M_p(1, 1, 1) * M_p(m, 1)) \times C_p$, $m \geq 2$, 此时 $|G| = p^{m+4}$, $Z(G) \cong C_{p^{m-1}} \times C_p$;

(5) $M_p(1, 1, 1) * M_p(2, 1, 1) * C_{p^n}$, $n \geq 1$, 此时 $M_p(1, 1, 1) \cap M_p(2, 1, 1) = M_p(2, 1, 1) \cap C_{p^n} = M_p'(2, 1, 1)$, $|G| = p^{n+5}$, $Z(G) \cong C_{p^n} \times C_p$;

(6) $M_p(1, 1, 1) * M_p(m, 2)$, $m \geq 2$, 此时 $M_p(1, 1, 1) \cap M_p(m, 2) = M_p'(m, 2)$, $|G| = p^{m+4}$, $Z(G) \cong C_{p^{m-1}} \times C_p$;

(7) $(M_p(1, 1, 1) * C_{p^n}) \times C_{p^2}$, $n \geq 1$, 此时 $|G| = p^{n+4}$, $Z(G) \cong C_{p^n} \times C_{p^2}$;

(8) $(M_p(1, 1, 1) * C_{p^n}) \times C_p^2$, $n \geq 1$, 此时 $|G| = p^{n+4}$, $Z(G) \cong C_{p^n} \times C_p \times C_p$;

(9) $M_p(m, 1) \times C_{p^2}$, $m \geq 2$, 此时 $|G| = p^{m+3}$, $Z(G) \cong C_{p^{m-1}} \times C_{p^2}$;

(10) $M_p(3, 1, 1) * C_{p^n}$, $n \geq 1$, 此时 $M_p(3, 1, 1) \cap C_{p^n} = M_p'(3, 1, 1)$, $|G| = p^{n+4}$, $Z(G) \cong C_{p^n} \times C_{p^2}$;

(11) $M_p(m, 1) \times C_p^2$, $m \geq 2$, 此时 $|G| = p^{m+3}$, $Z(G) \cong C_{p^{m-1}} \times C_p \times C_p$;

(12) $M_p(2, 1, 1) * M_p(m, 1)$, $m \geq 3$, 此时 $M_p(2, 1, 1) \cap M_p(m, 1) = M_p'(2, 1, 1)$, $|G| = p^{m+4}$, $Z(G) \cong C_{p^{m-1}} \times C_p$;

(13) $(M_p(2, 1, 1) * C_{p^n}) \times C_p$, $n \geq 1$, 此时 $M_p(2, 1, 1) \cap C_{p^n} = M_p'(2, 1, 1)$, $|G| = p^{n+4}$, $Z(G) \cong C_{p^n} \times C_p \times C_p$;

(14) $M_p(m, 2) \times C_p$, $m \geq 2$, 此时 $|G| = p^{m+3}$, $Z(G) \cong C_{p^{m-1}} \times C_p \times C_p$;

(15) $M_p(2, 2, 1) * C_{p^n}$, $n \geq 1$, 此时 $M_p(2, 1, 1) \cap C_{p^n} = M_p'(2, 1, 1)$, $|G| = p^{n+4}$, $Z(G) \cong C_{p^n} \times C_p \times C_p$;

(16) $M_p(m, 3)$, $m \geq 3$, 此时 $|G| = p^{m+3}$, $Z(G) \cong C_{p^{m-1}} \times C_{p^2}$.

最后介绍 $p = 2$ 的情形.

文献 [70] 的定理 2.3 告诉我们: 对于有限 p 群 G 来说, 若 $\mu(G) = p^m > 1$, 则 $|G'| \leq p^m$. 自然地, 我们依照 $|G'|$ 的可能情形分类 $\mu(G) = 2^3$ 的有限 p 群 G. 鉴于篇幅所限, 这里只给出分类结果, 有兴趣的读者可参看文献 [114] 的证明.

定理 2.4.5 设 G 是有限 2 群, $\mu(G) = 2^3$. 则

(I) $|G'| = 2^3$ 当且仅当 $G \cong \langle a, b, c \mid a^4 = b^4 = c^4 = 1, [a, b] = c^2, [a, c] = b^2 c^2, [b, c] = a^2 b^2, [c^2, a] = [c^2, b] = 1 \rangle$.

(II) 若 $|G'| = 2^2$ 且 $d(G) \geq 3$, 则 $|G| \leq 2^8$.

(III) 若 $|G| \geq 2^9$, 则 $|G'| = 2^2$ 且 $d(G) = 2$ 当且仅当 $G \cong \langle a, b \mid a^{2^n} = b^4 = 1, [a, b] = a^{2^{n-2}} \rangle$, $n \geq 7$. 特别地, G 是亚循环的 $\mathcal{A}_2$ 群.

(IV) $|G'| = 2$ 当且仅当 G 是下列互不同构的群之一:

(1) $D_8 * D_8 * M_2(m, 1), m \geq 3$;

(2) $D_8 * D_8 * D_8 * C_{2^n}, n \geq 1$;

(3) $D_8 * D_8 * D_8 * Q_8$;

(4) $(D_8 * D_8 * Q_8) \times C_2$;

(5) $(D_8 * D_8 * C_{2^n}) \times C_2, n \geq 1$;

(6) $(D_8 * M_2(m, 1)) \times C_2, m \geq 3$;

(7) $D_8 * M_2(2, 1, 1) * C_{2^n}$, 其中 $D_8 \cap M_2(2, 1, 1) = M_2(2, 1, 1) \cap C_{2^n} = M_2'(2, 1, 1)$;

(8) $D_8 * Q_8 * M_2(2, 1, 1)$, 其中 $Q_8 \cap M_2(2, 1, 1) = M_2'(2, 1, 1)$;

(9) $(D_8 * Q_8) \times C_4$;

(10) $D_8 * M_2(m, 2)$, 其中 $m \geq 3, D_8 \cap M_2(m, 2) = M_2'(m, 2)$;

(11) $(D_8 * Q_8) \times C_2^2$;

(12) $(D_8 * C_{2^n}) \times C_{2^2}, n \geq 1$;

(13) $(D_8 * C_{2^n}) \times C_2^2, n \geq 3$;

(14) $M_2(m, 1) \times C_{2^2}, m \geq 3$;

(15) $M_2(3, 1, 1) * C_{2^n}$, 其中 $n \geq 1, M_2(3, 1, 1) \cap C_{p^n} = M_2'(3, 1, 1)$;

(16) $M_2(m, 1) \times C_2^2, m \geq 3$;

(17) $M_2(2, 1, 1) * M_2(m, 1)$, 其中 $m \geq 3, M_2(2, 1, 1) \cap M_2(m, 1) = M_2'(2, 1, 1)$;

(18) $(M_2(2, 1, 1) * C_{2^n}) \times C_2$, 其中 $n \geq 1, M_2(2, 1, 1) \cap C_{p^n} = M_2'(2, 1, 1)$;

(19) $(M_2(2, 1, 1) * Q_8) \times C_2$, 其中 $M_2(2, 1, 1) \cap Q_8 = M_2'(2, 1, 1)$;

(20) $M_2(3, 1, 1) * Q_8$, 其中 $M_2(3, 1, 1) \cap Q_8 = M_2'(3, 1, 1)$;

(21) $Q_8 \times C_{2^3}$;

(22) $Q_8 \times C_{2^2} \times C_2$;

(23) $M_2(m, 2) \times C_2, m \geq 1$;

(24) $M_2(2, 2, 1) * C_{2^n}$, 其中 $n \geq 1, M_2(2, 1, 1) \cap C_{p^n} = M_2'(2, 1, 1)$;

(25) $M_2(m, 3), m \geq 3$.

第三章 非正规子群均亚循环的有限 p 群的结构

作为 Dedekind 群的另一种推广, 许多群论学家从非正规子群具有某种性质来研究有限 p 群, 也获得了大量的研究成果. 例如: Passman 在文献 [70] 中分类了具有"间隙(gap)"的有限 p 群和非正规子群均循环的有限 p 群. 安立坚等在文献 [6,29] 中分类了非正规子群均交换的有限 p 群. 显然, Passman 在文献 [70] 中分类的非正规子群均循环的有限 p 群和张勤海等在文献 [110] 中分类的 p 群均包含在非正规子群均亚循环的有限 p 群中. 并且利用 Magma 检查 SMALLGROUPS 库可知, 存在 189 个阶为 3^7, 秩等于 3 且非正规子群均亚循环的 3 群的例子. 这一定程度上也说明了非正规子群均亚循环的有限 p 群是一个十分庞大的群类. 本章我们来研究非正规子群均亚循环的有限 p 群的结构. 这也正好回答了 Berkovich 在文献 [11] 中提出的一个问题. 即,

Problem 436(b) Classify p-groups all of whose nonnormal subgroups are metacyclic.

为方便叙述, 我们称非正规子群均循环的有限 p 群为 $\mathcal{P}$ 群. 若 G 是 $\mathcal{P}$ 群, 则记 $G \in \mathcal{P}$.

令

$$r(G) = \max\{\log_p|E| \mid E \leq G, E' = 1, \exp(E) = p\},$$

称之为 G 的**秩**. 又令

$$r_n(G) = \max\{\log_p|E| \mid E \trianglelefteq G, E' = 1, \exp(E) = p\},$$

称之为 G 的**正规秩**.

本章的结果可参见文献 [88,103].

§3.1 非正规子群均亚循环的有限 p 群 $(p > 2)$

本节开始, 我们总假设 $p > 2$. 首先, 我们来给出几个引理.

引理 3.1.1 ([45, 推论2]) 若 $G \neq 1$ 是有限 p 群, $p > 2$, 则 $d(G) \leq \log_p|\Omega_1(G)|$.

下面的引理是对文献 [15] 中定理 4.1 的重写.

引理 3.1.2 设 G 是 p^m 阶有限 p 群, $p > 2$ 且 $m \geq 4$. 若 $r_n(G) = 2$, 则 G 同构于下列群之一:

(1) 亚循环群;

(2) $\langle a, x, y \mid a^{p^{m-2}} = 1, x^p = y^p = 1, [a, x] = y, [x, y] = a^{ip^{m-3}}, [y, a] = 1 \rangle$, 其中, $i = 1$ 或者 σ, σ 是一个固定的模 p 平方非剩余;

(3) $\mathrm{M}_p(1, 1, 1) * \mathrm{C}_{p^{m-2}}$;

(4) 3^4 阶极大类 3 群: $\langle a, b, c \mid b^9 = c^3 = 1, a^3 = b^{-3}, [b, a] = c, [c, a] = b^{-3}, [c, b] = 1 \rangle$;

(5) 3^m 阶极大类 3 群, 其中 $m \geq 5$.

引理 3.1.3 设 G 是 p^n 阶极大类 p 群, $p > 2$ 且 $n > p + 1$. 则 G 中一定存在一个 p^{p+1} 阶子群也是极大类的.

证明 因为 $n > p + 1$, 所以根据文献 [11] 的定理 9.6(e) 可知, G 中至少有一个极大子群是极大类的. 若 $n - 1 = p + 1$, 则结论显然成立. 若 $n - 1 > p + 1$, 则反复利用文献 [11] 的定理 9.6(e) 可得, G 至少有一个 p^{p+1} 阶子群是极大类的.

引理 3.1.4 设 G 是群, $A, B \leq G$. 若 $[A, B] \leq Z(G)$, 则 $[A', B] = 1$.

证明 因为 $[A, B] \leq Z(G)$, 所以 $[A, B, A] = [B, A, A] = 1$. 根据文献 [11] 第6页练习 13(b) 可知, $[A', B] = [A, A, B] = 1$.

引理 3.1.5 设 G 是 $\mathcal{P}$ 群. 则 G 的子群, 商群也是.

证明 设 $H \leq G$, 任取 $K \leq H$. 因为 G 是 $\mathcal{P}$ 群, 所以 K 或正规或亚循环. 从而 H 是 $\mathcal{P}$ 群.

设 $1 \neq H \trianglelefteq G$, $K/H \leq G/H$. 显然 $K \leq G$. 因为 G 是 $\mathcal{P}$ 群, 所以 K 或正规或亚循环. 若 K 亚循环, 则 K/H 亚循环. 若 $K \trianglelefteq G$, 则 $K/H \trianglelefteq G/H$. 因此 G/H 是 $\mathcal{P}$ 群.

引理 3.1.6 设 $G \in \mathcal{P}$ 且 $H \leq G$. 若 H 非亚循环, 则 $G' \leq H$.

证明 $\forall L \geq H$, 显然 L 也非亚循环. 因为 $G \in \mathcal{P}$, 所以 $L \trianglelefteq G$. 因此 G/H 为 Dedekind 群. 根据定理 1.2.1 可知, G/H 交换. 故 $G' \leq H$.

下面的引理证明虽然简单, 但是在本节的证明过程中非常有用.

引理 3.1.7 设 $G \in \mathcal{P}$, $H \leq G$, $\exp(H) = p$ 且 $|H| \geq p^4$. 则 $G' = H'$.

证明 显然只需证明 $G' \leq H'$. 因为 $\exp(H) = p$ 且 $|H| \geq p^4$, 所以对于 H 的每个极大子群 M 而言, 均有 $\exp(M) = p$ 且 $|M| \geq p^3$. 故 M 非亚循环. 因此根据引理 3.1.6 可知, $G' \leq M$. 从而 $G' \leq \Phi(H)$. 又因 $\mho_1(H) = 1$, 所以 $H' = \Phi(H)$. 因此 $G' \leq H'$. 故结论成立.

引理 3.1.8 设 G 是 3^n 阶极大类 3 群. 若 $n \geq 6$, 则 $G \notin \mathcal{P}$.

证明 根据引理 3.1.3 可知, G 中存在一个 3^4 阶子群 H 是极大类的. 任取 H 的一个指数为 3^3 的正规子群 N. 根据文献 [11] 中引理 9.3 可知, $\exp(H/N) = 3$. 因此 H/N 非亚循环. 故 H 非亚循环. 若 $G \in \mathcal{P}$, 则根据引理 3.1.6 可知, $G' \leq H$. 因为 G 是极大类 3 群, 所以由文献 [100] 中定理 2.5.2 可知, $|G : G'| = 3^2$. 进而, $|G'| \geq 3^4$.

故 $G' = H$. 因此 G' 非交换. 另一方面, 由于 G 为极大类 3 群, 因此据文献 [11] 中定理 9.14 知, G' 交换, 矛盾. 故 $G \notin \mathcal{P}$.

下面我们来研究 $r(G) \neq 3$ 的 $\mathcal{P}$ 群.

定理 3.1.1 假设 $G \in \mathcal{P}$. 若 $r(G) \neq 2$ 且 $r(G) \neq 3$, 则 G 交换.

证明 若 $r(G) = 1$, 则根据引理 1.2.3 可知, G 循环. 若 $r(G) > 3$, 则存在 $H \leq G$ 使得 $H \cong C_p^4$. 因此 H 非亚循环. 进而, 由引理 3.1.7 可知, $G' = H' = 1$. 故 G 交换.

本节后面的内容中, 我们总假设 G 非交换. 因此 $r(G) = 2$ 或者 3. 而对于 $r(G) = 2$ 的情形, 利用引理 3.1.2 容易得:

定理 3.1.2 设 G 是非交换 p 群. 若 $r(G) = 2$, 则 $G \in \mathcal{P}$ 当且仅当 G 同构于下列互不同构的群之一:

(i) $M_p(1,1,1)$;

(ii) 亚循环群;

(iii) $\langle a,x,y \mid a^{p^{m-2}} = 1, x^p = y^p = 1, [a,x] = y, [x,y] = a^{ip^{m-3}}, [y,a] = 1 \rangle$, 其中 $m \geq 4$, $i = 1$ 或者 σ, σ 是一个固定的模 p 平方非剩余;

(iv) $M_p(1,1,1) * C_{p^{m-2}}$, 其中 $m \geq 4$;

(v) 3^4 阶极大类群: $\langle a,b,c \mid b^9 = c^3 = 1, a^3 = b^{-3}, [b,a] = c, [c,a] = b^{-3}, [c,b] = 1 \rangle$;

(vi) 3^5 阶极大类群: $\langle a,b,c,d,e \mid d^3 = e^3 = 1, a^3 = e, b^3 = d^{-1}e, c^3 = e^{-1}, [b,a] = c, [c,a] = d, [d,a] = e, [c,b] = [d,b] = [d,c] = [e,d] = 1 \rangle$;

(vii) 3^5 阶极大类群: $\langle a,b,c,d,e \mid d^3 = e^3 = 1, a^3 = e, b^3 = d^{-1}, c^3 = e^{-1}, [b,a] = c, [c,a] = d, [c,b] = [d,a] = e, [d,b] = [d,c] = [e,b] = [e,d] = 1 \rangle$.

证明 假设 G 满足题设条件. 因为 $r(G) = 2$, 所以根据引理 1.2.3 可知, $r_n(G) = 2$. 若 $|G| = p^3$, 则 G 亚循环或者 $G = M_p(1,1,1)$. 若 $|G| \geq p^4$, 则 G 同构于引理 3.1.2 中的群之一. 容易验证引理 3.1.2 中的群 (1)–(4) 均为 $\mathcal{P}$ 群. 若 G 是引理 3.1.2 中的群 (5), 则由引理 3.1.8 可知 $|G| = 3^5$. 进一步, 检查 3^5 阶群表可得定理中的群 (vi) 和 (vii).

从现在开始, 我们集中来考虑 $r(G) = 3$ 的情形. 首先将给出判定 $r(G) = 3$ 的 $\mathcal{P}$ 群的充要条件. 其次我们将在此基础上完全分类 $\mathcal{P}$ 群.

§3.1.1 $r(G) = 3$ 的 $\mathcal{P}$ 群的一般性质

设 G 是 $r(G) = 3$ 的 $\mathcal{P}$ 群. 任取 $H \leq G$ 且 $H \cong C_p^3$. 则根据引理 3.1.6 可知, $G' \leq H$. 因此 $G' \cong C_p, C_p^2$ 或者 C_p^3. 本小节我们首先将根据 G' 的不同情形, 利用 $\Omega_1(G)$ 来刻画 $\mathcal{P}$ 群. 其次, 证明了 $d(G) \leq 5$ 并且 $c(G) \leq 3$.

定理 3.1.3 设 G 是有限 p 群且 $r(G) = 3$. 若 $G' \cong C_p$, 则 $G \in \mathcal{P}$.

证明 利用反证法. 假设 $G \notin \mathcal{P}$. 则 G 中一定存在一个既不正规也不亚循环的子群 H. 若 $H' \neq 1$, 则 $G' = H'$. 从而 $H \unlhd G$, 矛盾. 故 $H' = 1$. 即 H 交换. 由于 H 非亚循环, 因此 $d(H) > 2$. 进而, $\Omega_1(H) \gtrsim C_p^3$. 由于 $H \ntrianglelefteq G$, 因此 $G' \nleq H$. 故 $G'\Omega_1(H) \gtrsim C_p^4$. 这与 $r(G) = 3$ 矛盾. 故定理结论成立.

定理 3.1.4 设 G 为有限 p 群且 $G' \cong C_p$. 则 $r(G) = 3$ 当且仅当 $\Omega_1(G) \cong C_p^3$, $M_p(1,1,1) \times C_p$ 或者 $M_p(1,1,1) * M_p(1,1,1)$.

证明 若 $\Omega_1(G)$ 交换, 则结论显然成立. 下面, 我们总假设 $\Omega_1(G)$ 非交换. 则 $|(\Omega_1(G))'| = p$. 由引理 1.2.9 以及 1.2.10 可知, $\exp(\Omega_1(G)) = p$. 进而, 根据引理 1.2.6, 可令 $\Omega_1(G) = A_1 * A_2 * \cdots * A_s \times C_p^l$, 其中 $A_i \cong M_p(1,1,1)$, $i = 1, 2, \cdots, s$. 因此 $r(G) = s + l + 1$. 故 $r(G) = 3$ 当且仅当 $s = l = 1$ 或者 $s = 2$ 且 $l = 0$.

引理 3.1.9 设 G 为有限 3 群且 $r(G) = 3$. 若 $G' \lesssim C_3^2$ 且 $\Omega_1(G) = G$, 则 $G \in \mathcal{P}$ 当且仅当 G 同构于下列群之一:

(1) C_3^3;

(2) $M_3(1,1,1) \times C_3$;

(3) $M_3(1,1,1) * M_3(1,1,1)$;

(4) $\langle a, b, c \mid a^9 = b^3 = c^3 = 1, [a,b] = c, [c,a] = a^3, [c,b] = 1 \rangle$;

(5) $\langle a, b, c, d \mid a^3 = b^3 = c^9 = d^3 = 1, [a,b] = d, [d,b] = c^3, [c,a] = c^{3i}, [c,b] = [d,a] = [d,c] = 1 \rangle$, 其中 $i = 0, 1$.

证明 根据定理 3.1.3 以及 3.1.4 可知, 仅需考虑 $G' \cong C_3^2$ 的情形. 任取 $K \leq G' \cap Z(G)$ 且 $|K| = 3$. 则 $|(G/K)'| = 3$. 由定理 3.1.1 可知 $r(G/K) = 2$ 或者 3. 若 $r(G/K) = 2$, 则 G/K 同构于定理 3.1.2 中的群之一. 另一方面, 由于 $|(G/K)'| = 3$, 因此由引理 1.2.9 可知, G/K 正则. 进而, 由引理 1.2.10 知, $\exp(G/K) = 3$. 因此 $G/K = M_3(1,1,1)$. 故 G 是 3^4 阶极大类群. 注意到 $r(G) = 3$. 因此可得定理中的群 (4). 接下来, 假设 $r(G/K) = 3$. 由于 $|(G/K)'| = 3$, 因此, 由定理 3.1.4 可知, G/K 同构于 $M_3(1,1,1) \times C_3$ 和 $M_3(1,1,1) * M_3(1,1,1)$ 之一. 若 $G/K \cong M_3(1,1,1) \times C_3$, 则 $|G| = 3^5$. 进一步, 检查 3^5 阶群表可得定理中的群 (5).

假设 $G/K = H_1/K * H_2/K$, 其中 $H_1/K \cong H_2/K \cong M_3(1,1,1)$. 则 $G' = H_1'K = H_2'K$. 由引理 3.1.4 可知, $[H_1', H_2] = [H_2', H_1] = 1$. 因此 $[G', H_2] = [G', H_1] = 1$. 故 $G' \leq Z(G)$. 由引理 1.2.9 知, G 正则. 因为 $\Omega_1(G) = G$, 所以由引理 1.2.10 知 $\exp(G) = 3$. 因此 $H_1 \cong M_3(1,1,1) \times C_3$. 由引理 3.1.7 知, $G' = H_1' \cong C_3$. 这与 $G' \cong C_3^2$ 矛盾.

定理 3.1.5 设 G 为有限 p 群且 $r(G) = 3$. 若 $G' \cong C_p^2$, 则 $G \in \mathcal{P}$ 当且仅当 $\Omega_1(G)$ 同构于下列群之一:

(1) C_p^3;

(2) $\langle a,b,c,d \mid a^p = b^p = c^p = d^p = 1, [a,b] = c, [c,a] = 1, [c,b] = d, [d,a] = [d,b] = [d,c] = 1\rangle$,其中 $p \geq 5$;

(3) $\langle a,b,c \mid a^9 = b^3 = c^3 = 1, [a,b] = c, [c,a] = a^3, [c,b] = 1\rangle$;

(4) $\langle a,b,c,d \mid a^3 = b^3 = c^9 = d^3 = 1, [a,b] = d, [d,b] = c^3, [c,a] = c^{3i}, [c,b] = [d,a] = [d,c] = 1\rangle$,其中 $i = 0,1$.

证明 ($\Rightarrow$) 因为 $r(G) = 3$,所以存在 $N \leq G$ 使得 $N \cong C_p^3$. 显然 $N \leq \Omega_1(G)$. 若 $\Omega_1(G) = N$,则 $\Omega_1(G) \cong C_p^3$. 下设 $\Omega_1(G) > N$,我们来证明 $\Omega_1(G)$ 同构于定理中的群 (2), (3) 和 (4) 之一.

假设 $p = 3$. 若 G 是反例,则根据引理 3.1.9 可知,$\Omega_1(G)$ 同构于 $M_3(1,1,1) \times C_3$ 或者 $M_3(1,1,1) * M_3(1,1,1)$. 因此根据引理 3.1.7 可知,$G' = (\Omega_1(G))' \cong C_3$. 这与 $G' \cong C_3^2$ 矛盾.

假设 $p \geq 5$. 由引理 1.2.9 知,G 正则. 进而,由引理 1.2.10 可知,$\exp(\Omega_1(G)) = p$. 任取 $K \leq N$, $K \trianglelefteq G$ 且 $|K| = p^2$. 由 "N/C 定理" 可知,$\Omega_1(G)/C_{\Omega_1(G)}(K) \lesssim \text{Aut}(K)$. 因此 $|\Omega_1(G) : C_{\Omega_1(G)}(K)| \leq p$. 断言 $C_{\Omega_1(G)}(K) = N$ 并且可得 $|\Omega_1(G)| = p^4$. 若否,则存在 $M \leq C_{\Omega_1(G)}(K)$ 使得 $N < M$. 则 $|M| = p^4, \exp(M) = p$ 且 $|M : Z(M)| \leq p^2$. 因此 $M' \lesssim C_p$. 根据引理 3.1.7 知,$G' = M' \lesssim C_p$. 这与 $G' \cong C_p^2$ 矛盾. 现在,由引理 3.1.7 知,$G' = (\Omega_1(G))'$. 因此 $|(\Omega_1(G))'| = p^2$. 即 $\Omega_1(G)$ 是 p^4 阶极大类群. 因为 $\exp(\Omega_1(G)) = p$,所以 $\Omega_1(G)$ 同构于定理中的群 (2).

($\Leftarrow$) 若 $H \ntrianglelefteq G$,则 $G' \nleq H$. 因此 $|H'| \leq p$. 由引理 1.2.9 知,H 正则. 进而,根据引理 1.2.10 可知,$|\Omega_1(H)| = |H : \mho_1(H)|$. 下证 H 亚循环. 若 H 非亚循环,则由定理 1.2.4 知,$|\Omega_1(H)| \geq p^3$. 若 $\Omega_1(G) \cong C_p^3$,则 $G' \leq \Omega_1(G) = \Omega_1(H) \leq H$,矛盾. 若 $\Omega_1(G)$ 同构于群 (2) 或 (3),则 $|\Omega_1(G) : \Omega_1(H)| \leq p$. 因此 $G' = (\Omega_1(G))' \leq \Omega_1(H) \leq H$,矛盾. 若 $\Omega_1(G)$ 同构于群 (4),则由引理 3.1.9 知,$\Omega_1(G) \in \mathcal{P}$. 因为 $\Omega_1(H)$ 非亚循环,所以 $\Omega_1(H) \trianglelefteq \Omega_1(G)$. 注意到 $|\Omega_1(G)/\Omega_1(H)| \leq 3^2$. 因此 $G' = (\Omega_1(G))' \leq \Omega_1(H) \leq H$,矛盾.

注 3.1.1 假设群 G 满足定理 3.1.5 的题设条件. 若 $\Omega_1(G)$ 同构于群 (3),则 $G = \Omega_1(G)$.

证明 利用反证法. 假设 $\Omega_1(G) < G$. 任取 $\Omega_1(G) \leq L \leq G$ 且 $|L| = 3^5$. 则 $r(L) = 3$, $\Omega_1(L) = \Omega_1(G)$ 且 L 是 $\mathcal{P}$ 群. 检查 3^5 阶群表可知,这样的群不存在,矛盾.

引理 3.1.10 假设 $G \in \mathcal{P}$ 且 $G' \cong C_p^3$. 若 H 为 G 的内亚循环子群,则 $H = G'$. 特别地,G 中不存在子群同构于 $M_p(1,1,1)$.

证明 假设 H 为 G 的内亚循环子群. 根据引理 3.1.6 知,$H \geq G' \cong C_p^3$. 因为 H 内亚循环,所以由定理 1.2.5 可知 $H = G'$.

定理 3.1.6 设 G 为有限 p 群且 $r(G) = 3$. 若 $G' \cong C_p^3$, 则 $G \in \mathcal{P}$ 当且仅当 $\Omega_1(G) \cong C_p^3$ 且 G 中不存在 3^4 阶内亚循环子群.

证明 $(\Rightarrow)$ 由引理 3.1.10 知, 我们仅需证明 $\Omega_1(G) \cong C_p^3$. 注意到 $r(G) = 3$. 下证 $\Omega_1(G)$ 交换. 若否, 记 $L = \Omega_1(G)$.

若 $G' \leq Z(L)$, 则 $L' \leq Z(L)$. 由引理 1.2.9 知, L 正则. 因此, 由引理 1.2.10 可知, $\exp(L) = p$. 故存在 $H \leq L$ 使得 $H \cong M_p(1,1,1)$. 这与引理 3.1.10 相矛盾. 因此 $G' \nleq Z(L)$. 任取 $x \in L$ 使得 $o(x) = p$ 且 $[G', x] \neq 1$. 令 $T = G'\langle x \rangle$. 任取 $N \leq G'$ 使得 $N \trianglelefteq G$ 且 $|N| = p^2$. 若 $[N, x] \neq 1$, 则 $\langle N, x \rangle \cong M_p(1,1,1)$. 这与引理 3.1.10 矛盾. 若 $[N, x] = 1$, 则 $N \leq Z(T)$. 因此 $|T : Z(T)| \leq p^2$. 从而 $c(T) \leq 2$. 故由引理 1.2.9 知, T 正则. 从而, 由引理 1.2.10 可知, $\exp(T) = p$. 因此存在 $H \leq T$ 使得 $H \cong M_p(1,1,1)$. 这又与引理 3.1.10 矛盾.

$(\Leftarrow)$ 任取 G 的一个非亚循环子群 H. 则一定存在 $K \leq H$ 使得 K 内亚循环. 因为 $\Omega_1(G) = C_p^3$, 所以根据题设以及定理 1.2.5 可知, $K = \Omega_1(G) = G'$. 因此 $H \trianglelefteq G$. 即 $G \in \mathcal{P}$.

注 3.1.2 定理 3.1.6 中, "G 中不存在 3^4 阶内亚循环子群" 这个条件是必要的. 事实上, 存在 3 群 G 使得 $G' = \Omega_1(G) \cong C_3^3$, 但是 $G \notin \mathcal{P}$. 例如, 令 H 为 3^4 阶内亚循环子群且 $L = H \times \langle c \rangle$, 其中 $o(c) = 3$. 假设 $H = \langle a, b \rangle$. 取 $\alpha \in \mathrm{Aut}(L)$ 使得 $a^\alpha = ac$ 且 $b^\alpha = b$. 令 G 是 L 的循环扩张, 其中 $G = L\langle d \rangle$, $d^{3^{n-5}} = c$, $n \geq 6$ 且由 d 在 L 上通过共轭作用诱导的自同构为 α. 则 $|G| = 3^n$, $H^d = H^\alpha \neq H$. 因此 $H \ntrianglelefteq G$. 即 $G \notin \mathcal{P}$. 但此时, 容易计算知 $G' = \Omega_1(G) \cong C_3^3$.

推论 3.1.1 若 G 是非交换的 $\mathcal{P}$ 群, 则 $d(G) \leq 5$.

证明 由于 G 非交换, 因此根据定理 3.1.1 可知, $r(G) = 2$ 或者 $r(G) = 3$. 若 $r(G) = 2$, 则根据定理 3.1.2 可知 $d(G) \leq 3$. 若 $r(G) = 3$, 则由定理 3.1.4, 3.1.5 以及 3.1.6 可知, $|\Omega_1(G)| \leq p^5$. 进而根据引理 3.1.1 可知, $d(G) \leq 5$.

本小节最后将来证明, 若 G 是 $r(G) = 3$ 的 $\mathcal{P}$ 群, 则 $c(G) \leq 3$.

引理 3.1.11 设 G 是有限 3 群. 若 $G' \lesssim C_3^3$, 则
(1) G 是 9 交换的, 即, $\forall a, b \in G$, $(ab)^9 = a^9 b^9$;
(2) $\forall a, b \in G$, $[a, b^3] = [a, b, b, b]$. 特别地, $[\mho_1(G), G] \leq G_4$.

证明 利用命题 1.2.2, 简单计算即可证得.

引理 3.1.12 设 G 是有限 3 群. 若 $\exp(G) = 3$ 且 $|G'| \leq 9$, 则 $c(G) \leq 2$.

证明 利用反证法. 假设结论不成立. 则 $c(G) = 3$ 且 $|G'| = 9$. 取 $a, b \in G$ 使得 $[a, b] \in G' \setminus G_3$. 令 $H = \langle a, b \rangle G_3$. 则 $G' \leq H$. 因此 $H \trianglelefteq G$. 若 $H' \neq G'$, 则 $H' \trianglelefteq G$

且 $|H'| = 3$. 因此 $G' = H'G_3 \leq Z(G)$. 这与 $c(G) = 3$ 矛盾. 故 $H' = G'$ 且由此可得 $d(H) = 2$. 因为 $\exp(H) = \exp(G) = 3$, 所以由引理 1.2.9 可知, H 正则. 因此由引理 1.2.10 知, H' 循环. 因此 $|H'| \leq 3$. 这与 $|H'| = 9$ 矛盾.

定理 3.1.7 设 G 是有限 p 群且 $G' \leq \Omega_1(G) \cong C_p^3$. 则 $c(G) \leq 3$. 特别地, 若 $p \geq 5$, 则当 $d(G) = 3$ 时, $c(G) \leq 2$.

证明 假设 $p \geq 5$. 显然, $c(G) \leq 4$. 因此由引理 1.2.9 知, G 正则. 进而, 由引理 1.2.10 可知, $|G : \mho_1(G)| = |\Omega_1(G)| = p^3$ 且 $[\mho_1(G), G] = \mho_1(G') = 1$. 因此 $d(G) \leq 3$ 且 $\mho_1(G) \leq Z(G)$. 若 $d(G) = 2$, 则 $|G' : G' \cap \mho_1(G)| = |G'\mho_1(G) : \mho_1(G)| = |\Phi(G) : \mho_1(G)| = p$. 因此 $G_3 \leq \mho_1(G)$. 故 $c(G) \leq 3$. 若 $d(G) = 3$, 则 $\Phi(G) = \mho_1(G)$. 因此 $G' \leq \mho_1(G)$. 故 $c(G) \leq 2$.

假设 $p = 3$. 令 G 是极小阶反例. 则 $G' = \Omega_1(G) \cong C_3^3$, $|G_4| = 3$ 且 $G' \cap Z(G) = G_4$.

首先, 我们断言 $\forall x \in G \backslash G'$, $\Omega_1(\langle x \rangle) = \langle x \rangle \cap G' = G_4$. 若否, 则存在 $b \in G$ 使得 $b^3 \in G' \backslash G_4$. 进而, 存在 $a \in G$ 使得 $[a, b^3] \neq 1$. 因此, 由引理 3.1.11 可知 $[a, b, b, b] \neq 1$. 由 G 的极小性, 可设 $G = \langle a, b \rangle$. 令 $c = [a, b]$. 则 $G' = \langle c, G_3 \rangle$. $\forall d \in G' \backslash G_3$, 总可假设 $d \equiv c^i \pmod{G_3}$, 其中 $3 \nmid i$. 因此 $[d, b] \equiv [c, b]^i = [a, b, b]^i \not\equiv 1 \pmod{G_4}$. 从而 $[d, b] \neq 1$. 故 $C_{G'}(b) \leq G_3$. 因为 $[G_3, b] \neq 1$, 所以 $C_{G'}(b) = G_4$. 显然 $b^3 \in C_{G'}(b)$. 故 $b^3 \in G_4$, 矛盾.

其次, 断言 $\exp(G) = 9$. 假设 a 是 G 的极小阶生成元且 S 是 G 的包含 a 的极小生成系. 令 $b \in S \backslash \{a\}$ 且 b 为极大阶的. 记 $o(a) = 3^m$, $o(b) = 3^n$. 注意到 $\Omega_1(G) = G' \leq \Phi(G)$. 因此 $n \geq m \geq 2$. 由引理 3.1.11 可知, $\exp(G) = 3^n$. 因为 $\Omega_1(\langle a \rangle) = G_4 = \Omega_1(\langle b \rangle)$, 所以, 不失一般性可设 $a^{3^{m-1}} = b^{3^{n-1}}$. 若 $n \geq 3$, 则由命题 1.2.2 知, $(ab^{-3^{n-m}})^{3^{m-1}} = a^{3^{m-1}} b^{-3^{n-1}} = 1$. 这与 a 的极小性矛盾.

最后, 因为 $\forall x \in G \backslash G'$ 均有 $\langle x \rangle \cap G' = G_4$, 所以 $\mho_1(G) \leq G_4$. 因此 $\exp(G/G_4) = 3$. 因为 $G'/G_4 \cong C_3 \times C_3$, 所以由引理 3.1.12 知 $c(G/G_4) \leq 2$, 矛盾.

推论 3.1.2 若 G 是 $\mathcal{P}$ 群且 $r(G) = 3$, 则 $c(G) \leq 3$.

证明 任取 $N \leq G$ 且 $N \cong C_p^3$. 则由引理 3.1.6 知, $G' \leq N$. 因此 $G' \cong C_p, C_p^2$ 或者 C_p^3. 若 $G' \lneqq C_p^2$, 则显然 $c(G) \leq 3$. 若 $G' \cong C_p^3$, 则根据定理 3.1.6 可知, $G' = \Omega_1(G) \cong C_p^3$. 从而根据定理 3.1.7 可知 $c(G) \leq 3$.

§3.1.2 $r(G) = 3$ 的 $\mathcal{P}$ 群的分类

本小节, 我们将分三种情形来分类 $r(G) = 3$ 的 $\mathcal{P}$ 群: (1) $G' \cong C_p$; (2) $|G'| \geq p^2$ 且 $\Omega_1(G) \ncong C_p^3$; (3) $|G'| \geq p^2$ 且 $\Omega_1(G) \cong C_p^3$.

一、$G' \cong C_p$.

由定理 3.1.3 知, 所有的 $|G'| = p$ 且 $r(G) = 3$ 的 p 群均为 $\mathcal{P}$ 群. 然而, 为了分类 $|G'| \geq p^2$ 的 $\mathcal{P}$ 群 G, 我们需要得到这些群的确定的结构. 鉴于此, 下面将结合定理 3.1.4 中给出的 $\Omega_1(G)$ 的结构来完成 $|G'| = p$ 且 $r(G) = 3$ 的 $\mathcal{P}$ 群 G 的分类.

引理 3.1.13 假设 G 是有限 p 群且 $|G'| = p$. 则 $\Omega_1(G) \cong \mathrm{M}_p(1,1,1) * \mathrm{M}_p(1,1,1)$ 当且仅当 G 同构于下列互不同构的群之一:

(A1) $\mathrm{M}_p(1,1,1) * \mathrm{M}_p(1,1,1)$;

(A2) $\mathrm{M}_p(1,1,1) * \mathrm{M}_p(1,1,1) * \mathrm{C}_{p^n}$, 其中 $n \geq 2$.

证明 ($\Leftarrow$) 显然.

($\Rightarrow$) 令 $\Omega_1(G) = H_1 * H_2$, 其中 $H_1 \cong H_2 \cong \mathrm{M}_p(1,1,1)$. 因为 $|G'| = p$, 所以由引理 1.2.6 知, $G = H_1 * C_G(H_1)$. 记 $C = C_G(H_1)$. 注意到 $H_2 \leq C$. 因此 $|C'| = p$. 故由引理 1.2.6 知, $C = H_2 * C_C(H_2)$. 因此 $G = H_1 * H_2 * C_C(H_2)$. 因为

$$\Omega_1(C_C(H_2)) = \Omega_1(G) \cap C_C(H_2) = C_{\Omega_1(G)}(H_2) \cap C = H_1 \cap C = Z(H_1) = G',$$

所以由引理 1.2.3 知 $C_C(H_2)$ 循环. 进而可得, 引理中的群 (A1), (A2).

引理 3.1.14 假设 A 是交换 p 群. 若 $H \leq A$ 且 $|H| = p$, 则存在一个循环子群 C 以及子群 B 使得 $H \leq C$ 且 $A = B \times C$.

证明 对 $d(A)$ 使用归纳法. 若 $d(A) = 1$, 则结论显然成立. 假设 $d(A) = n-1$ 时, 结论成立. 若 $d(A) = n$, 则可设

$$A = \langle a_1 \rangle \times \langle a_2 \rangle \times \cdots \times \langle a_n \rangle, \text{ 其中 } o(a_i) = p^{e_i} \text{ 且 } e_1 \geq e_2 \geq \cdots \geq e_n, 1 \leq i \leq n.$$

令 $A_1 = \langle a_1, a_2, \cdots, a_{n-1} \rangle$. 则 $A = A_1 \times \langle a_n \rangle$, $\Omega_1(A) = \Omega_1(A_1) \times \langle a_n^{p^{e_n-1}} \rangle$ 且 $d(A_1) = n-1$. 若 $H \leq A_1$, 则由归纳假设知结论成立. 假设 $H \not\leq A_1$. 则 $H = \langle aa_n^{p^{e_n-1}} \rangle$, 其中 $a \in \Omega_1(A_1)$. 注意到 $\Omega_1(A_1) \leq \mho_{e_n-1}(A_1)$. 则存在 $b \in A_1$ 使得 $a = b^{p^{e_n-1}}$. 令 $c = ba_n$, 则 $H \leq \langle c \rangle$. 注意到 $o(c) = o(a_n)$ 且 $A = \langle A_1, c \rangle$. 我们有 $A = A_1 \times \langle c \rangle$.

引理 3.1.15 假设 G 是有限 p 群且 $|G'| = p$. 则 $\Omega_1(G) \cong \mathrm{M}_p(1,1,1) \times \mathrm{C}_p$ 当且仅当 G 同构于下列互不同构的群之一:

(A3) $\mathrm{M}_p(1,1,1) \times \mathrm{C}_{p^n}$, 其中 $n \geq 1$;

(A4) $\mathrm{M}_p(1,1,1) * \mathrm{C}_{p^m} \times \mathrm{C}_{p^n}$, 其中 $m \geq 2$, $n \geq 1$;

(A5) $\mathrm{M}_p(1,1,1) * \mathrm{M}_p(n,m)$, 其中 $n \geq 2$, $m \geq 1$.

证明 ($\Leftarrow$) 显然.

($\Rightarrow$) 设 $H \leq \Omega_1(G)$ 且 $H \cong \mathrm{M}_p(1,1,1)$. 则 $C_{\Omega_1(G)}(H) \cong \mathrm{C}_p^2$. 因为 $|G'| = p$, 所以由引理 1.2.6 知 $G = H * C_G(H)$. 注意到 $\Omega_1(C_G(H)) = \Omega_1(G) \cap C_G(H) = C_{\Omega_1(G)}(H) \cong \mathrm{C}_p^2$.

若 $C_G(H)$ 交换, 则由引理 3.1.14 可得引理中的群 (A3), (A4). 假设 $C = C_G(H)$ 非交换. 则 $|C'| = p$. 由引理 1.2.9 知, C 正则. 因此 $|C : \mho_1(C)| = |\Omega_1(C)| = p^2$. 由定

理 1.2.4 知, C 亚循环. 因此 $d(C) = 2$. 从而由引理 1.2.5 可知, C 内交换. 从而可得引理中的群 (A5).

引理 3.1.16 假设 G 是有限 p 群且 $|G'| = p$. 则 $\Omega_1(G) \cong C_p^3$ 当且仅当 G 同构于下列互不同构的群之一:

(A6) $M_p(n, m, 1)$, 其中 $n \geq 2$, $n \geq m \geq 1$;

(A7) $M_p(n, m) \times C_{p^s}$, 其中 $n \geq 2$, $m \geq 1$, $s \geq 1$;

(A8) $M_p(n, m, 1)$ 和 C_{p^s} 的中心积: $\langle a, b, c \mid a^{p^n} = b^{p^m} = c^{p^s} = 1, [a, b] = c^{p^{s-1}}, [c, a] = [c, b] = 1 \rangle$, 其中 $n \geq 2$, $n \geq m \geq 1$, $s \geq 2$.

证明 ($\Leftarrow$) 显然.

($\Rightarrow$) 由引理 3.1.1 知, $d(G) = 2$ 或 3. 若 $d(G) = 2$, 则由引理 1.2.5 知, G 内交换. 由定理 1.2.2 可得群 (A6). 若 $d(G) = 3$, 则 G 同构于文献 [5] 的定理 3.1 中的群之一. 简单计算可得引理中的群 (A7) 和群 (A8).

综上可得,

定理 3.1.8 设 G 是有限 p 群且 $|G'| = p$, $r(G) = 3$. 则 G 同构于引理 3.1.13, 引理 3.1.15 以及引理 3.1.16 中的群 (A1)–(A8) 之一.

二、$|G'| \geq p^2$ 且 $\Omega_1(G) \ncong C_p^3$.

注意到, 若 $|G| \leq p^4$, 则 $G \in \mathcal{P}$. 因此, 以下均假设 $|G| \geq p^5$.

引理 3.1.17 设 G 是 $\mathcal{P}$ 群且 $r(G) = 3$. 若 $|G'| \geq p^2$ 且 $\Omega_1(G) \ncong C_p^3$, 则 $G/\Omega_1(G)$ 循环.

证明 由定理 3.1.5 以及 3.1.6 可知, $G' \cong C_p^2$ 且 $\Omega_1(G)$ 同构于定理 3.1.5 中的群 (2), (3), (4) 之一. 经计算知, $Z(\Omega_1(G))$ 循环. 因此 $Z(G)$ 循环且 $G' \nleq Z(\Omega_1(G))$. 若 $G/\Omega_1(G)$ 非循环, 则由引理 1.2.3 知, $G/\Omega_1(G)$ 中存在子群 $L/\Omega_1(G) \cong C_p \times C_p$. 令 $C = C_L(G')$, 则 $\Omega_1(G) \nleq C$. 由 "N/C 定理" 可知, $L/C \lesssim \text{Aut}(G')$. 因此 $|L/C| \leq p$. 从而 $L = C\Omega_1(G)$. 进而, 存在 $x, y \in C$ 使得 $L/\Omega_1(G) = \langle \bar{x} \rangle \times \langle \bar{y} \rangle$. 令 $K = \langle x, y \rangle$. 因为 $x, y \in C$, 所以 $c(K) \leq 2$. 若 $\mho_1(K)$ 循环, 则可设 $x^p = y^{ip}$. 因此 $(xy^{-i})^p = 1$. 故 $\bar{x}\bar{y}^{-i} = 1$, 矛盾. 因此 $\mho_1(K)$ 非循环. 因为 $G' \cong C_p^2$, 所以 $c(G) \leq 3$. 若 $p \geq 5$, 则由引理 1.2.9 知 G 正则. 进而, 由引理 1.2.10(3) 可知, $\mho_1(G) \leq Z(G)$. 若 $p = 3$, 则由引理 3.1.11(2) 知, $\mho_1(G) \leq Z(G)$. 因此 $\mho_1(K) \leq \mho_1(G) \leq Z(G)$. 这与 $Z(G)$ 循环矛盾.

定理 3.1.9 设 G 是有限 p 群且 $r(G) = 3$. 若 $|G'| \geq p^2$ 且 $\Omega_1(G) \ncong C_p^3$, 则 $G \in \mathcal{P}$ 当且仅当 G 同构于下列互不同构的群之一:

(B1) $\langle a, b, x, c \mid a^p = b^p = c^p = x^{p^{n+1}} = 1, [a, b] = c, [c, b] = x^{p^n}, [c, a] = [x, a] = [x, b] = [x, c] = 1 \rangle$, 其中 $n \geq 1$;

(B2) $\langle a, b, x, c \mid a^p = b^p = c^p = x^{p^{n+1}} = 1, [a, b] = c, [c, b] = [c, a] = x^{p^n}, [x, a] = [x, b] = [x, c] = 1 \rangle$, 其中 $n \geq 1$.

证明 若 $G \in \mathcal{P}$, 则由定理 3.1.6 可知, $G' \cong \mathrm{C}_p^2$. 因此, 由引理 3.1.17 知 $G/\Omega_1(G)$ 循环. 并且 $\Omega_1(G)$ 同构于定理 3.1.5 中的群 (2), (3), (4) 之一. 注意到 $|G| \geq p^5$. 则由注 3.1.1 知, $\Omega_1(G)$ 与群 (3) 不同构.

情形1 $\Omega_1(G)$ 同构于群 (2).

令 $\Omega_1(G) = \langle a, b, c, d \mid a^p = b^p = c^p = d^p = 1, [a, b] = c, [c, a] = 1, [c, b] = d, [d, a] = [d, b] = [d, c] = 1 \rangle$, 其中 $p \geq 5$. 显然 $G' = (\Omega_1(G))' = \langle c, d \rangle$. 令 $M = C_G(G')$. 由"N/C 定理"可知, $|G/M| = p$. 令 $H = C_M(b)$, 则 $|M : H| = |\{b^y | y \in M\}| = |\{b[b, y] | y \in M\}| \leq |G'| = p^2$. 因此 $|G : H| \leq p^3$. 注意到 $H \cap \Omega_1(G) \leq C_{\Omega_1(G)}(\langle b, c, d \rangle) = \langle d \rangle$. 因此, $|H \cap \Omega_1(G)| \leq p$. 进而, 比较阶可知 $G = H\Omega_1(G)$.

假设 $G/\Omega_1(G) = \langle \bar{x} \rangle$, 其中 $x \in H$. 则 $G = \langle a, b, c, d, x \rangle$ 且 $[x, b] = [x, c] = [x, d] = 1$. 令 $|G/\Omega_1(G)| = p^n$, 则 $x^{p^n} \in \Omega_1(G)$. 因为 $|G| \geq p^5$, 所以 $n \geq 1$. 因为 $G' \cong \mathrm{C}_p^2$ 且 $p \geq 5$, 所以由引理 1.2.9 知, G 正则. 进而, 由引理 1.2.10 可知, $\mho_1(G) \leq Z(G)$. 从而 $x^{p^n} \in Z(\Omega_1(G)) = \langle d \rangle$. 注意到 $x^{p^{n-1}} \notin \Omega_1(G)$. 不失一般性, 可设 $x^{p^n} = d$.

假设 $[x, a] = c^s x^{tp^n}$. 由命题 1.2.1 知, $[x, a, b][a, b, x][b, x, a] = 1$. 因此 $[x, a, b] = 1$. 故 $[x, a] = x^{tp^n}$. 若 $p \nmid t$, 则分别用 $a^{t^{-1}}, b^t, x^t$ 替换 a, b, x 可得, $[x, a] = [c, b] = x^{p^n}$. 故 $[x, a] = 1$ 或者 x^{p^n}.

综上可得, 定理中的群 (B1) 和 (B2), 其中 $p \geq 5$ 的情形.

情形2 $\Omega_1(G)$ 同构于群 (4).

令 $\Omega_1(G) = \langle a, b, c, d \mid a^3 = b^3 = c^9 = d^3 = 1, [a, b] = d, [d, b] = c^3, [c, a] = c^{3i}, [c, b] = [d, a] = [d, c] = 1 \rangle$, 其中 $i = 0, 1$. 则 $G' = (\Omega_1(G))' = \langle c^3, d \rangle$. 并且当 $i = 0$ 时, $Z(\Omega_1(G)) = \langle c \rangle$; 当 $i = 1$ 时, $Z(\Omega_1(G)) = \langle c^3 \rangle$. 若 $G = \Omega_1(G)$, 则令 $a_1 = a$, $b_1 = b$, $c_1 = d$, $x_1 = c$, 计算可得定理中的群 (B1) 和 (B2) 其中 $p = 3$ 且 $n = 1$ 的情形. 下面, 总假设 $G \neq \Omega_1(G)$.

令 $M = C_G(G')$. 由"N/C 定理"知, $|G/M| = 3$. 令 $H = C_M(b)$. 则 $|M : H| = |\{b^y | y \in M\}| \leq |G'| = 9$. 因此 $|G : H| \leq 27$. 注意到 $H \cap \Omega_1(G) \leq C_{\Omega_1(G)}(\langle b, d \rangle) = \langle c \rangle$. 因此 $|H \cap \Omega_1(G)| \leq 9$. 比较阶可得, $G = H\Omega_1(G)$.

令 $G/\Omega_1(G) = \langle \bar{x} \rangle$, 其中 $x \in H$. 则 $G = \langle a, b, c, d, x \rangle$ 且 $[x, b] = [x, G'] = 1$. 假设 $|G/\Omega_1(G)| = 3^n$. 则 $x^{3^n} \in \Omega_1(G)$. 由引理 3.1.11(2) 可知, $\mho_1(G) \leq Z(G)$. 因此 $x^{3^n} \in Z(\Omega_1(G)) \leq \langle c \rangle$. 若 $\langle x^{3^n} \rangle < \langle c \rangle$, 则 $x^{3^n} = c^{3m}$. 注意到 $x, c \in M$. 我们有 $c(\langle x, c \rangle) \leq 2$. 因此 $(x^{3^{n-1}} c^{-m})^3 = x^{3^n} c^{-3m} = 1$. 故 $x^{3^{n-1}} \in \Omega_1(G)$. 这与 $|G/\Omega_1(G)| = 3^n$ 矛盾. 因此 $\langle x^{3^n} \rangle = \langle c \rangle$. 进而, $[c, a] = 1$. 不失一般性, 可设 $x^{3^n} = c$.

假设 $[x, a] = c^{3s} d^t$. 由命题 1.2.1 知, $[x, a, b][a, b, x][b, x, a] = 1$. 因此 $[x, a, b] = 1$. 故 $[x, a] = c^{3s} = x^{s3^{n+1}}$. 若 $3 \nmid s$, 则分别用 $a^{s^{-1}}, b^s, x^s$ 替换 a, b, x, 可得 $[x, a] = [d, b] = x^{3^{n+1}}$. 故 $[x, a] = 1$ 或者 $x^{3^{n+1}}$.

综上可得, 定理中的群 (B1) 和 (B2), 其中 $p = 3$ 且 $n \geq 2$ 的情形.

最后, 对于群 (B1) 而言, $Z(G) \cong C_{p^{n+1}}$. 对于群 (B2) 而言, $Z(G) \cong C_{p^n}$. 因此群 (B1), (B2) 互不同构. 进一步, 计算 $\Omega_1(G)$ 并结合定理 3.1.5 可知, G 是 $\mathcal{P}$ 群.

三、$|G'| \geq p^2$ 且 $\Omega_1(G) \cong C_p^3$

由推论 3.1.2 知, $c(G) \leq 3$. 又由引理 3.1.1 可知, $d(G) \leq 3$. 因此下面我们将分三种情形来讨论: (1) $d(G) = 2$, (2) $d(G) = 3$ 且 $c(G) = 2$, (3) $d(G) = 3$ 且 $c(G) = 3$.

引理 3.1.18 设 G 是有限 p 群且 $G' \leq \Omega_1(G) \cong C_p^3$. 若 $d(G) = 2$ 或者 $c(G) = 2$, 则 $G \in \mathcal{P}$.

证明 若 $|G'| \leq p^2$, 则由定理 3.1.3 及 3.1.5 可知, $G \in \mathcal{P}$. 假设 $|G'| = p^3$. 若 $G \notin \mathcal{P}$, 则由定理 3.1.6 知, G 中存在 3^4 阶内亚循环子群 H. 因为 $c(H) = 3$, 所以 $c(G) \geq 3$. 因此 $d(G) = 2$. 故 G'/G_3 循环. 进而, $|G'/G_3| = p$. 因此由引理 1.2.5 知 G/G_3 内交换. 注意到 $H < G$. 因此 HG_3/G_3 交换. 故 $H' \leq G_3$. 由定理 3.1.7 知, $c(G) = 3$. 因此 $H' \leq Z(G)$, 这与 $c(H) = 3$ 矛盾.

注 3.1.3 文献 [5,73] 分类了 $G' \lesssim C_p^3$, $c(G) = 2$ 且 $d(G) = 3$ 的有限 p 群. 文献 [4] 分类了 $G' \lesssim C_p^3$ 且 $d(G) = 2$ 的有限 p 群. 因此满足引理 3.1.18 的群就是文献 [4,5,73] 中满足 $\Omega_1(G) \cong C_p^3$ 的那些群且它们分别具有如下的定义关系:

(I) $d(G) = 2$ 且 $G' \cong C_p^2$.

(C1) $\langle a, b, c \mid a^{p^{n+1}} = b^{p^m} = c^p = 1, [a,b] = c, [c,a] = 1, [c,b] = a^{\nu p^n} \rangle$, 其中 $n \geq m \geq 2$, $\nu = 1$ 或者是一个固定的模 p 平方非剩余;

(C2) $\langle a, b, c \mid a^{p^{n+1}} = b^{p^m} = c^p = 1, [a,b] = c, [c,a] = a^{p^n}, [c,b] = 1 \rangle$, 其中 $n \geq m \geq 1$, $n + m \geq 3$;

(C3) $\langle a, b, c \mid a^{p^n} = b^{p^{m+1}} = c^p = 1, [a,b] = c, [c,a] = b^{\nu p^m}, [c,b] = 1 \rangle$, 其中 $n > m \geq 1$, $\nu = 1$ 或者是一个固定的模 p 平方非剩余;

(C4) $\langle a, b, c \mid a^{p^n} = b^{p^{m+1}} = c^p = 1, [a,b] = c, [c,a] = 1, [c,b] = b^{p^m} \rangle$, 其中 $n > m \geq 1$;

(II) $d(G) = 2$ 且 $G' \cong C_p^3$.

(C5) $\langle a, b, c, d \mid a^9 = c^3 = d^3 = 1, b^3 = a^3, [a,b] = c, [c,a] = d, [c,b] = a^3, [d,a] = [d,b] = 1 \rangle$;

(C6) $\langle a, b, c \mid a^9 = b^9 = c^3 = 1, [a,b] = c, [c,a] = a^3, [c,b] = b^3 \rangle$;

(C7) $\langle a, b, c \mid a^9 = b^9 = c^3 = 1, [a,b] = c, [c,a] = b^3, [c,b] = a^3, [a^3, b] = 1 \rangle$;

(C8) $\langle a, b, c \mid a^9 = b^9 = c^3 = 1, [a,b] = c, [c,a] = b^{-3}, [c,b] = a^3, [a^3, b] = 1 \rangle$;

(C9) $\langle a, b, c \mid a^{p^{n+1}} = b^{p^{n+1}} = c^p = 1, [a,b] = c, [c,a] = a^{p^n}, [c,b] = b^{p^n} \rangle$, 其中当 $p = 3$ 时, $n \geq 2$;

(C10) $\langle a, b, c \mid a^{p^{n+1}} = b^{p^{n+1}} = c^p = 1, [a,b] = c, [c,a] = a^{p^n} b^{\nu p^n}, [c,b] = b^{p^n} \rangle$, 其中当 $p = 3$ 时, $n \geq 2$, $\nu = 1$ 或者是一个固定的模 p 平方非剩余;

(C11) $\langle a, b, c \mid a^{p^{n+1}} = b^{p^{n+1}} = c^p = 1, [a, b] = c, [c, a] = b^{\nu p^n}, [c, b] = a^{-p^n}, [a^{p^n}, b] = 1 \rangle$，其中当 $p = 3$ 时, $n \geq 2$, $\nu = 1$ 或者是一个固定的模 p 平方非剩余;

(C12) $\langle a, b, c \mid a^{p^{n+1}} = b^{p^{n+1}} = c^p = 1, [a, b] = c, [c, a]^{1+r} = a^{p^n} b^{p^n}, [c, b]^{1+r} = a^{-rp^n} b^{p^n}, [a^{p^n}, b] = 1 \rangle$，其中当 $p = 3$ 时, $n \geq 2$, $r = 1, 2, \cdots, p-2$;

(C13) $\langle a, b, c \mid a^{p^{n+1}} = b^{p^{m+1}} = c^p = 1, [a, b] = c, [c, a] = a^{p^n}, [c, b] = b^{sp^m} \rangle$，其中 $n > m$, $s \in F_p^*$;

(C14) $\langle a, b, c \mid a^{p^{n+1}} = b^{p^{m+1}} = c^p = 1, [a, b] = c, [c, a] = b^{\nu_1 p^m}, [c, b] = a^{-\nu_2 p^n}, [a, b^{p^m}] = 1 \rangle$，其中 $n > m$, $\nu_1, \nu_2 = 1$ 或者是一个固定的模 p 平方非剩余;

(I') $d(G) = 3$ 且 $G' \cong C_p^2$.

(D1) $\langle a, b, c \mid a^{p^l} = b^{p^{m+1}} = c^{p^{m+1}} = 1, [b, c] = 1, [a, b] = b^{-p^m}, [c, a] = c^{p^m} \rangle$，其中 $l, m \geq 1$;

(D2) $\langle a, b, c \mid a^{p^l} = b^{p^{m+1}} = c^{p^{m+1}} = 1, [b, c] = 1, [a, b] = b^{-p^m}, [c, a] = b^{p^m} c^{p^m} \rangle$，其中 $l, m \geq 1$;

(D3) $\langle a, b, c \mid a^{p^l} = b^{p^{m+1}} = c^{p^{m+1}} = 1, [b, c] = 1, [a, b] = b^{-tp^m} c^{\nu p^m}, [c, a] = b^{p^m} c^{tp^m} \rangle$，其中 $l, m \geq 1$, $\nu = 1$ 或者是一个固定的模 p 平方非剩余, $t \in \{0, 1, \cdots, \frac{p-1}{2}\}$ 使得 $t^2 \neq -\nu$;

(D4) $\langle a, b, c \mid a^{p^l} = b^{p^{m+1}} = c^{p^{n+1}} = 1, [b, c] = 1, [a, b] = b^{p^m}, [c, a] = c^{tp^n} \rangle$，其中 $m > n \geq 1$, $l \geq 1$, $t = 1, 2, \cdots, p-1$;

(D5) $\langle a, b, c \mid a^{p^l} = b^{p^{m+1}} = c^{p^{n+1}} = 1, [b, c] = 1, [a, b] = c^{\nu p^n}, [c, a] = b^{p^m} \rangle$，其中 $m > n \geq 1$, $l \geq 1$, $\nu = 1$ 或者是一个固定的模 p 平方非剩余;

(D6) $\langle a, b, c \mid a^{p^{l+1}} = b^{p^m} = c^{p^{n+1}} = 1, [b, c] = 1, [a, b] = a^{p^l}, [c, a] = c^{p^n} \rangle$，其中 $m, n, l \geq 1$;

(D7) $\langle a, b, c \mid a^{p^{l+1}} = b^{p^{m+1}} = c^{p^n} = 1, [a, b] = a^{p^l}, [b, c] = 1, [c, a] = b^{p^m} \rangle$，其中 $m, n, l \geq 1$;

(II') $d(G) = 3$ 且 $G' \cong C_p^3$.

(D8) $\langle a_1, a_2, a_3 \mid a_1^{p^{m_1+1}} = a_2^{p^{m_2+1}} = a_3^{p^{m_3+1}} = 1, [a_1, a_2] = a_3^{\nu_1 p^{m_3}}, [a_2, a_3] = a_1^{p^{m_1}}, [a_3, a_1] = a_2^{\nu_2 p^{m_2}} \rangle$，其中 $m_1 > m_2 > m_3 \geq 1$, $\nu_1, \nu_2 = 1$ 或者是一个固定的模 p 平方非剩余;

(D9) $\langle a_1, a_2, a_3 \mid a_1^{p^{m_1+1}} = a_2^{p^{m_2+1}} = a_3^{p^{m_3+1}} = 1, [a_1, a_2] = a_2^{p^{m_2}}, [a_2, a_3] = a_1^{p^{m_1}}, [a_3, a_1] = a_3^{tp^{m_3}} \rangle$，其中 $m_1 > m_2 > m_3 \geq 1$, $t = 1, 2, \cdots, p-1$;

(D10) $\langle a_1, a_2, a_3 \mid a_1^{p^{m_1+1}} = a_2^{p^{m_2+1}} = a_3^{p^{m_3+1}} = 1, [a_1, a_2] = a_1^{tp^{m_1}}, [a_2, a_3] = a_3^{p^{m_3}}, [a_3, a_1] = a_2^{p^{m_2}} \rangle$，其中 $m_1 > m_2 > m_3 \geq 1$, $t = 1, 2, \cdots, p-1$;

(D11) $\langle a_1, a_2, a_3 \mid a_1^{p^{m_1+1}} = a_2^{p^{m_2+1}} = a_3^{p^{m_3+1}} = 1, [a_1, a_2] = a_1^{p^{m_1}}, [a_2, a_3] = a_2^{p^{m_2}}, [a_3, a_1] = a_3^{p^{m_3}} \rangle$，其中 $m_1 > m_2 > m_3 \geq 1$;

(D12) $\langle a_1, a_2, a_3 \mid a_1^{p^{m_1+1}} = a_2^{p^{m_2+1}} = a_3^{p^{m_3+1}} = 1, [a_1, a_2] = a_2^{p^{m_2}}, [a_2, a_3] = a_3^{p^{m_3}}, [a_3, a_1] = a_1^{p^{m_1}} \rangle$，其中 $m_1 > m_2 > m_3 \geq 1$;

(D13) $\langle a_1, a_2, a_3 \mid a_1^{p^{m_1+1}} = a_2^{p^{m_2+1}} = a_3^{p^{m_3+1}} = 1, [a_1, a_2] = a_3^{p^{m_3}}, [a_2, a_3] = a_2^{p^{m_2}}, [a_3, a_1] = a_1^{tp^{m_1}} \rangle$, 其中 $m_1 > m_2 > m_3 \geq 1, t = 1, 2, \cdots, p-1$;

(D14) $\langle a_1, a_2, a_3 \mid a_1^{p^{m_1+1}} = a_2^{p^{m_2+1}} = a_3^{p^{m_3+1}} = 1, [a_1, a_2] = a_2^{p^{m_2}}, [a_2, a_3] = a_1^{p^{m_1}}, [a_3, a_1] = a_3^{-p^{m_3}} \rangle$, 其中 $m_1 > m_2 = m_3 \geq 1$;

(D15) $\langle a_1, a_2, a_3 \mid a_1^{p^{m_1+1}} = a_2^{p^{m_2+1}} = a_3^{p^{m_3+1}} = 1, [a_1, a_2] = a_2^{p^{m_2}} a_3^{\nu p^{m_3}}, [a_2, a_3] = a_1^{p^{m_1}}, [a_3, a_1] = a_3^{-p^{m_3}} \rangle$, 其中 $m_1 > m_2 = m_3 \geq 1, \nu = 1$ 或者是一个固定的模 p 平方非剩余;

(D16) $\langle a_1, a_2, a_3 \mid a_1^{p^{m_1+1}} = a_2^{p^{m_2+1}} = a_3^{p^{m_3+1}} = 1, [a_1, a_2] = a_3^{\nu p^{m_3}}, [a_2, a_3] = a_1^{p^{m_1}}, [a_3, a_1] = a_2^{p^{m_2}} \rangle$, 其中 $m_1 > m_2 = m_3 \geq 1, \nu = 1$ 或者是一个固定的模 p 平方非剩余;

(D17) $\langle a_1, a_2, a_3 \mid a_1^{p^{m_1+1}} = a_2^{p^{m_2+1}} = a_3^{p^{m_3+1}} = 1, [a_1, a_2]^{1+r} = a_2^{p^{m_2}} a_3^{p^{m_3}}, [a_2, a_3] = a_1^{p^{m_1}}, [a_3, a_1]^{1+r} = a_2^{rp^{m_2}} a_3^{-p^{m_3}} \rangle$, 其中 $m_1 > m_2 = m_3 \geq 1, r = 1, 2, \cdots, p-2$;

(D18) $\langle a_1, a_2, a_3 \mid a_1^{p^{m_1+1}} = a_2^{p^{m_2+1}} = a_3^{p^{m_3+1}} = 1, [a_1, a_2] = a_1^{p^{m_1}}, [a_2, a_3] = a_3^{tp^{m_3}}, [a_3, a_1] = a_2^{p^{m_2}} \rangle$, 其中 $m_1 > m_2 = m_3 \geq 1, t = 1, 2, \cdots, p-1$;

(D19) $\langle a_1, a_2, a_3 \mid a_1^{p^{m_1+1}} = a_2^{p^{m_2+1}} = a_3^{p^{m_3+1}} = 1, [a_1, a_2] = a_1^{p^{m_1}}, [a_2, a_3] = a_2^{p^{m_2}}, [a_3, a_1] = a_3^{p^{m_3}} \rangle$, 其中 $m_1 > m_2 = m_3 \geq 1$;

(D20) $\langle a_1, a_2, a_3 \mid a_1^{p^{m_1+1}} = a_2^{p^{m_2+1}} = a_3^{p^{m_3+1}} = 1, [a_1, a_2] = a_3^{p^{m_3}}, [a_2, a_3] = a_2^{p^{m_2}}, [a_3, a_1] = a_1^{-p^{m_1}} \rangle$, 其中 $m_1 = m_2 > m_3 \geq 1$;

(D21) $\langle a_1, a_2, a_3 \mid a_1^{p^{m_1+1}} = a_2^{p^{m_2+1}} = a_3^{p^{m_3+1}} = 1, [a_1, a_2] = a_3^{p^{m_3}}, [a_2, a_3] = a_2^{p^{m_2}}, [a_3, a_1] = a_1^{-p^{m_1}} a_2^{\nu p^{m_2}} \rangle$, 其中 $m_1 = m_2 > m_3 \geq 1, \nu = 1$ 或者是一个固定的模 p 平方非剩余;

(D22) $\langle a_1, a_2, a_3 \mid a_1^{p^{m_1+1}} = a_2^{p^{m_2+1}} = a_3^{p^{m_3+1}} = 1, [a_1, a_2] = a_3^{p^{m_3}}, [a_2, a_3] = a_1^{p^{m_1}}, [a_3, a_1] = a_2^{\nu p^{m_2}} \rangle$, 其中 $m_1 = m_2 > m_3 \geq 1, \nu = 1$ 或者是一个固定的模 p 平方非剩余;

(D23) $\langle a_1, a_2, a_3 \mid a_1^{p^{m_1+1}} = a_2^{p^{m_2+1}} = a_3^{p^{m_3+1}} = 1, [a_1, a_2] = a_3^{p^{m_3}}, [a_2, a_3]^{1+r} = a_1^{rp^{m_1}} a_2^{p^{m_2}}, [a_3, a_1]^{1+r} = a_1^{-p^{m_1}} a_2^{p^{m_2}} \rangle$, 其中 $m_1 = m_2 > m_3 \geq 1, r = 1, 2, \cdots, p-2$;

(D24) $\langle a_1, a_2, a_3 \mid a_1^{p^{m_1+1}} = a_2^{p^{m_2+1}} = a_3^{p^{m_3+1}} = 1, [a_1, a_2] = a_2^{p^{m_2}}, [a_2, a_3] = a_1^{p^{m_1}}, [a_3, a_1] = a_3^{tp^{m_3}} \rangle$, 其中 $m_1 = m_2 > m_3 \geq 1, t = 1, 2, \cdots, p-1$;

(D25) $\langle a_1, a_2, a_3 \mid a_1^{p^{m_1+1}} = a_2^{p^{m_2+1}} = a_3^{p^{m_3+1}} = 1, [a_1, a_2] = a_2^{p^{m_2}}, [a_2, a_3] = a_3^{p^{m_3}}, [a_3, a_1] = a_1^{p^{m_1}} \rangle$, 其中 $m_1 = m_2 > m_3 \geq 1$;

(D26) $\langle a_1, a_2, a_3 \mid a_1^{p^{m_1+1}} = a_2^{p^{m_2+1}} = a_3^{p^{m_3+1}} = 1, [a_1, a_2] = a_3^{p^{m_3}}, [a_2, a_3] = a_1^{p^{m_1}}, [a_3, a_1] = a_2^{p^{m_2}} \rangle$, 其中 $m_1 = m_2 = m_3 \geq 1$;

(D27) $\langle a_1, a_2, a_3 \mid a_1^{p^{m_1+1}} = a_2^{p^{m_2+1}} = a_3^{p^{m_3+1}} = 1, [a_1, a_2] = a_2^{p^{m_2}}, [a_2, a_3] = a_1^{p^{m_1}}, [a_3, a_1] = a_3^{-p^{m_3}} \rangle$, 其中 $m_1 = m_2 = m_3 \geq 1$;

(D28) $\langle a_1, a_2, a_3 \mid a_1^{p^{m_1+1}} = a_2^{p^{m_2+1}} = a_3^{p^{m_3+1}} = 1, [a_1, a_2] = a_2^{p^{m_2}} a_3^{\nu p^{m_3}}, [a_2, a_3] = a_1^{p^{m_1}}, [a_3, a_1] = a_3^{-p^{m_3}} \rangle$, 其中 $m_1 = m_2 = m_3 \geq 1, \nu = 1$ 或者是一个固定的模 p 平方非剩余;

(D29) $\langle a_1, a_2, a_3 \mid a_1^{p^{m_1+1}} = a_2^{p^{m_2+1}} = a_3^{p^{m_3+1}} = 1, [a_1, a_2]^{1+r} = a_2^{p^{m_2}} a_3^{p^{m_3}}, [a_2, a_3] = a_1^{p^{m_1}}, [a_3, a_1]^{1+r} = a_2^{rp^{m_2}} a_3^{-p^{m_3}} \rangle$, 其中 $m_1 = m_2 = m_3 \geq 1$, $r = 1, 2, \cdots, p-2$;

(D30) $\langle a_1, a_2, a_3 \mid a_1^{p^{m_1+1}} = a_2^{p^{m_2+1}} = a_3^{p^{m_3+1}} = 1, [a_1, a_2] = a_1^{p^{m_1}}, [a_2, a_3] = a_1^{-p^{m_1}} a_2^{p^{m_2}} a_3^{p^{m_3}}, [a_3, a_1] = a_1^{-p^{m_1}} a_2^{p^{m_2}} \rangle$, 其中 $m_1 = m_2 = m_3 \geq 1$.

由引理 3.1.18 和注 3.1.3 可知, 我们仅需处理 $d(G) = 3$ 且 $c(G) = 3$ 的情形.

引理 3.1.19 设 G 是有限 3 群且 $G \in \mathcal{P}$. 若 $d(G) = 3$, $G' = \Omega_1(G) \cong \mathrm{C}_3^3$, 则 $|G' \cap Z(G)| \geq 3^2$.

证明 利用反证法. 假设结论不成立. 则 $|G' \cap Z(G)| = 3$. 由定理 3.1.7 可知, $c(G) \leq 3$. 进而, 由引理 3.1.11(2) 知, $\mho_1(G) \leq Z(G)$. 因此 $|\mho_1(G)G_3 \cap G'| \leq |Z(G) \cap G'| = 3$. 令 $\overline{G} = G/\mho_1(G)G_3$. 则 $|\overline{G'}| \geq 3^2$, $c(\overline{G}) = 2$ 且 $\exp(\overline{G}) = 3$. 任取 $\overline{H} \leq \overline{G}$ 使得 $\overline{H} \cong \mathrm{M}_3(1,1,1)$. 令 $\overline{L} \leq \overline{G'}\overline{H}$ 使得 $\overline{L} \cong \mathrm{M}_3(1,1,1) \times \mathrm{C}_3$. 由引理 3.1.7 知, $\overline{G'} \leq \Phi(\overline{L})$. 这与 $|\overline{G'}| = 3^2$ 矛盾.

定理 3.1.10 设 G 是有限 p 群, $d(G) = 3$ 且 $c(G) = 3$. 若 $|G'| \geq p^2$ 且 $\Omega_1(G) \cong \mathrm{C}_p^3$, 则 $G \in \mathcal{P}$ 当且仅当 G 同构于下列互不同构的群之一:

(E1) $\langle a, b, c, d \mid a^9 = b^9 = d^3 = c^{3^n} = 1, a^3 = b^{-3}, [a, b] = d, [d, b] = b^3, [c, a] = [c, b] = [d, a] = [d, c] = 1 \rangle$, 其中 $n \geq 1$;

(E2) $\langle a, b, c, d \mid a^9 = b^9 = d^3 = c^{3^n} = 1, a^3 = b^{-3}, [a, b] = d, [d, b] = [c, a] = b^3, [c, b] = [d, a] = [d, c] = 1 \rangle$, 其中 $n \geq 1$;

(E3) $\langle a, b, x, c \mid a^9 = 1, b^3 = a^3, x^{3^{n+1}} = c^3 = 1, [a, b] = c, [c, b] = x^{3^n}, [c, a] = a^3, [x, a] = a^{3k}, [x, b] = a^{3l}, [x, c] = 1 \rangle$, 其中 $n \geq 1$ 且 $k, l = 0, 1$;

(E4) $\langle a, b, x, c \mid a^9 = 1, b^3 = a^3, x^{3^{n+1}} = c^3 = 1, [a, b] = c, [c, b] = x^{3^n}, [c, a] = a^3, [x, a] = x^{3^n}, [x, b] = [x, c] = 1 \rangle$, 其中 $n \geq 1$;

(E5) $\langle a, b, x, c \mid a^9 = 1, b^3 = a^3, x^{3^{n+1}} = c^3 = 1, [a, b] = c, [c, b] = x^{3^n}, [c, a] = a^3, [x, a] = x^{3^n} a^3, [x, b] = a^3, [x, c] = 1 \rangle$, 其中 $n \geq 1$.

证明 若 $G \in \mathcal{P}$, 则由定理 3.1.7 可知, $p = 3$. 下面我们分两种情形来讨论: $G' \cong \mathrm{C}_3^2$ 和 $G' \cong \mathrm{C}_3^3$.

情形1 $G' \cong \mathrm{C}_3^2$.

此时, 显然 $G_3 \cong \mathrm{C}_3$. 令 $\overline{G} = G/G_3$, 则 $d(\overline{G}) = 3$ 且 $\overline{G'} \cong \mathrm{C}_3$. 因为 $\overline{G}$ 是 $\mathcal{P}$ 群, 所以由定理 3.1.1 可知, $r(\overline{G}) = 2$ 或者 3. 因此 $\overline{G}$ 同构于定理 3.1.2 中群 (iv) 或者定理 3.1.8 中的群 (A3), (A7) 和 (A8) 之一. 若 $\overline{G}$ 与群 (A3) 不同构, 则 $\overline{G'} \leq \mho_1(\overline{G})$. 因此 $G' \leq \mho_1(G)G_3$. 又由引理 3.1.11(2) 知, $\mho_1(G) \leq Z(G)$. 因此 $G' \leq Z(G)$. 这与 $c(G) = 3$ 矛盾. 因此 $\overline{G}$ 与群 (A3) 同构. 假设 $G = \langle a, b, c, d, G_3 \rangle$ 且

$$\overline{G} = \langle \bar{a}, \bar{b}, \bar{c}, \bar{d} \mid \bar{a}^3 = \bar{b}^3 = \bar{d}^3 = \bar{c}^{3^n} = 1, [\bar{a}, \bar{b}] = \bar{d}, [\bar{d}, \bar{a}] = [\bar{d}, \bar{b}] = [\bar{c}, \bar{a}] = [\bar{c}, \bar{b}] = 1 \rangle,$$

其中 $n \geq 1$. 令 $M = C_G(G')$. 则由 " N/C 定理" 知, $|G/M| = p$. 根据引理 3.1.4 可得, $[d, c] = [[a, b], c] = 1$. 因此 $c \in M$. 故总可假设 $a \in M$ 且 $b \notin M$. 则 $[d, a] = 1$. 令 $x = [d, b]$, 则 $G' = \langle d, x \rangle$. 因为 $G' \cong \mathrm{C}_3^2$, 所以 $d^3 = 1$. 注意到 $\Omega_1(G)$ 交换. 故 $b^3 \neq 1$. 若 $c^{3^n} \neq 1$, 则可设 $c^{3^n} = b^3$. 令 $b_1 = bc^{-3^{n-1}}$. 则 $b_1^3 = 1$ 且 $[d, b_1] = x$, 矛盾. 故 $c^{3^n} = 1$. 因此 $\Omega_1(G) = \langle c^{3^{n-1}} \rangle G'$. 故 $a \notin \Omega_1(G)$. 所以 $a^3 \neq 1$.

假设 $[c, a] = x^u$, $[c, b] = x^v$. 若 $[c, b] \neq 1$, 则用 cd^{-v} 替换 c 可得, $[c, b] = 1$. 因此可设 $[c, b] = 1$. 最后, 若 $[c, a] \neq 1$, 则用 $c^{u^{-1}}$ 替换 c 可得, $[c, a] = x$. 因此 $[c, a] = 1$ 或者 $[c, a] = x$. 假设 $b^3 = x^i$, 其中 $3 \nmid i$. 分别用 $b^{i^{-1}}$, $d^{i^{-1}} x^{\binom{i^{-1}}{2}}$ 替换 b, d 可得, $b^3 = x$. 接下来, 假设 $a^3 = b^{3j}$, 其中 $3 \nmid j$. 若 $j = 1$, 则

$$(ab)^3 = a^3 [a, b^{-1}]^3 [a, b^{-1}, b^{-1}] b^3 = 1.$$

但是 $[d, ab] = [d, b] = x$. 这与 $\Omega_1(G) \cong \mathrm{C}_3^3$ 矛盾. 故 $j = 2$. 从而可得定理中的群 (E1) 和 (E2).

最后, 对于群 (E1) 而言, $Z(G) = \langle c, b^3 \rangle \nleq \mho_1(G)$. 对于群 (E2) 而言, $Z(G) = \langle c^3, b^3 \rangle \leq \mho_1(G)$. 因此群 (E1) 与群 (E2) 互不同构. 进一步, 对于群 (E1), (E2) 而言, 计算知 $\Omega_1(G) \cong \mathrm{C}_3^3$. 根据定理 3.1.5 可知, 它们均为 $\mathcal{P}$ 群.

情形2 $G' \cong \mathrm{C}_3^3$.

因为 $d(G) = 3$, 所以 $|G/\Phi(G)| = 3^3$. 注意到 $G' \cong \mathrm{C}_3^3$. 因此 $|G| \geq 3^6$. 由引理 3.1.19 可知, $|G' \cap Z(G)| \geq 3^2$. 取 $K \leq G' \cap Z(G)$ 使得 $|K| = 3$ 且 $K \neq G_3$. 则 $|(G/K)'| = 3^2$ 且 $c(G/K) = 3$. 由定理 3.1.1 可知, $r(G/K) = 2$ 或 3. 若 $r(G/K) = 2$, 则 G/K 同构于定理 3.1.2 中的群之一. 然而, 经计算知, 这样的群是不存在的. 故 $r(G/K) = 3$. 因此 G/K 同构于定理 3.1.9 中的群 (B1), (B2) 以及该定理中的群 (E1), (E2) 之一.

子情形2.1 G/K 同构于定理 3.1.9 中的群 (B1), (B2) 之一.

令 $K = \langle y \rangle$ 且 $G/K = \langle \bar{a}, \bar{b}, \bar{x}; \bar{c} \mid \bar{a}^3 = \bar{b}^3 = \bar{c}^3 = \bar{x}^{3^{n+1}} = 1, [\bar{a}, \bar{b}] = \bar{c}, [\bar{c}, \bar{b}] = \bar{x}^{3^n}, [\bar{x}, \bar{a}] = \bar{x}^{s 3^n}, [\bar{x}, \bar{b}] = [\bar{c}, \bar{a}] = [\bar{x}, \bar{c}] = 1 \rangle$, 其中 $n \geq 1$, $s = 0, 1$. 则 $G = \langle a, b, c, x, y \rangle$ 且 $G' = \langle c, x^{3^n}, y \rangle$. 因为 $\Omega_1(G) = G'$, 所以 $a^3 \neq 1$ 且 $b^3 \neq 1$. 不失一般性, 可设 $a^3 = b^3 = y$ 且 $[a, b] = c$. 注意到 $\exp(G') = 3$. 因此 $c^3 = x^{3^{n+1}} = 1$. 由命题 1.2.1 知, $[a, b, x][b, x, a][x, a, b] = 1$. 故 $[x, c] = 1$.

假设 $[c, a] = a^{3i}$, $[c, b] = x^{3^n} a^{3j}$. 注意到 $[x, G] \leq Z(G)$. 我们有 $\forall g \in G$, $\langle x, g \rangle$ 均为 3 交换的. 因此

$$(ab^{-1}x^{-3^{n-1}})^3 = (ab^{-1})^3 x^{-3^n} = [c, a][c, b] x^{-3^n} = a^{3(i+j)}.$$

因为 $ab^{-1}x^{-3^{n-1}} \notin G' = \Omega_1(G)$, 所以 $i + j \not\equiv 0 \pmod{3}$. 类似地, 计算 $(abx^{-3^{n-1}})^3$ 可得 $i - j + 1 \not\equiv 0 \pmod{3}$. 因此 $(i, j) = (0, 2), (1, 0), (1, 1)$ 或者 $(2, 2)$. 若 $(i, j) = (0, 2)$, 则 $\langle ab^{-1}, x^{3^{n-1}}a^2 \rangle$ 为 G 的 3^4 阶内亚循环子群. 这与定理 3.1.6 矛盾. 若 $i = j \neq 0$, 则

分别用 $b^i a^{-i} x^{3^{n-1}i}$, xc^s 替换 b, x 后归结为 $(i, j) = (1, 0)$ 的情形. 故总可假设 $i = 1$, $j = 0$. 即 $[c, a] = a^3$, $[c, b] = x^{3^n}$.

下面来考虑 $[x, b]$ 和 $[x, a]$.

若 $s = 0$, 则令 $[x, a] = a^{3k}, [x, b] = a^{3l}$. 假设 $l = 0$. 若 $k = 2$, 则分别用 a^{-1}, b^{-1}, x^{-1} 替换 a, b, x 后归结为 $k = 1$ 的情形. 假设 $l \neq 0$. 则分别用 a^l, b^l, x^l 替换 a, b, x 可得 $l = 1$. 若 $k = 2$, 则分别用 $ab, bx^{3^{n-1}}, xc$ 替换 a, b, x 可得 $k = 1$. 综上可得, 定理中的群 (E3).

若 $s = 1$, 则可令 $[x, a] = x^{3^n} a^{3k'}, [x, b] = a^{3l'}$. 假设 $l' = 0$. 若 $k' = 0$, 则可得定理中的群 (E4). 若 $k' = 1$, 则分别用 $ab, bx^{3^{n-1}}$ 替换 a, b 可得群 (E3), 其中 $k = 1$ 且 $l = 0$ 的情形. 若 $k' = 2$, 则分别用 $a^2bx^{2 \cdot 3^{n-1}}, b^2x^{3^{n-1}}, x^2$ 替换 a, b, x 可得群 (E3), 其中 $k = 1$ 且 $l = 0$ 的情形. 假设 $l' \neq 0$. 即 $[x, b] \neq 1$. 若 $k' = 2$, 则分别用 $ab^{l'} x^{(l'-1)3^{n-1}}, bx^{l'3^{n-1}}, xc$, 替换 a, b, x 后归结为 $k' = 1$ 的情形.

若 $(k', l') = (1, 1)$, 则可得群 (E5). 若 $(k', l') = (0, 1)$, 则分别用 $ab^2x^{3^{n-1}}, bx^{2 \cdot 3^{n-1}}$, xc^2 替换 a, b, x 可得定理中的群 (E3), 其中 $k - l = 1$ 的情形. 若 $(k', l') = (0, 2)$ 或者 $(1, 2)$, 则分别用 $a^2bx^{2 \cdot 3^{n-1}}, b^2x^{3^{n-1}}, x^2c^2$ 替换 a, b, x 可得定理中的群 (E5) 以及群 (E3), 其中 $k = 0, l = 1$ 的情形.

子情形2.2 G/K 同构于定理中的群 (E1), (E2) 之一.

令 $K = \langle x \rangle$ 且 $G/K = \langle \bar{a}, \bar{b}, \bar{c}, \bar{d} \mid \bar{a}^9 = \bar{b}^9 = \bar{d}^3 = \bar{c}^{3^n} = 1, \bar{a}^3 = \bar{b}^{-3}, [\bar{a}, \bar{b}] = \bar{d}, [\bar{d}, \bar{b}] = \bar{b}^3, [\bar{c}, \bar{a}] = \bar{b}^{3s}, [\bar{c}, \bar{b}] = [\bar{d}, \bar{a}] = [\bar{d}, \bar{c}] = 1 \rangle$, 其中 $n \geq 1$, $s = 0, 1$.

因为 $G' \cong C_3^3$, 所以 $b^9 = d^3 = 1$. 由命题 1.2.1 知, $[a, b, c][b, c, a][c, a, b] = 1$. 因此 $[d, c] = 1$. 因为 $\Omega_1(G) = G'$, 所以 $c^{3^n} \neq 1$. 不失一般性, 可设 $x = c^{3^n}$ 且 $[a, b] = d$.

假设 $a^3 = b^{-3}c^{i3^n}, [d, b] = b^3c^{j3^n}$. 用 $ac^{-(j+i)3^{n-1}}, bc^{j3^{n-1}}$ 替换 a, b 可得, $a^3 = b^{-3}$ 且 $[d, b] = b^3$. 若 $[d, a] = 1$, 则 $\langle a, b, d \rangle$ 为 G 的 3^4 阶内亚循环子群. 这与定理 3.1.6 矛盾. 故 $[d, a] \in \langle x \rangle \setminus 1$.

注意到 $b^3 \in Z(G)$. 令 $\overline{G} = G/\langle b^3 \rangle$. 容易知 $d(\overline{G}) = 3, \overline{G}' \cong C_3^2, c(\overline{G}) = 3$ 且 $r(\overline{G}) \geq 3$. 因为 $\overline{G}$ 是 $\mathcal{P}$ 群, 所以由定理 3.1.1 知 $r(\overline{G}) = 3$. 接下来, 因为 $\langle \bar{a}, \bar{b} \rangle \cong M_3(1, 1, 1)$, 所以 $\Omega_1(\overline{G}) \not\cong C_3^3$. 因此 $\overline{G}$ 同构于定理 3.1.9 中的群 (B1), (B2) 之一. 从而可归结为子情形 2.1.

最后, 我们来证明群 (E3)–(E5) 互不同构且均为 $\mathcal{P}$ 群.

对于群 (E3), 其中 $k = l = 0$ 的情形而言, $\exp(Z(G)) = 3^{n+1}$. 对于群 (E3), 其中 $k = 1$ 或者 $l = 1$ 的情形, (E4), (E5) 而言, $\exp(Z(G)) = 3^n$. 因此群 (E3), 其中 $k = l = 0$ 的情形与群 (E3), 其中 $k = 1$ 或者 $l = 1$ 的情形, (E4), (E5) 均不同构. 对于群 (E3), 其中 $k = 1$ 或者 $l = 1$ 的情形而言, 存在 $N \trianglelefteq G$ 且 $|N| = 3$ 使得 $\exp(Z(G/N)) = 3^{n+1}$, 但是对于群 (E4), (E5) 而言, 不存在这样的 N. 因此群 (E3), 其中 $k = 1$ 或者 $l = 1$ 的情形与群 (E4), (E5) 均不同构. 下面来证明群 (E4), (E5) 互不同构. 若否, 在群 (E4) 中, 令 $a' = a^{i_1}b^{j_1}c^{k_1}x^{l_1}, b' = a^{i_2}b^{j_2}c^{k_2}x^{l_2}, x' = a^{i_3}b^{j_3}c^{k_3}x^{l_3}$

且 $c' = [a',b'] \equiv c^{i_1 j_2 - i_2 j_1} (\mathrm{mod}\ G_3)$, 其中 i_s, j_s, k_s, l_s 为适当的正整数, $s = 1,2,3$ 且 $3 \nmid i_1 j_2 - i_2 j_1$, 则 a', b', x', c' 满足群 (E5) 的定义关系. 接下来, 计算知

$$1 = [x',c'] = [a^{i_3}b^{j_3}c^{k_3}x^{l_3}, c^{i_1 j_2 - i_2 j_1}] = a^{-3i_3(i_1 j_2 - i_2 j_1)}x^{-3^n j_3(i_1 j_2 - i_2 j_1)}.$$

因此 $3 \mid i_3, 3 \mid j_3$. 进而,

$$[c',b'] = [c, a^{i_2}b^{j_2}c^{k_2}x^{l_2}]^{i_1 j_2 - i_2 j_1} = a^{3i_2(i_1 j_2 - i_2 j_1)}x^{3^n j_2(i_1 j_2 - i_2 j_1)}.$$

另一方面, $[c',b'] = x'^{3^n} = x^{3^n l_3}$. 因此 $3 \mid i_2$. 故 $[x',b'] = [c^{k_3}x^{l_3}, b^{j_2}c^{k_2}x^{l_2}] = x^{3^n j_2 k_3}$. 注意到 $[x',b'] = [c',a'] = a^{3i_1(i_1 j_2 - i_2 j_1)}x^{3^n j_1(i_1 j_2 - i_2 j_1)}$. 因此 $3 \mid i_1$. 故 $3 \mid i_1 j_2 - i_2 j_1$, 矛盾. 最后, 类似上面的证明可知群 (E3), 其中 $k = 1$ 的情形与 $l = 1$ 情形亦互不同构.

对于群 (E3)–(E5) 而言, 容易知 $\Omega_1(G) \cong C_3^3$. 我们仅需证明 G 中不存在 3^4 阶内亚循环子群. 否则, 令 H 是这样的子群. 注意到 $|G_3| = 9$. 故 $HG_3 \cong H \times C_3$. 令 $L = \Omega_2(G) = \langle a, b, x^{3^{n-1}} \rangle$. 显然 $HG_3 < L$. 但是计算知 L 中不存在极大子群同构于 $H \times C_3$, 矛盾.

§3.2 非正规子群均亚循环的有限 2 群

本节我们将来研究非正规子群均亚循环的有限 2 群. 由于问题的复杂性, 我们仅在某些条件下, 给出了它们的分类. 而 Problem 436(b) 对于 $p = 2$ 的情形仍然是一个有待解决的问题.

以下我们总假设 $p = 2$. 显然, 若 G 是 $\mathcal{P}$ 群, 则 G 的子群和商群也是 $\mathcal{P}$ 群. 下面我们仍从秩的角度来研究 $\mathcal{P}$ 群的结构.

定理 3.2.1 设 G 为 $\mathcal{P}$ 群. 若 $r(G) = 1$, 则 G 循环或为广义四元数群.

证明 由于 $r(G) = 1$, 因此根据引理 1.2.4 知, G 循环或为广义四元数群.

引理 3.2.1 设 G 为 $\mathcal{P}$ 群. 若 G 非亚循环群, 则 $r(G) = 2$ 当且仅当 $r_n(G) = 2$.

证明 ($\Rightarrow$) 若 $r(G) = 2$, 则 $r_n(G) \le 2$. 进一步, 若 $r_n(G) = 1$, 则 G 无 $(2,2)$ 型交换正规子群. 进而, 由引理 1.2.3 知, G 为极大类 2 群. 从而 G 亚循环, 矛盾. 故 $r_n(G) = 2$.

($\Leftarrow$) 若 $r_n(G) = 2$, 则 $r(G) \ge 2$. 我们断言 $r(G) = 2$. 若否, 则 $r(G) \ge 3$, 因此 G 中一定存在子群 $H \cong C_2^3$. 由于 H 不亚循环, 因此 $H \trianglelefteq G$. 故 $r_n(G) \ge 3$, 矛盾.

引理 3.2.2 设 G 为 $\mathcal{P}$ 群且 G 非亚循环. 若 $r(G) = 2$, 则 $|G'| \le 2^6$.

证明 由于 G 非亚循环, 因此 G 一定存在一个内亚循环子群 H. 又因 H 非亚循环, 所以 $H \trianglelefteq G$. 断言 G/H 是 Dedekind 群. 若否, 则存在 $K/H \ntrianglelefteq G/H$. 从而 $K \ntrianglelefteq G$. 又因 G 为 $\mathcal{P}$ 群, 所以 K 亚循环. 故 H 亚循环, 矛盾. 接下来, 由于 G/H 为 Dedekind 群, 因此根据定理 1.2.1 知, $|(G/H)'| \leq 2$. 又由定理 1.2.5 知, $|H| \leq 2^5$. 故 $|G'| \leq 2^6$.

引理 3.2.3 设 G 为 $\mathcal{P}$ 群. 若 G 非亚循环群, 则 $r(G) = 3$ 当且仅当 $r_n(G) = 3$.

证明 ($\Rightarrow$) 若 $r(G) = 3$, 则 $r_n(G) \leq 3$. 若 $r_n(G) = 1$, 则 G 无 $(2,2)$ 型交换正规子群. 进而, 由引理 1.2.3 知, G 为极大类 2 群. 从而 G 亚循环, 矛盾. 若 $r_n(G) = 2$, 则由引理 3.2.1 知 $r(G) = 2$, 矛盾. 因此 $r_n(G) = 3$.

($\Leftarrow$) 若 $r_n(G) = 3$, 则 $r(G) \geq 3$. 我们断言 $r(G) = 3$. 若否, 则 $r(G) \geq 4$. 因此 G 中一定存在子群 $H \cong C_2^4$. 由于 H 不亚循环, 因此 $H \trianglelefteq G$. 故 $r_n(G) \geq 4$, 矛盾.

引理 3.2.4 设 G 为 $\mathcal{P}$ 群. 若 $r(G) = 3$, 则 $|G'| \leq 2^4$.

证明 由于 $r(G) = 3$, 因此 G 中一定存在子群 $N \cong C_2^3$. 由于 N 非亚循环且 G 为 $\mathcal{P}$ 群, 因此 $N \trianglelefteq G$. 下面我们来考虑商群 G/N. 我们断言 G/N 为 Dedekind 群. 若否, 则存在 $K/N \ntrianglelefteq G/N$. 从而 $K \ntrianglelefteq G$. 又因 G 为 $\mathcal{P}$ 群, 所以 K 亚循环. 故 N 亚循环, 矛盾. 由于 G/N 为 Dedekind 群, 因此根据定理 1.2.1 知, $|(G/N)'| \leq 2$. 从而 $|G'| \leq 2^4$.

定理 3.2.2 设 G 为 $\mathcal{P}$ 群. 若 $r(G) \geq 4$, 则 G 交换或 $G \cong Q_8 \times C_2^n$, 其中 $n \geq 3$.

证明 由于 $r(G) \geq 4$, 因此 G 中一定存在子群 K, 使得 $K \cong C_2^4$. 不失一般性, 可设 $K = \langle x_1 \rangle \times \langle x_2 \rangle \times \langle x_3 \rangle \times \langle x_4 \rangle$. 接下来, 令 $M_1 = \langle x_1 \rangle \times \langle x_2 \rangle \times \langle x_3 \rangle$, $M_2 = \langle x_1 \rangle \times \langle x_2 \rangle \times \langle x_4 \rangle$, $M_3 = \langle x_1 \rangle \times \langle x_3 \rangle \times \langle x_4 \rangle$, $M_4 = \langle x_2 \rangle \times \langle x_3 \rangle \times \langle x_4 \rangle$, 显然 $M_1 \cap M_2 \cap M_3 \cap M_4 = 1$. 由于 $M_i \cong C_2^3$, 因此 $M_i \trianglelefteq G$, 其中 $i = 1, 2, 3, 4$. 又因

$$G/(M_1 \cap M_2 \cap M_3 \cap M_4) \lesssim G/M_1 \times G/M_2 \times G/M_3 \times G/M_4,$$

所以 $G \lesssim G/M_1 \times G/M_2 \times G/M_3 \times G/M_4$. 接下来, 考虑商群 G/M_i. 我们断言 G/M_i 为 Dedekind 群. 若否, 则存在 $N/M_i \ntrianglelefteq G/M_i$. 从而 $N \ntrianglelefteq G$. 又因 G 为 $\mathcal{P}$ 群, 所以 N 亚循环. 故 M_i 亚循环, 矛盾. 因此由定理 1.2.1 可知, G/M_i 是交换群或者同构于 $Q_8 \times C_2^n$. 从而, G 或者为交换群或者同构于 $\underbrace{Q_8 \times \cdots \times Q_8}_{m} \times H$, 其中 H 交换.

下面我们总假设 G 非交换. 首先, 来证明 Q_8 作为直积因子的个数为 1, 即 $m = 1$. 若否, 则 $m \geq 2$. 由于 $r(G) \geq 4$, 因此 G 必包含子群 $L \cong Q_8 \times Q_8 \times C_2 \times C_2$. 不失一般性, 设 $L = \langle a, b \rangle \times \langle c, d \rangle \times \langle e \rangle \times \langle f \rangle$. 取 L 的子群 $N_1 = \langle ac, e, f \rangle$. 显然 N_1 非亚循环, 因此 $N_1 \trianglelefteq G$. 但是, 计算可知 $(ac)^b = a^b c = a^3 c = a^2 ac \notin N_1$, 矛盾. 其次, 我们来证明 $\exp(H) = 2$. 若否, 则 $\exp(H) > 2$. 由于 $r(G) \geq 4$, 因此 $d(H) \geq 3$.

进而, G 存在子群 $K \cong Q_8 \times C_4 \times C_2^2$. 不失一般性可设, $K = \langle a, b \rangle \times \langle c \rangle \times \langle d \rangle \times \langle e \rangle$. 取 K 的子群 $N_1 = \langle ac, d, e \rangle$. 显然 N_1 非亚循环也非正规, 矛盾. 故 $\exp(H) = 2$. 即 $G \cong Q_8 \times C_2^n$, 其中 $n \geq 3$.

综上可知, G 交换或 $G \cong Q_8 \times C_2^n$, 其中 $n \geq 3$.

下面我们假设 $r(G) = 2$ 或者 3. 显然, 若 G 为 Dedekind 群或亚循环群, 则显然 G 为 $\mathcal{P}$ 群. 又若 $|G| \leq 2^4$, 则 G 必为 $\mathcal{P}$ 群. 因此以下我们总假设 $|G| \geq 2^5$ 且 G 既非 Dedekind 又非亚循环. 另外, 我们利用 Magma 程序在阶 $\leq 2^9$ 且 $\geq 2^4$ 的小群库中搜索了 $r(G) = 3$ 的 $\mathcal{P}$ 群(除掉亚循环和 Dedekind 群). 结果如下:

$|G|$	2^5	2^6	2^7	2^8	2^9
$r(G) = 3$	16个	57个	133 个	140个	175个$(d(G) \leq 4)$

对于 $r(G) = 3$ 的情形, 显然满足条件的群很多. 而另一方面, 非交换 2 群一定非正则, 这也给计算带来一定的困难. 因此本节我们仅考虑 $r(G) = 2$ 的情形并且假设 G 非 Dedekind 且非亚循环. 进一步, 由引理 3.2.1 可知, $r_n(G) = 2$. 而 Janko 在文献 [41] 中对 $r_n(G) = 2$ 的有限 2 群进行了研究. 本节我们借助文献 [41] 中的结果给出了一类特殊的 $\mathcal{P}$ 群的分类. 下面, 我们首先来介绍文献 [41] 中的一些结果.

引理 3.2.5 ([41]) 设 G 为有限 2 群且 G 无 8 阶初等交换的正规子群. 若 G 既不交换也非极大类群, 则 G 一定存在一正规的亚循环子群 N, 使得 $C_G(\Omega_2(N)) \leq N$ 并且一定有下面的一个结论成立:

(a) $|G/N| \leq 4$, 其中 $\Omega_2(N)$ 是 $(4,4)$ 型交换群, 或者 N 是 $(2^j, 2)$ 型交换群, 其中 $j \geq 2$.

(b) $G/N \cong D_8$ 且

(b_1) N 或者是 $(2^k, 2^{k+1})$ 型交换群, 其中 $k \geq 1$ 或者是 $(2^l, 2^l)$ 型交换群, 其中 $l \geq 2$;

(b_2) N 是内交换群, $\Omega_2(N)$ 是 $(4,4)$ 型交换群. 并且更精确的来说, $N = \langle a, b \mid a^{2^m} = b^{2^n} = 1, a^b = a^{1+2^{m-1}} \rangle$, 其中 $m = n, n \geq 3$ 或者 $m = n+1, n \geq 2$.

引理 3.2.6 ([41]) 设 G 为有限 2 群. 若 G 无 8 阶初等交换的正规子群的群, 则任取 $U \leq G$, 均有 $d(U) \leq 4$.

引理 3.2.7 ([41]) 设 G 是有限 2 群. 若 $\Omega_2(G)$ 亚循环, 则 G 也亚循环.

首先, 我们借助 Magma 给出了 $2^5, 2^6$ 阶群中 $r(G) = 2$ 的 $\mathcal{P}$ 群.

定理 3.2.3 设 G 为 $\mathcal{P}$ 群, $r(G) = 2$ 且 $|G| = 2^5$. 若 G 非 Dedekind 且非亚循环, 则 G 同构于以下互不同构的群之一:

(1) $\langle a, b, c \mid a^8 = b^4 = c^2 = 1, a^4 = b^2, [b, a] = c, [c, a] = a^4, [b, c] = 1 \rangle$;

(2) $\langle a, b, c \mid a^4 = b^4 = c^4 = 1, b^2 = c^2, [b, a] = c, [c, a] = [c, b] = c^2 \rangle$;

(3) $\langle a, b, c \mid a^8 = b^2 = c^4 = 1, c^2 = a^4, [b, a] = c, [c, a] = [c, b] = a^4 \rangle$;

(4) $\langle a, b, c, d \mid a^4 = b^4 = c^2 = d^4 = 1, a^2 = b^2 = d^2, [b, a] = d, [d, a] = [d, b] = d^2, [a, c] = [b, c] = [d, c] = 1 \rangle$;

(5) $\langle a, b, c, d \mid a^2 = b^2 = c^4 = d^4 = 1, c^2 = d^2, [b, a] = d, [d, a] = [d, b] = d^2, [a, c] = [b, c] = [d, c] = 1 \rangle$;

(6) $\langle a, b, c, d \mid a^2 = b^4 = c^2 = d^4 = 1, b^2 = d^2, [b, a] = d, [c, a] = d^2, [d, a] = [d, b] = d^2, [d, c] = [c, b] = 1 \rangle$;

(7) $\langle a, b, c \mid a^4 = b^4 = c^4 = 1, b^2 a^2 = c^2, [b, a] = b^2, [c, a] = [c, b] = 1 \rangle$;

(8) $\langle a, b, c \mid a^4 = b^4 = c^4 = 1, a^2 = c^2, [b, a] = a^2, [c, a] = b^2, [c, b] = 1 \rangle$;

(9) $\langle a, b, c \mid a^4 = b^4 = c^4 = 1, b^2 = a^2, [b, a] = b^2, [c, a] = c^2, [c, b] = 1 \rangle$;

(10) $\langle a, b, c \mid a^8 = b^2 = c^2 = 1, [c, b] = a^4, [c, a] = [a, b] = 1 \rangle$;

(11) $\langle a, b, c, d \mid a^2 = b^4 = c^4 = d^2 = 1, b^2 = c^2, [b, a] = [d, a] = [c, b] = b^2, [c, a] = [c, d] = [b, d] = 1 \rangle$.

证明 利用 Magma, 检查 2^5 阶群表可得.

定理 3.2.4 设 G 为 $\mathcal{P}$ 群, $r(G) = 2$ 且 $|G| = 2^6$. 若 G 非 Dedekind 且非亚循环, 则 G 同构于以下互不同构的群之一:

(1) $\langle a, b, c \mid a^8 = b^4 = c^4 = 1, b^2 = c^2, [b, a] = c, [c, a] = [c, b] = c^2 \rangle$;

(2) $\langle a, b, c \mid a^8 = b^4 = c^4 = 1, b^2 = a^4, [b, a] = c, [c, a] = a^4, [c, b] = c^2 \rangle$;

(3) $\langle a, b, c \mid a^8 = b^4 = c^4 = 1, b^2 = c^2, [b, a] = c, [c, a] = b^2 a^4, [c, b] = b^2 \rangle$;

(4) $\langle a, b, c \mid a^{16} = b^2 = c^4 = 1, a^8 = c^2, [b, a] = c, [c, a] = 1, [c, b] = c^2 \rangle$;

(5) $\langle a, b, c, d \mid a^8 = b^4 = c^4 = d^2 = 1, b^2 = c^2 = a^4, [b, a] = c, [c, a] = d, [c, b] = b^2, [d, a] = c^2, [d, b] = [d, c] = 1 \rangle$;

(6) $\langle a, b, c, d \mid a^4 = b^4 = c^4 = d^4 = 1, b^2 = d^2, c^2 = a^2 b^2, [b, a] = d, [d, a] = [d, b] = b^2, [a, c] = [b, c] = 1 \rangle$;

(7) $\langle a, b, c, d \mid a^4 = b^4 = c^4 = d^4 = 1, a^2 = c^2, b^2 = d^2, [b, a] = d, [c, a] = b^2, [d, a] = [d, b] = b^2 \rangle$;

(8) $\langle a, b, c, d \mid a^8 = b^2 = c^8 = d^4 = 1, a^2 = c^2, a^4 = d^2, [b, a] = d, [c, a] = [c, b] = [c, d] = 1, [d, a] = [d, b] = d^2 \rangle$;

(9) $\langle a, b, c, d \mid a^8 = b^2 = c^8 = d^4 = 1, a^2 = c^2, a^4 = d^2, [b, a] = d, [c, a] = [d, a] = [d, b] = d^2, [d, c] = [c, b] = 1 \rangle$;

(10) $\langle a, b, c \mid a^8 = b^4 = c^8 = 1, b^2 a^2 = c^2, [b, a] = b^2, [c, a] = [c, b] = 1 \rangle$;

(11) $\langle a,b,c \mid a^8 = b^4 = c^8 = 1, b^2a^2 = c^2, [b,a] = b^2, [c,a] = a^4, [c,b] = 1\rangle$;

(12) $\langle a,b,c,d \mid a^4 = b^4 = c^4 = d^4 = 1, a^2 = c^2 = d^2, [b,a] = b^2, [c,a] = d, [d,a] = [d,c] = d^2, [b,c] = [d,b] = 1\rangle$;

(13) $\langle a,b,c,d \mid a^4 = b^8 = c^2 = d^4 = 1, a^2 = b^4 = d^2, [b,a] = b^6, [c,a] = d, [d,a] = [d,c] = d^2, [d,b] = [c,b] = 1\rangle$;

(14) $\langle a,b,c,d \mid a^4 = b^4 = c^4 = d^4 = 1, a^2b^2 = c^2 = d^2, [b,a] = a^2, [c,a] = d, [d,a] = [d,c] = c^2, [d,b] = [b,c] = 1\rangle$;

(15) $\langle a,b,c \mid a^4 = b^8 = c^8 = 1, a^2 = c^4 = b^4, [b,a] = c^2, [c,a] = b^2a^2, [c,b] = a^2\rangle$;

(16) $\langle a,b,c \mid a^4 = b^8 = c^4 = 1, a^2 = b^4, [b,a] = b^2a^2, [c,a] = c^2, [c,b] = 1\rangle$;

(17) $\langle a,b,c \mid a^4 = b^4 = c^8 = 1, a^2b^2 = c^4, [b,a] = a^2, [c,a] = c^2, [c,b] = 1\rangle$;

(18) $\langle a,b,c \mid a^{16} = b^2 = c^2 = 1, [c,a] = [a,b] = 1, [c,b] = a^8\rangle$;

(19) $\langle a,b,c,d \mid a^4 = b^4 = c^4 = d^4 = 1, a^2 = c^2, b^2 = d^2, [b,a] = b^2, [c,a] = a^2, [d,b] = b^2, [a,d] = [c,d] = 1\rangle$;

(20) $\langle a,b,c,d \mid a^4 = b^4 = c^4 = d^4 = 1, b^2 = d^2, b^2a^2 = c^2, [b,a] = b^2, [c,a] = c^2, [d,b] = b^2, [a,d] = [c,d] = 1\rangle$;

(21) $\langle a,b,c,d \mid a^4 = b^4 = c^4 = d^4 = 1, a^2 = d^2, b^2 = c^2, [b,a] = a^2, [c,a] = b^2, [c,b] = [d,a] = a^2b^2, [d,b] = a^2\rangle$.

证明 利用 Magma, 搜索小群库中 2^6 阶群表可得.

以下, 我们总假设 $|G| \geq 2^7$. 并且此时仍然要求 G 非 Dedekind, 非亚循环且 $r(G) = 2$. 利用 Magma, 搜索小群库中 $2^7, 2^8, 2^9$ 阶的满足前面条件的 $\mathcal{P}$ 群, 并分析这些群例发现, 当 $|G| \geq 2^7$ 时, G 均有一个亚循环的极大子群 M 且 $C_G(\Omega_2(M)) \leq M$. 因此本节最后我们来分类一类特殊的 $\mathcal{P}$ 群. 即满足条件"存在一个亚循环的极大子群 M 且 $C_G(\Omega_2(M)) \leq M$" 的 $r(G) = 2$ 的 $\mathcal{P}$ 群.

设 G 为 $\mathcal{P}$ 群, $r(G) = 2$. 并假定 G 有一个亚循环的极大子群 M 且满足 $C_G(\Omega_2(M)) \leq M$. 由于 G 非亚循环, 因此 G 中一定存在一子群 H 内亚循环. 显然 $H \nleq M$ 且 $G = MH$. 由于 H 内亚循环, 因此 $H \trianglelefteq G$. 根据定理 1.2.5 可知, $\exp(H) = 4$. 因此必存在 $x \in H$ 使得 $o(x) = 4$ 且 $x \notin M$. 进而, 由于 M 是 G 的极大子群, 因此 $x^2 \in M$, $o(x^2) = 2$ 且 $G = M\langle x\rangle$. 接下来, 由于 M 亚循环, 因此不失一般性可设 $M \cong \langle a,b \mid a^{2^n} = 1, b^{2^m} = a^{2^t}, a^b = a^{\pm 1 + 2^r}\rangle$, 其中 n, m, t, r 为正整数且 $t \leq n$, $r \leq n$.

下面, 首先我们来证明 M 不可能为极大类 2 群. 假设 G 存在一个极大子群 M 为极大类 2 群. 则由定理 1.2.3 可知 M 只可能为二面体群, 广义四元数群或半二面体群.

若 M 为二面体群, 则 G 为文献 [22] 的定理 3.1 中的群 (1), (2), (3) 之一. 而对于群 (1), (3) 而言, 计算知, 均可找到子群 $H = \langle a^{2^{n-2}}\rangle \times \langle b\rangle \times \langle c\rangle \cong C_2^3$, 则 $r(G) \geq 3$,

矛盾. 对于群 (2) 而言, 若 $n \geq 5$, 则可找到子群 $H = \langle ab, c, a^{2^{n-3}} \rangle$ 且具有如下定义关系:

$$(ab)^2 = c^4 = (a^{2^{n-3}})^4 = 1, c^2 = (a^{2^{n-3}})^2, [a^{2^{n-3}}, ab] = (a^{2^{n-3}})^2,$$

$$[ab, c] = [a^{2^{n-3}}, c] = 1.$$

此时, 计算知 H 非亚循环也不正规, 矛盾. 故 $n \leq 4$. 进而 $|G| \leq 2^5$, 矛盾.

若 M 为广义四元数群, 则 G 为文献 [68] 的定理 3.1 中的群 (1), (2), (5) 之一. 对于 (2) 群而言, 用 $a^{2^{n-3}}b$ 替换 b, 可归结为文献 [22] 的定理 3.1 中的群 (2). 对于群 (1) 而言, 若 $n \geq 5$, 则总可找到子群 $H = \langle b, c, a^{2^{n-3}} \rangle$ 且具有如下定义关系:

$$(ab)^4 = c^2 = (a^{2^{n-3}})^4 = 1, (ab)^2 = (a^{2^{n-3}})^2, [a^{2^{n-3}}, ab] = (a^{2^{n-3}})^2,$$

$$[ab, c] = [a^{2^{n-3}}, c] = 1.$$

计算知 H 非亚循环也非正规. 故 $n \leq 4$. 即 $|G| \leq 2^5$, 矛盾. 对于 (5) 群, 若 $n \geq 5$, 可找到子群 $H = \langle b, c, a^{2^{n-3}} \rangle$ 且具有如下定义关系:

$$b^4 = c^2 = (a^{2^{n-3}})^4 = 1, b^2 = (a^{2^{n-3}})^2, [a^{2^{n-3}}, b] = [a^{2^{n-3}}, c] = (a^{2^{n-3}})^2, [b, c] = 1.$$

此时, 计算知 H 非亚循环也不正规, 矛盾. 故 $n \leq 4$. 进而 $|G| \leq 2^5$, 矛盾.

若 M 为半二面体群, 则 G 为文献 [104] 的定理 3.1 中群之一. 其中 (3) 群同构于文献 [68] 的定理 3.1 中的群 (5). 对于 $(2),(4)$ 两群, 可找到子群 $H = \langle a^{2^{n-2}} \rangle \times \langle b \rangle \times \langle c \rangle \cong C_2^3$. 从而 $r(G) \geq 3$, 这与 $r(G) = 2$ 矛盾. 对于 (1) 群, 若 $n \geq 5$, 总可找到子群 $H = \langle b, c, a^{2^{n-3}} \rangle$ 且具有如下定义关系:

$$b^2 = c^4 = (a^{2^{n-3}})^4 = 1, c^2 = (a^{2^{n-3}})^2, [(a^{2^{n-3}}), b] = a^{2^{n-2}}, [a^{2^{n-3}}, c] = [b, c] = 1.$$

此时, 计算知 H 非亚循环也不正规, 矛盾. 故 $n \leq 4$. 进而 $|G| \leq 2^5$, 矛盾.

综上可知, 以下总假设 G 的极大子群均非极大类 2 群. 首先来考虑 M 为交换群的情形.

定理 3.2.5 设 G 为有限 2 群, 且 $r(G) = 2$. 若 M 交换, 则 G 为 $\mathcal{P}$ 群当且仅当为以下互不同构的群之一:

(I) $\langle a, b, x \mid a^2 = b^{2^m} = x^4 = 1, x^2 = b^{2^{m-1}}, [a, x] = b^{2^{m-1}}, [b, x] = [a, b] = 1 \rangle$, 其中 $m \geq 6$;

(II) $\langle b, x, a \mid a^2 = b^{2^m} = x^4 = 1, x^2 = b^{2^{m-1}}, [b, x] = ab^{2^{m-2}}, [a, x] = b^{2^{m-1}}, [a, b] = 1 \rangle$, 其中 $m \geq 6$;

(III) $\langle a, b, x \mid a^{2^n} = b^4 = x^4 = 1, x^2 = b^2, [a, b] = 1, [a, x] = b, [b, x] = b^2 \rangle$, 其中 $n \geq 4$;

(IV) $\langle a, b, x \mid a^{2^n} = b^4 = x^4 = 1, x^2 = b^2, [a, b] = 1, [a, x] = 1, [b, x] = b^2 \rangle$, 其中 $n \geq 4$;

(V) $\langle a,b,x \mid a^{2^n} = b^4 = x^4 = 1, x^2 = b^2, [a,b] = 1, [a,x] = a^{2^{n-1}}, [b,x] = b^2\rangle$, 其中 $n \geq 4$;

(VI) $\langle a,b,x \mid a^{2^n} = b^4 = x^4 = 1, x^2 = a^{2^{n-1}}, [a,b] = 1, [a,x] = 1, [b,x] = a^{2^{n-2}}b^2\rangle$, 其中 $n \geq 4$;

(VII) $\langle a,b,x \mid a^{2^n} = b^8 = x^4 = 1, x^2 = b^4, [a,b] = 1, [a,x] = a^{2^{n-1}}, [b,x] = b^{-2}\rangle$, 其中 $n \geq 3$;

(VIII) $\langle a,b,x \mid a^{2^n} = b^8 = x^4 = 1, x^2 = b^4, [a,b] = 1, [a,x] = 1, [b,x] = b^{-2}\rangle$, 其中 $n \geq 3$.

证明 此时根据前面的分析, 可知 $G = M\langle x\rangle$, 其中 $o(x) = 4$, $x \notin M$ 但 $x^2 \in M$. 并且 $M \cong \langle a,b \mid a^{2^n} = 1, b^{2^m} = a^{2^t}, a^b = a\rangle$, 其中 n, m, t 为正整数且 $t \leq n$. 由于 $|G| \geq 2^7$, 因此 $n + m \geq 6$. 此时, 任取 $c \in M$, 由于 $H \trianglelefteq G$, 因此 $[x,c] \in [H,M] \subseteq H$. 因为 $\exp(H) = 4$, 所以 $[x,c]^4 = 1$. 又因 $M \trianglelefteq G$, 故 $[x,c] \in M$. 从而 $[x,c] \in \Omega_2(M)$. 故 $\langle x,c\rangle' \leq \Omega_2(M)$. 因此 $\langle x,c\rangle'$ 交换且方次数 ≤ 4. 下面分 $n = 1$ 和 $n \geq 2$ 两种情形讨论:

情形1 $n = 1$.

由于 $n = 1$, 因此 $m \geq 5$. 此时, 计算知 $\Omega_2(M) = \langle a, b^{2^{m-2}}\rangle$. 从而 $[x,a]$ 和 $[x,b^{2^{m-2}}]$ 不能同时为 1. 若否, $x \in C_G(\Omega_2(M)) \leq M$, 矛盾. 接下来, 由于 $x^2 \in M$ 且 $o(x^2) = 2$, 因此 $x^2 \in \Omega_1(M) = \langle a, b^{2^{m-1}}\rangle$. 即可设 $x^2 = a$ 或 $b^{2^{m-1}}$.(若 $x^2 = ab^{2^{m-1}}$, 则可令 $a_1 = ab^{2^{m-1}}$, 从而 $x^2 = a_1$. 归结为前面的情形.)

若 $x^2 = a$, 显然 $[x,a] = 1$. 因此 $[x, b^{2^{m-2}}] \neq 1$. 从而 $m \leq 3$, 矛盾. 故 $x^2 = b^{2^{m-1}}$. 进一步, 由 $m \geq 6$ 可知, 此时 $[b^{2^{m-2}}, x] = 1$. 不妨设 $[a,x] = a^i b^{2^{m-2}j}$, $[b,x] = a^{i_1}b^{2^{m-2}j_1}$, 其中 $i, i_1 = 1, 2$. $j, j_1 = 1, 2, 3, 4$. 由于 $x^2 = b^{2^{m-1}}$, 因此 $[a, x^2] = 1$. 而另一方面, 计算知

$$[a, x^2] = [a,x]^2[a,x,x] = b^{2^{m-2}(2i+ij)}a^{i^2}.$$

因此 $b^{2^{m-2}(2i+ij)}a^{i^2} = 1$. 解得 $i = 2$, $j = 2, 4$. 而当 $j = 4$ 时, $[a,x] = 1$. 从而 $x \in C_G(\Omega_2(M)) \leq M$, 矛盾. 故 $i = j = 2$. 接下来, 又因

$$1 = [b, x^2] = [b,x]^2[b,x,x] = b^{2^{m-2}(2j_1+ji_1)}a^{ii_1},$$

所以 $2 \mid i_1 + j_1$.

下面我们对 i_1, j_1 分情形讨论. 若 $i_1 = 2$, 则 $j_1 = 2, 4$. 从而可得下面两个群:

(i) $G = \langle a,b,x \mid a^2 = b^{2^m} = x^4 = 1, x^2 = b^{2^{m-1}}, [a,x] = [b,x] = b^{2^{m-1}}, [a,b] = 1\rangle$, 其中 $m \geq 6$;

(ii) $G = \langle a,b,x \mid a^2 = b^{2^m} = x^4 = 1, x^2 = b^{2^{m-1}}, [a,x] = b^{2^{m-1}}, [b,x] = 1, [a,b] = 1\rangle$, 其中 $m \geq 6$.

此时, 在群 (i) 中, 不失一般性, 令 $b_1 = ab$, $a_1 = a$, 则归结为群 (ii), 即定理中的群 (I).

若 $i_1 = 1$, 则 $j_1 = 1, 3$. 从而可得下面两个群:

(iii) $G = \langle a, b, x \mid a^2 = b^{2^m} = x^4 = 1, x^2 = b^{2^{m-1}}, [a, x] = b^{2^{m-1}}, [b, x] = ab^{2^{m-2}}, [a, b] = 1 \rangle$, 其中 $m \geq 6$;

(iv) $G = \langle a, b, x \mid a^2 = b^{2^m} = x^4 = 1, x^2 = b^{2^{m-1}}, [a, x] = b^{2^{m-1}}, [b, x] = ab^{3 \cdot 2^{m-2}}, [a, b] = 1 \rangle$, 其中 $m \geq 6$.

此时, 在群 (iv) 中, 不失一般性, 令 $b_1 = ab, a_1 = a$, 则归结为群 (iii), 即定理中的群 (II).

情形2 $n \geq 2$.

此种情形下, 若 $m = 1$, 则令 $a_1 = ba^{-2^{t-1}}, b_1 = a$, 可归结为上面的情形 1. 因此总可假设 $m \geq 2$. 进一步, 我们总可假设 $m \leq n$. 若否, 则 $m > n$. 令 $a_1 = b, b_1 = a$, 则可归结为 $m \leq n$ 的情形. 即 $M = \langle a, b \mid a^{2^n} = 1, b^{2^m} = a^{2^t}, a^b = a \rangle$, 其中 $n \geq m \geq 2$.

计算知 $\Omega_2(M) = \langle a^{2^{n-2}}, b^{2^{m-2}} \rangle$, $\Omega_1(M) = \langle a^{2^{n-1}}, b^{2^{m-1}} \rangle$. 显然 $x^2 \in \langle a^{2^{n-1}}, b^{2^{m-1}} \rangle$, $[a, x], [b, x] \in \Omega_2(M)$. 因此不失一般性可设

$$[a, x] = a^{i 2^{n-2}} b^{j 2^{m-2}}, [b, x] = a^{i_1 2^{n-2}} b^{j_1 2^{m-2}}.$$

若 $n \geq m \geq 4$, 则计算知

$$[a^{2^{n-2}}, x] = (a^{i 2^{n-2}} b^{j 2^{m-2}})^{2^{n-2}} = 1, [b^{2^{m-2}}, x] = (a^{i_1 2^{n-2}} b^{j_1 2^{m-2}})^{2^{m-2}} = 1.$$

从而, $x \in C_G(\Omega_2(M)) \leq M$, 矛盾. 故当 $n \geq 4$ 时, $m = 2$ 或 3.

下面根据 n, m 的取值分情形讨论.

子情形2.1 $n \geq 4$, $m = 2$.

此时显然 $[a, x] = a^{i 2^{n-2}} b^j, [b, x] = a^{i_1 2^{n-2}} b^{j_1}$. 并且 $x^2 = b^2, a^{2^{n-1}}$ 或 $a^{2^{n-1}} b^2$. 对于最后一种情形, 令 $b_1 = a^{2^{n-2}} b$, 则 $x^2 = b_1^2$, 归结到前面的情形. 下面我们分 $x^2 = a^{2^{n-1}}$ 和 $x^2 = b^2$ 两种情形进行讨论.

(i) $x^2 = b^2$.

此时, 由于 $x^2 = b^2$, 因此 $[b^2, x] = 1$. 从而 $[b, x]^2 = 1$. 即 $[b, x] \in \Omega_1(M) = \langle a^{2^{n-1}}, b^2 \rangle$. 下面, 我们来证明 $[b, x] \neq 1$. 若否, 则 $[b, x] = 1$. 这时计算知

$$1 = [a, x^2] = [a, x]^2 [a, x, x] = a^{2^{n-1} i} b^{2j}.$$

故 $2 \mid i$ 且 $2 \mid j$. 进而, 可找到子群

$$H = \langle a^{2^{n-1}} \rangle \times \langle b^2 \rangle \times \langle bx \rangle \cong C_2^3.$$

故 $r(G) \geq 3$, 矛盾. 因而 $[b, x] = b^2, a^{2^{n-1}}$ 或 $a^{2^{n-1}} b^2$. 而若 $[b, x] = a^{2^{n-1}} b^2$, 则可令 $b_1 = a^{2^{n-2}} b, x_1 = a^{2^{n-2}} x$, 计算可得 $[b_1, x_1] = b_1^2$. 从而 $[b, x] = a^{2^{n-1}}$ 或者 b^2.

当 $[b, x] = a^{2^{n-1}}$ 时, 由于

$$1 = [a, x^2] = [a, x]^2[a, x, x] = a^{(i+j)2^{n-1}}b^{2j},$$

因此计算可得 $2 \mid i, 2 \mid j$. 进而, 可以找到子群

$$H = \langle a^{2^{n-1}} \rangle \times \langle b^2 \rangle \times \langle a^{2^{n-2}}bx \rangle \cong C_2^3.$$

故 $r(G) \geq 3$, 矛盾.

当 $[b, x] = b^2$ 时, 由于 $1 = [a, x^2] = [a, x]^2[a, x, x] = a^{2^{n-1}i}$, 因此 $2 \mid i$. 进一步, 若 $2 \nmid j$, 则不失一般性, 令 $b_1 = a^{2^{n-2}i}b^j$, 则

$$b_1^4 = 1, [a, b_1] = 1, [a, x] = b_1, [b_1, x] = [a^{2^{n-2}i}b^j, x] = [b^j, x] = [b, x]^j = b^{2j} = b_1^2.$$

从而可得定理中的群 (III). 若 $2 \mid j$, 则 $[a, x] = a^{2^{n-2}i}$ 或者 $a^{2^{n-2}i}b^2$. 对于后者, 令 $a_1 = ab$, 则

$$a_1^{2^n} = 1, [a_1, b] = 1, [a_1, x] = [a, x][b, x] = a^{2^{n-2}i}.$$

最后, 注意到 $2 \mid i$, 因此 $[a, x] = 1$ 或 $[a, x] = a^{2^{n-1}}$. 即可得定理中的群 (IV), (V).

(ii) $x^2 = a^{2^{n-1}}$.

此种情形下, 断言 2 至多整除 i_1, j_1 之一. 若否, 则 $2 \mid i_1$ 且 $2 \mid j_1$. 若 $i_1 = j_1 = 4$, 则 $[b, x] = 1$. 此时可找到子群 $H = \langle a^{2^{n-1}} \rangle \times \langle b^2 \rangle \times \langle a^{2^{n-2}}b^2x \rangle \cong C_2^3$. 若 $i_1 = 2, j_1 = 4$, 则 $[b, x] = a^{2^{n-1}}$. 进而, 可找到子群 $H = \langle a^{2^{n-1}} \rangle \times \langle b^2 \rangle \times \langle b^2x \rangle \cong C_2^3$. 若 $j_1 = 2, i_1 = 4$, 则 $[b, x] = b^2$. 类似地, 也可找到子群 $H = \langle a^{2^{n-1}} \rangle \times \langle b^2 \rangle \times \langle a^{2^{n-2}}bx \rangle \cong C_2^3$. 最后, 若 $j_1 = i_1 = 2$, 则 $[b, x] = a^{2^{n-1}}b^2$. 此时存在子群 $H = \langle a^{2^{n-1}} \rangle \times \langle b^2 \rangle \times \langle bx \rangle \cong C_2^3$. 综上可知, 无论何种情形, 均有 $r(G) \geq 3$, 矛盾.

接下来, 由于 $[a, x^2] = [b, x^2] = 1$, 因此计算知,

$$1 = [a, x^2] = [a, x]^2[a, x, x] = a^{j(j_1+2)2^{n-2}}b^{2i+i_1j},$$

$$1 = [b, x^2] = [b, x]^2[b, x, x] = a^{j_1(j_1+2)2^{n-2}}b^{i_1(2+j_1)}.$$

从而

$$\begin{cases} j(j_1+2) \equiv 0 \pmod 4 \\ 2i + i_1j \equiv 0 \pmod 4 \\ j_1(j_1+2) \equiv 0 \pmod 4 \\ i_1(2+j_1) \equiv 0 \pmod 4 \end{cases}$$

此时, 显然 $2 \mid j_1$. 即 $j_1 = 2$ 或 4. 若 $j_1 = 4$, 此时由于 $i_1(2+j_1) \equiv 0 \pmod 4$, 因此 $2 \mid i_1$, 根据前面可知 2 不能同时整除 i_1, j_1, 矛盾. 因此 $j_1 = 2$.

当 $j_1 = 2$ 时, 由于 $j(j_1+2) \equiv 0 \pmod 4$, 因此 j 取任意值. 当 $2 \nmid j$ 时, 由于 $2i + i_1j \equiv 0 \pmod 4$, 因此 $2 \mid i_1$. 根据前面可知 2 不能同时整除 i_1, j_1, 矛盾. 故 $2 \mid j$, 即 $j = 2$ 或 4. 此时由于 $j_1 = 2$, 因此 $2 \nmid i_1$. 否则与前面 2 不能同时整除 i_1, j_1 矛盾.

若 $j = 4$, 则 $2 \mid i$. 从而 $[a, x] = a^{i 2^{n-2}}$, $[b, x] = a^{i_1 2^{n-2}} b^2$, 其中 $2 \mid i$ 且 $2 \nmid i_1$. 接下来, 不失一般性, 令 $a_1 = a^{i_1}$, 则 $[a_1, x] = a_1^{i 2^{n-2}}$, $[b, x] = a_1^{2^{n-2}} b^2$. 进而, 不失一般性, 再令 $a_2 = a_1 b^i$, 则

$$[a_2, x] = [a_1, x][b, x]^i = a_1^{i 2^{n-2}} a_1^{i 2^{n-2}} b^{2i} = 1, [b, x] = a_2^{2^{n-2}} b^2.$$

从而可得定理中的群 (VI).

若 $j = 2$, 又因 $2i + i_1 j \equiv 0 \pmod{4}$, 所以 $i + i_1 \equiv 0 \pmod{2}$. 由于 $2 \nmid i_1$, 因此 $2 \nmid i$. 故 $[a, x] = a^{i 2^{n-2}} b^2$, $[b, x] = a^{i_1 2^{n-2}} b^2$. 不失一般性, 令 $a_1 = ab$, 则

$$[a_1, x] = a_1^{2^{n-2}(i + i_1)}, [b, x] = a_1^{i_1 2^{n-2}} b^2,$$

归结到上面 $j = 4$ 的情形.

子情形2.2 $n \geq 4$, $m = 3$.

此时显然

$$[a, x] = a^{i 2^{n-2}} b^{2j}, [b, x] = a^{i_1 2^{n-2}} b^{2j_1}, x^2 \in \Omega_1(M) = \langle a^{2^{n-1}}, b^4 \rangle.$$

故 $x^2 = b^4$, $a^{2^{n-1}}$ 或 $a^{2^{n-1}} b^4$. 对于最后一种情形, 令 $b_1 = a^{2^{n-3}} b$, 则 $x^2 = b_1^4$, 归结到 $x^2 = b^4$ 的情形. 因此 $x^2 = b^4$ 或 $a^{2^{n-1}}$. 而当 $x^2 = a^{2^{n-1}}$ 时, 由于 $[a^{2^{n-2}}, x] = 1$, 因此 $(a^{2^{n-2}} x)^2 = 1$. 此时我们总可以找到子群

$$H = \langle a^{2^{n-1}} \rangle \times \langle b^4 \rangle \times \langle a^{2^{n-2}} x \rangle \cong \mathrm{C}_2^3.$$

从而 $r(G) \geq 3$, 矛盾. 综上可知, $x^2 = b^4$.

接下来, 由于 $[a, x^2] = 1$, $[b, x^2] = 1$, 因此计算可知

$$1 = [a, x^2] = [a, x]^2 [a, x, x] = a^{i + i_1 j} b^{j(j_1 + 1)}, 1 = [b, x^2] = [b, x]^2 [b, x, x] = a^{j_1(j_1 + 1)} b^{i_1(j_1 + 1)}.$$

从而

$$\begin{cases} i + i_1 j \equiv 0 \pmod{2} \\ j(j_1 + 1) \equiv 0 \pmod{2} \\ j_1(j_1 + 1) \equiv 0 \pmod{2} \\ i_1(j_1 + 1) \equiv 0 \pmod{2} \end{cases}$$

此时, 由于 $\Omega_2(M) = \langle a^{2^{n-2}}, b^2 \rangle$ 且 $C_G(\Omega_2(M)) \leq M$, 因此 $[a^{2^{n-2}}, x] = 1$, $[b^2, x] = 1$ 不能同时成立. 经计算知, $[a^{2^{n-2}}, x] = 1$, $[b^2, x] = a^{2^{n-1} i_1} b^{4 j_1}$. 从而 $2 \mid i_1$ 与 $2 \mid j_1$ 不能同时成立.

(1) 若 $2 \mid i_1$, 则 $2 \nmid j_1$ 且根据上面的式子可知 $2 \mid i$.

若 $2 \mid j$, 此时由于

$$[a, x] = a^{i 2^{n-2}} b^{2j}, [b, x] = a^{i_1 2^{n-2}} b^{2j_1},$$

因此不失一般性, 令 $a_1 = ab^{jj_1^{-1}}$, 则

$$[a_1, x] = [ab^{jj_1^{-1}}, x] = a^{i2^{n-2}}b^{2j}a^{i_1jj_1^{-1}2^{n-2}}b^{2j} = a_1^{i2^{n-2}}, [b, x] = a_1^{i_12^{n-2}}b^{2j_1}.$$

从而只需考虑 $j = 4$ 的情形. 接下来, 由于 $2 \nmid j_1$, 因此 $j_1 = 1$ 或 3. 接下来, 当 $j_1 = 1$ 时, 又因 $2 \mid i_1$, 所以 $i_1 = 2$ 和 4. 若 $i_1 = 2$, 则可找到子群 $H = \langle a^{2^{n-1}} \rangle \times \langle b^4 \rangle \times \langle a^{2^{n-2}}bx \rangle \cong C_2^3$. 若 $i_1 = 4$, 则可找到子群 $H = \langle a^{2^{n-1}} \rangle \times \langle b^4 \rangle \times \langle bx \rangle \cong C_2^3$. 因此, 无论哪种情形, 均有 $r(G) \geq 3$, 矛盾. 故 $j_1 = 3$. 此时 $[b, x] = a^{i_12^{n-1}}b^{-2}, [a, x] = a^{i2^{n-2}}$. 不失一般性, 令 $b_1 = a^{i_12^{n-2}}b$, 则计算可知 $[b_1, x] = b_1^{-2}, [a, x] = a^{i2^{n-2}}$. 于是我们得到了定理中的群 (VII), (VIII).

若 $2 \nmid j$, 则不失一般性, 令 $a_1 = ab$, 计算可得 $[a_1, x] = a^{2^{n-2}(i+i_1)}b^{2(j+j_1)}$. 此时显然 $2 \mid j + j_1$. 从而归结为上面 $2 \mid j$ 的情形.

(2) 若 $2 \mid j_1$, 则 $2 \nmid i_1$. 但是, 此时 $i_1(j_1 + 1) \equiv 0 \pmod 2$, 矛盾.

(3) 若 $2 \nmid i_1j_1$, 则下面我们分 $2 \mid j$ 和 $2 \nmid j$ 进行讨论.

当 $2 \mid j$ 时, 由于 $i + i_1j \equiv 0 \pmod 2$, 因此 $2 \mid i$. 此时若 $j_1 = 1$, 注意到 $2 \nmid i_1$, 于是可以找到子群 $H = \langle a^{2^{n-1}} \rangle \times \langle b^4 \rangle \times \langle a^{2^{n-3}(i_1-2)}bx \rangle \cong C_2^3$. 从而 $r(G) \geq 3$, 矛盾. 于是 $j_1 = 3$. 接下来, 由于 $2 \mid j$, 因此 $j = 2$ 或 4. 若 $j = 4$, 则不失一般性, 令 $b_1 = a^{-i_12^{n-3}}b$, $x_1 = a^{2^{n-2}}x$, 计算可得

$$[a, x_1] = [a, a^{2^{n-2}}x] = a^{i2^{n-1}}, [b_1, x_1] = [a^{2^{n-3}}b, a^{2^{n-2}}x] = [b, x] = a^{2^{n-2}}b^{-2} = b_1^{-2},$$

归结为上面的情形 (1). 若 $j = 2$, 则令 $a_1 = ab^2$, 计算可得

$$[a_1, x] = a_1^{2^{n-2}(2i_1+i)}, [b, x] = a_1^{i_12^{n-2}}b^{-2},$$

归结为上面 $j = 4$ 的情形.

当 $2 \nmid j$ 时, 由于 $i + i_1j \equiv 0 \pmod 2$ 且 $2 \nmid i_1$, 因此 $2 \nmid i$. 接下来, 不失一般性令 $a_1 = ab$, 则计算知

$$[a_1, x] = a_1^{(i+i_1)2^{n-2}}b^{2(j+j_1)}, [b, x] = a^{i_12^{n-1}}b^{2j_1}.$$

此时, 显然 $2 \mid j + j_1$. 归结为 $2 \mid j$ 的情形.

子情形2.3 $n = 3, m = 3$.

此时, $M = \langle a, b \mid a^8 = b^8 = 1, [a, b] = 1 \rangle$. 并且显然 $x^2 \in \Omega_1(M) = \langle a^4, b^4 \rangle$ 且 $\Omega_2(M) = \langle a^2, b^2 \rangle$. 由于 $[a, x], [b, x] \in \Omega_2(M)$, 因此不失一般性可设 $[a, x] = a^{2i}b^{2j}, [b, x] = a^{2i_1}b^{2j_1}$.

由于 $x^2 \in \Omega_1(M) = \langle a^4, b^4 \rangle$, 因此 $x^2 = a^4, b^4$ 或 a^4b^4. 而当 $x^2 = b^4$ 时, 由于 a, b 地位对称, 因此令 $a_1 = b, b_1 = a$, 则 $x^2 = a_1^4$. 当 $x^2 = a^4b^4$ 时, 令 $a_1 = ab, b_1 = b$, 则 $x^2 = a_1^4$. 故综上可知, 总可假设 $x^2 = a^4$.

下面我们分 $2 \nmid j$ 和 $2 \mid j$ 进行讨论.

(1) $2 \nmid j$.

此时, 不失一般性, 令 $b_1 = b^j$, 则

$$[a, x] = a^{2i} b_1^2, [b_1, x] = a^{2i_1 j} b_1^{2j_1 j^{-1}}, [a, b_1] = 1.$$

因此我们总可假设 $j = 1$. 即可设 $[a, x] = a^{2i} b^2, [a, x] = a^{2i_1} b^{2j_1}$. 接下来, 由于 $[a, x^2] = 1, [b, x^2] = 1$. 因此计算可知

$$1 = [a, x^2] = [a, x]^2 [a, x, x] = a^{4i_1} b^{4(1+i+j_1)},$$

$$1 = [b, x^2] = [b, x]^2 [b, x, x] = a^{4i_1(1+i+j_1)} b^{4i_1}.$$

由于 $o(a) = o(b) = 8$, 因此计算可得 $2 \mid i_1$ 且 $2 \mid (i + j_1 + 1)$. 注意到 $2 \mid (i + j_1 + 1)$, 因此 2 不能同时整除 i, j_1, 也不能同时不整除 i, j_1. 我们有 $2 \mid i$ 但 $2 \nmid j_1$ 或者 $2 \nmid i$ 但 $2 \mid j_1$. 而当 $2 \mid i$ 但 $2 \nmid j_1$ 时, 不失一般性令 $b_1 = ab$, 则 $[a, x] = a^{2(i-1)} b_1^2$, $[b_1, x] = a^{2(i+i_1-1-j_1)} b_1^{2(1+j_1)}$. 显然 $2 \nmid i - 1, 2 \mid i + i_1 - 1 - j_1, 2 \mid 1 + j_1$. 因此我们总可假设 $2 \nmid i$ 但 $2 \mid j_1$. 接下来, 不失一般性令 $b_1 = ba^{j_1}$, 则

$$[a, b_1] = 1, [a, x] = a^{2(i-j_1)} b_1^2, [b_1, x] = a^{2(i_1 + i j_1)}.$$

即我们总可假设 $j_1 = 4$. 从而 $[a, x] = a^{2i} b^2, [b, x] = a^{2i_1}$, 其中 $2 \nmid i$ 但 $2 \mid i_1$. 故我们有以下四种情形:

(i) $[a, x] = a^2 b^2, [b, x] = a^4$;

(ii) $[a, x] = a^2 b^2, [b, x] = 1$;

(iii) $[a, x] = a^{-2} b^2, [b, x] = a^4$;

(iv) $[a, x] = a^{-2} b^2, [b, x] = 1$.

对于 (i), $a_1 = ba^2, b_1 = ab^{-1}, x_1 = b^2 x$, 则归结为定理中群 (VII) 的 $n = 3$ 的情形.

对于 (ii), (iii), 此时我们均可找到子群 $H = \langle ab^{-1}x \rangle \times \langle a^4 \rangle \times \langle b^4 \rangle \cong C_2^3$. 则 $r(G) \geq 3$, 矛盾.

对于 (iv), 令 $a_1 = b, b_1 = ba^{-1}, x_1 = b^2 x$, 则归结为定理中群 (VIII) 的 $n = 3$ 的情形.

(2) $2 \mid j$.

此时 $[a, x] = a^{2i} b^{2j}, [b, x] = a^{2i_1} b^{2j_1}$. 若 $2 \mid i$, 则计算知 $[a^2, x] = 1$. 故 $o(a^2 x) = 2$. 此时均可找到子群 $H = \langle a^2 x \rangle \times \langle a^4 \rangle \times \langle b^4 \rangle \cong C_2^3$. 则 $r(G) \geq 3$, 矛盾. 故总可假设 $2 \nmid i$.

接下来, 计算可知

$$1 = [a, x^2] = [a, x]^2 [a, x, x] = a^{4i_1 j} b^{4j(1+i+j_1)},$$

$$1 = [b, x^2] = [b, x]^2 [b, x, x] = a^{4i_1(1+i+j_1)} b^{4i_1 j}.$$

由于 $o(a) = o(b) = 8$, 因此 $2 \mid i_1(1 + i + j_1)$. 下面我们总可假设 $2 \mid i_1$. 若否, 则 $2 \nmid i_1$. 此时, 由于 $2 \nmid i$, 因此 $2 \mid j_1$. 不失一般性, 令 $b_1 = ab$, 则

$$b_1^8 = 1, [a, b_1] = 1, [a, x] = a^{2(i-j)}b_1^{2j}, [b_1, x] = a^{2(i_1+i-j-j_1)}b_1^{2(j+j_1)}.$$

此时, 显然 $2 \nmid i - j$, $2 \mid i_1 + i - j - j_1$ 且 $2 \mid j + j_1$, 归结为 $2 \mid i_1$ 的情形.

综上, $[a, x] = a^{2i}b^{2j}, [b, x] = a^{2i_1}b^{2j_1}$, 其中 $2 \mid j, 2 \mid i_1$ 但 $2 \nmid i$. 接下来, 我们总假设 $2 \nmid j_1$. 若否, 则 $2 \mid j_1$. 令 $a_1 = ab, x_1 = b^2x$, 则 $[a_1, x_1] = [ab, x] = a^{2(i+i_1)}b^{2(j+j_1-i-i_1)}$. 计算可知 $2 \nmid j + j_1 - i - i_1$, 则这种情形可归结为 $2 \nmid j$ 的情形.

下面分 $i = 1$ 和 $i = 3$ 两种情形来讨论.

当 $i = 1$ 时, 若 $j = 4$, 则 $[a, x] = a^2$. 从而 $(ax)^2 = 1$. 进而, 无论 i_1, j_1 如何取值, 我们均可找到子群 $H = \langle ax \rangle \times \langle a^4 \rangle \times \langle b^4 \rangle \cong C_2^3$, 则 $r(G) \geq 3$, 矛盾. 因此总有 $j = 2$. 故我们可进一步分以下四种情形来讨论:

(i) $[a, x] = a^2b^4, [b, x] = a^4b^2$;

(ii) $[a, x] = a^2b^4, [b, x] = b^{-2}$;

(iii) $[a, x] = a^2b^4, [b, x] = a^4b^{-2}$;

(iv) $[a, x] = a^2b^4, [b, x] = b^2$.

对于 (i), 我们可以找到子群 $H = \langle a^4, bx, b \rangle$ 且具有如下定义关系:

$$(a^4)^2 = (bx)^4 = b^4 = 1, (bx)^2 = b^2, [bx, b] = b^2, [a^4, bx] = [a^4, b] = 1.$$

计算知 H 非亚循环也非正规, 矛盾.

对于 (ii), 可以找到子群 $H = \langle a^4, ax, b \rangle$ 且具有如下定义关系:

$$(a^4)^2 = (ax)^4 = b^4 = 1, (ax)^2 = b^2, [ax, b] = b^2, [ax, a^4] = [a^4, b] = 1.$$

计算知 H 非亚循环也非正规, 矛盾.

对于 (iii), 可找到子群 $H = \langle a^4 \rangle \times \langle b^4 \rangle \times \langle bx \rangle \cong C_2^3$. 故 $r(G) \geq 3$, 矛盾.

对于 (iv), 可找到子群 $H = \langle a^4 \rangle \times \langle b^4 \rangle \times \langle axb \rangle \cong C_2^3$. 故 $r(G) \geq 3$, 矛盾.

当 $i = 3$ 时, 若 $i_1 = 2, j_1 = 3$, 则 $[b, x] = a^4b^{-2}$. 此时, 计算知我们总能够找到子群 $H = \langle a^4 \rangle \times \langle b^4 \rangle \times \langle bx \rangle \cong C_2^3$. 故 $r(G) \geq 3$, 矛盾. 因此我们可进一步分以下六种情形来讨论:

(i) $[a, x] = a^{-2}b^4, [b, x] = a^4b^2$;

(ii) $[a, x] = a^{-2}, [b, x] = a^4b^2$;

(iii) $[a, x] = a^{-2}b^4, [b, x] = b^2$;

(iv) $[a, x] = a^{-2}, [b, x] = b^2$;

(v) $[a, x] = a^{-2}b^4, [b, x] = b^{-2}$;

(vi) $[a, x] = a^{-2}, [b, x] = b^{-2}$.

对于 (i), (ii), 可以找到子群 $H = \langle a^4, bx, b^2 \rangle$ 且具有如下定义关系:

$$(a^4)^2 = (bx)^4 = (b^2)^4 = 1, (bx)^2 = (b^2)^2, [bx, b^2] = (b^2)^2, [bx, a^4] = [b^2, a^4] = 1.$$

计算知 H 非亚循环也非正规, 矛盾.

对于 (iii), (iv), 可以找到子群 $H = \langle b^4, bx, a^2b^2 \rangle$ 且具有如下定义关系:

$$(b^4)^2 = (bx)^4 = (a^2b^2)^4 = 1, (bx)^2 = (a^2b^2)^2,$$

$$[bx, a^2b^2] = (bx)^2, [bx, b^4] = [a^2b^2, b^4] = 1.$$

计算知 H 非亚循环也非正规, 矛盾.

对于 (v), 可以找到子群 $H = \langle b^4, ax, a^2b^2 \rangle$ 且具有如下定义关系:

$$(b^4)^2 = (ax)^4 = (a^2b^2)^4 = 1, (ax)^2 = (a^2b^2)^2, [ax, a^2b^2] = (ax)^2, [ax, b^4] = [a^2b^2, b^4] = 1.$$

计算知 H 非亚循环也非正规, 矛盾.

对于 (vi), 可以找到子群 $H = \langle b^4, ax, a^2 \rangle$ 且具有如下定义关系:

$$(b^4)^2 = (ax)^4 = (a^2)^4 = 1, (ax)^2 = (a^2)^2,$$

$$[ax, a^2] = (a^2)^2, [ax, b^4] = [b^4, a^2] = 1.$$

计算知 H 非亚循环也非正规, 矛盾.

最后, 通过比较群的阶, 导群的阶等不变量可以证明群 (I)–(VIII) 两两互不同构.(细节忽略)

下面我们来证明这八类群为 $\mathcal{P}$ 群. 对于 (I) 群, 经计算知 G 的极大子群分别为:

$M = \langle a, b^2, x \mid a^2 = (b^2)^{2^{m-1}} = x^4 = 1, (b^2)^{2^{m-2}} = x^2, [a, x] = (b^2)^{2^{m-2}}, [b^2, x] = 1, [a, b^2] = 1 \rangle$;

$M_i = \langle ba^i, x, b^2 \rangle = \langle ba^i, x \mid (ba^i)^{2^m} = x^4 = 1, (ba^i)^{2^{m-1}} = x^2, [ba^i, x] = (ba^i)^{2^{m-1}i} \rangle$, 其中 $i = 0, 1$. 显然 M_i 亚循环;

$M_{st} = \langle ax^s, bx^t, b^2 \rangle = \langle ax^s, bx^t \mid (ax^s)^2 = (bx^t)^{2^m} = 1, [ax^s, bx^t] = (bx^t)^{2^{m-1}t} \rangle$, 其中 $s, t = 0, 1$. 显然 M_{st} 亚循环.

于是 M 为 G 的唯一的非亚循环极大子群. 故 M char G. 又因为 M 与 G 有着相同的结构, 所以 M 的唯一的非亚循环极大子群必为 G 的指数为 4 的唯一的非亚循环子群, 进而也是 G 的特征子群. 依此类推, G 的阶 $\geq 2^3$ 的各阶子群中非亚循环子群一定唯一, 均为 G 的特征子群. 因此 G 的所有子群均亚循环或正规. 故 G 为 $\mathcal{P}$ 群. 对于群 (II)–(VIII), 采用类似的方法, 也可证明 G 为 $\mathcal{P}$ 群.(细节略去)

定理 3.2.6 设 G 为有限 2 群, 且 $r(G) = 2$. 若 M 为例外亚循环 2 群, 则 G 为 $\mathcal{P}$ 群当且仅当为以下互不同构的群之一:

(IX) $\langle a, b, x \mid a^8 = b^{2^m} = x^4 = 1, x^2 = a^4, [a, b] = a^2, [a, x] = a^6, [b, x] = a^2b^{2^{m-1}} \rangle$, 其中 $m \geq 3$;

(X) $\langle a,b,x \mid a^8 = b^{2^m} = x^4 = 1, x^2 = a^4, [a,b] = a^2, [a,x] = a^6, [b,x] = a^2 \rangle$, 其中 $m \geq 3$;

(XI) $\langle a,b,x \mid a^8 = b^{2^m} = x^4 = 1, x^2 = a^4, [a,b] = a^2, [a,x] = a^6 b^{2^{m-1}}, [b,x] = a^2 \rangle$, 其中 $m \geq 3$;

(XII) $\langle a,b,x \mid a^8 = b^{2^m} = x^4 = 1, x^2 = a^4, [a,b] = a^{-2}, [a,x] = a^6 b^{2^{m-1}}, [b,x] = a^2 \rangle$, 其中 $m \geq 3$;

(XIII) $\langle a,b,x \mid a^4 = b^{2^m} = x^4 = 1, x^2 = a^2, [a,b] = a^2, [a,x] = a^2 b^{2^{m-1}}, [b,x] = ab^{2^{m-2}} \rangle$, 其中 $m \geq 4$;

(XIV) $\langle a,b,x \mid a^8 = b^{16} = x^4 = 1, x^2 = a^2 b^4, a^4 = b^8, [a,b] = a^2, [a,x] = a^2, [b,x] = ab^2 \rangle$;

(XV) $\langle a,b,x \mid a^8 = b^{2^{m+1}} = x^4 = 1, x^2 = a^4, a^4 = b^{2^m}, [a,b] = a^2, [a,x] = a^{-2}, [b,x] = 1 \rangle$, 其中 $m \geq 3$.

证明 此时根据前面的分析, 可知 $G = M\langle x \rangle$, 其中 $o(x) = 4$, $x \notin M$ 但 $x^2 \in M$. 并且 $M \cong \langle a,b \mid a^{2^n} = 1, b^{2^m} = a^{2^t}, [a,b] = a^{-2+2^r} \rangle$, 其中 n,m,t,r 为正整数且 $t \leq n, n \geq r \geq 2, m \geq 1$. 由于 $|G| \geq 2^7$, 因此 $n + m \geq 6$. 此时, 任取 $c \in M$, 由于 $H \trianglelefteq G$, 因此 $[x,c] \in [H,M] \subseteq H$. 又因 $\exp(H) = 4$, 所以 $[x,c]^4 = 1$. 又因 $M \trianglelefteq G$, 所以 $[x,c] \in M$. 从而 $[x,c] \in \Omega_2(M)$. 故 $\langle x,c \rangle' \leq \Omega_2(M)$. 因此 $\langle x,c \rangle'$ 交换且方次数 ≤ 4.

接下来, 我们断言 $t = n$ 或 $n-1$. 若否, 则 $t \leq n-2$. 进一步, 计算可知 $1 = [a^{2^{n-2}}, b] = a^{2^{n-1}(-1+2^{r-1})}$. 从而 $2 \mid -1 + 2^{r-1}$, 矛盾. 因此, 下面我们分 $t = n$ 和 $t = n-1$ 两种情形进行讨论.

情形1 $t = n$.

此时, 断言 $m \geq 2$. 若否, 则有 $M \cong \langle a,b \mid a^{2^n} = 1, b^2 = 1, [a,b] = a^{-2+2^r} \rangle$. 此时, 由于 $a = a^{b^2} = a^{(-1+2^r)^2}$, 因此 $(-1+2^r)^2 \equiv 1 (\mathrm{mod}\ 2^n)$. 故 $2^n \mid 2^{r+1}(2^{r-1} - 1)$. 因此 $r + 1 \geq n$. 进而, 当 $r = n-1$ 时, M 为半二面体群. 当 $r = n$ 时, M 为二面体群, 均与 M 为例外亚循环群, 矛盾. 接下来, 我们分 (1) $m = 2$, (2) $m \geq 3$ 两种情形来考虑.

子情形1.1 $m = 2$.

首先, 我们来计算 M 的 2 阶元. 任取 $a^i b^j \in M$, 若 $(a^i b^j)^2 = 1$, 则

$$1 = (a^i b^j)^2 = a^i b^j a^i b^j = b^{2j} a^{i(-1+2^r)^{2j} + i(-1+2^r)^j}.$$

因此, $2 \mid j, 2^{n-1} \mid i$. 故 $\Omega_1(M) = \langle a^{2^{n-1}}, b^2 \rangle$. 下面我们来计算 M 的 4 阶元, 任取 $a^i b^j \in M$, 若 $(a^i b^j)^4 = 1$, 则类似上面的计算可知,

$$1 = (a^i b^j)^4 = b^{4j} a^{i[(2^r-1)^{2j} + (2^r-1)^j][(2^r-1)^{2j}+1]}.$$

因此 j 可取任意值且 $2^{n-1} \mid i[(2^r-1)^j+1]$. 又因 $a = a^{b^4}$, 所以 $a^{(-1+2^r)^4} = a$. 进而, 计算知 $r \geq n-2$. 我们仅需考虑 $j = 1$ 的情形就可以得出矛盾. 这是因为, 若 $r = n-2$, 则 $2^{n-1} \mid i2^{n-2}$, 即 $2 \mid i$. 故 a^2b 为 4 阶元. 又因 $o(b) = 4$, 所以 $a^2, b \in \Omega_2(M)$. 而 $\Omega_2(M) \cong C_4 \times C_4$, 因此 $(a^2)^4 = 1$, 即 $n = 3$. 故 $n+m = 5$, 矛盾. 若 $r \geq n-1$, 则易知 i 任意, 即 $\Omega_2(M) = \langle a, b \rangle$. 而 $\Omega_2(M) \cong C_4 \times C_4$, 因此 $a^4 = 1$, 即 $n = 2$. 故 $n+m = 4$, 矛盾.

综上可知, 不存在 $m = 2$ 的情况.

子情形1.2 $m \geq 3$.

此时, 类似上面的计算可知,

$$1 = (a^i b^j)^4 = b^{4j} a^{i[(-1+2^r)^{2j}+(-1+2^r)^j][(2^r-1)^{2j}+1]}.$$

进一步, 计算知 $2^{m-2} \mid j$ 且 $2^{n-2} \mid i$. 又计算知 $[a^{2^{n-2}}, b^{2^{m-2}}] = 1$. 故 $\Omega_2(M) = \langle a^{2^{n-2}} \rangle \times \langle b^{2^{m-2}} \rangle \cong C_4 \times C_4$. 接下来, 类似的计算有

$$1 = (a^i b^j)^2 = b^{2j} a^{i(-1+2^r)^{2j}+i(-1+2^r)^j},$$

进而可得, $\Omega_1(M) = \langle a^{2^{n-1}}, b^{2^{m-1}} \rangle$. 不失一般性, 可设 $[a, x] = a^{i2^{n-2}} b^{j2^{m-2}}, [b, x] = a^{i_1 2^{n-2}} b^{j_1 2^{m-2}}$, 其中 $i, i_1, j, j_1 = 1, 2, 3, 4$. 接下来, 注意到 $[a^x, b^x] = [a, b]^x$. 分别计算 $[a, b]^x$ 以及 $[a^x, b^x]$ 可得, $2 \mid j$. 下面我们分 (1) $n \geq 3$, (2) $n = 2$ 两种情况进行讨论.

(1) $n \geq 3$.

此时因为 $x^2 \in \Omega_1(M) = \langle a^{2^{n-1}}, b^{2^{m-1}} \rangle$, 所以 $x^2 = a^{2^{n-1}}, x^2 = b^{2^{n-1}}$ 或者 $x^2 = a^{2^{n-1}} b^{2^{m-1}}$. 接下来, 我们再根据 x^2 的不同取值分情形讨论.

(1i) 当 $x^2 = a^{2^{n-1}}$ 时, 计算可得, $1 = [a, x^2] = [a, x]^2[a, x, x] = a^{i2^{n-1}} a^{i^2 2^{2n-4}}$. 于是当 $2 \nmid i$ 时, 一定有 $n = 3$. 若否, 则 $n \geq 4$, 从而 $[a, x^2] = a^{i2^{n-1}} \neq 1$, 矛盾. 接下来我们分: $(1°)$ $2 \mid i, 2 \mid j$, $(2°)$ $2 \nmid i, 2 \mid j$ 两种情况来讨论:

$(1°)$ $2 \mid i, 2 \mid j$.

此时若 $m \geq 4$, 计算可知 $[a^{2^{n-2}}, x] = 1$, $[b^{2^{m-2}}, x] = 1$. 因此 $x \in C_G(\Omega_2 M)$. 从而 $x \in M$, 矛盾. 故总可假设 $m = 3$ 且 $n \geq 3$. 若 $2 \nmid j_1$, 此时考虑子群 $H = \langle a^2, b^4, x \rangle$. 显然 H 非亚循环. 进一步, 计算知 $x^b = xa^{-i_1 2^{n-2}} b^{2j_1} \notin H$, 所以 H 为 G 的非正规非亚循环子群, 矛盾. 故总有 $2 \mid j_1$. 而当 $2 \mid j_1$ 时, 又因 $2 \mid j$, 所以计算知 $[a^{2^{n-2}}, x] = 1, [b^{2^{m-2}}, x] = 1$. 故 $x \in C_G(\Omega_2 M)$. 从而 $x \in M$, 矛盾.

$(2°)$ $2 \nmid i, 2 \mid j$.

此时, 由于 $2 \nmid i$, 因此由上面的讨论可知 $n = 3$. 进一步, 若 $2 \nmid j_1$, 此时考虑子群 $H = \langle a^2, b^4, x \rangle$, 显然 H 非亚循环. 进一步, 计算知 $x^b = xa^{-i_1 2^{n-2}} b^{2j_1} \notin H$, 所以 H 为 G 的非正规非亚循环子群, 矛盾. 故此种情形下, 总可假设 $2 \mid j_1$.

接下来, 当 $i = 1$ 时, 若 $j = 2$, 则考虑子群 $H = \langle a^4 \rangle \times \langle b^{2^{m-1}} \rangle \times \langle axb^{2^{m-2}} \rangle$, 显然 H 不亚循环. 进一步, 计算知 $(axb^{2^{m-2}})^x = a^2 axb^{2^{m-2}} b^{2^{m-1}} \notin H$, 从而 H 不正规, 矛

盾. 同理, 若 $j = 4$, 则考虑子群 $H = \langle a^4 \rangle \times \langle b^{2^{m-1}} \rangle \times \langle ax \rangle$, 显然 H 不亚循环. 进一步, 计算知 $(ax)^x = a^2 ax \notin H$, 从而 H 不正规, 矛盾. 因此 $i = 3$.

当 $i = 3$ 时, 若 $i_1 = 2$, 不失一般性令 $b_1 = a^2 b$, 则

$$b_1^{2^m} = 1, [a, b_1] = a_1^{-2+2^r}, [a, x] = a^{3 \cdot 2} b_1^{j_1 2^{m-2}}, [b_1, x] = b_1^{j_1 2^{m-2}},$$

可归结为 $i_1 = 4$ 的情形. 而若 $i_1 = 4$, 不失一般性令 $b_1 = ab$, 则

$$[a, b_1] = a^{-2+2^r}, [b_1, x] = a^{3 \cdot 2} b_1^{(j+j_1)2^{m-2}}, [a, x] = a^{3 \cdot 2} b_1^{j 2^{m-2}}.$$

并且因为 $2 \mid j, 2 \mid j_1$, 所以仍有 $2 \mid (j_1 + j)$. 从而可归结为 $i_1 = 3$ 的情形. 若 $i_1 = 3$, 不失一般性令 $a_1 = a^3$, 则

$$[a_1, b] = a_1^{-2+2^r}, [a_1, x] = a_1^{3 \cdot 2} b^{j 2^{m-2}}, [b, x] = a_1^2 b^{j_1 2^{m-2}},$$

这归结为 $i_1 = 1$ 的情形. 综上可知, 我们总可假设 $i = 3, i_1 = 1$. 又因 $n = 3$, 所以 $r = 2$ 或 3.

进一步, 我们根据 i, i_1, j, j_1 的取值可分为下面几种情形:

(a) $i = 3, i_1 = 1, j = 2, j_1 = 2$;

(b) $i = 3, i_1 = 1, j = 2, j_1 = 4$;

(c) $i = 3, i_1 = 1, j = 4, j_1 = 2$;

(d) $i = 3, i_1 = 1, j = 4, j_1 = 4$.

进一步, 当 $i = 3, i_1 = 1, j = 2, j_1 = 2$ 时, 若 $r = 2$, 则不失一般性, 令 $a_1 = a, b_1 = ab, x_1 = axb^{2^{m-2}}$, 计算知

$$b_1^{2^m} = 1, x_1^2 = a^{2^{n-1}}, [a, b_1] = a^{-2+2^r}, [a, x] = a^{3 \cdot 2} b_1^{j 2^{m-2}}, [b_1, x] = a^2,$$

这归结为 $j_1 = 4$ 的情形. 若 $r = 3$, 则不失一般性, 令 $a_1 = a^{-1}, b_1 = ab, x_1 = axb^{2^{m-2}}$, 计算知

$$b_1^{2^m} = 1, x_1^2 = a_1^{2^{n-1}}, [a_1, b_1] = a_1^{-2+2^r}, [a, x] = a_1^{3 \cdot 2} b_1^{j 2^{m-2}}, [b_1, x] = a_1^2,$$

这可归结为 $j_1 = 4$ 的情形. 于是我们可得到以下六类群:

(i) $\langle a, b, x \mid a^8 = b^{2^m} = x^4 = 1, x^2 = a^4, [a, b] = a^2, [a, x] = a^6, [b, x] = a^2 b^{2^{m-1}} \rangle$, 其中 $m \geq 3$;

(ii) $\langle a, b, x \mid a^8 = b^{2^m} = x^4 = 1, x^2 = a^4, [a, b] = a^{-2}, [a, x] = a^6, [b, x] = a^2 b^{2^{m-1}} \rangle$, 其中 $m \geq 3$;

(iii) $\langle a, b, x \mid a^8 = b^{2^m} = x^4 = 1, x^2 = a^4, [a, b] = a^2, [a, x] = a^6, [b, x] = a^2 \rangle$, 其中 $m \geq 3$;

(iv) $\langle a, b, x \mid a^8 = b^{2^m} = x^4 = 1, x^2 = a^4, [a, b] = a^{-2}, [a, x] = a^6, [b, x] = a^2 \rangle$, 其中 $m \geq 3$;

(v) $\langle a, b, x \mid a^8 = b^{2^m} = x^4 = 1, x^2 = a^4, [a,b] = a^2, [a,x] = a^6 b^{2^{m-1}}, [b,x] = a^2 \rangle$, 其中 $m \geq 3$;

(vi) $\langle a, b, x \mid a^8 = b^{2^m} = x^4 = 1, x^2 = a^4, [a,b] = a^{-2}, [a,x] = a^6 b^{2^{m-1}}, [b,x] = a^2 \rangle$, 其中 $m \geq 3$.

计算可知对于群 (ii) 和群 (iv) 而言, 显然 $|G| = 2^{m+4}$, 并且我们都可以找到交换子群 $H = \langle a, bx \mid a^8 = (bx)^{2^m} = 1, [a, bx] = 1 \rangle \triangleleft G$ 且 $C_G(\Omega_2(H)) \leq H$. 从而, 可归结到定理 3.2.5 中的 M 为交换极大子群的情形. 综上可得, 定理中得群 (IX)–(XII).

(1ii) 当 $x^2 = b^{2^{m-1}}$ 时, 显然 $1 = [b, x^2]$. 进一步, 计算 $[b, x^2]$ 可知, $4 \mid 2j_1 + j_1^2 2^{m-2}$.

接下来, 若 $m \geq 4$, 则此时由 $4 \mid 2j_1 + j_1^2 2^{m-2}$ 可知, $2 \mid j_1$. 接下来, 由前面的计算可知 $[a^{2^{n-2}}, x] = a^{i2^{n-4}}$, $[b^{2^{m-2}}, x] = [b, x]^{2^{m-2}} = 1$. 此时, 若 $2 \mid i$ 或者 $n \geq 4$, 则 $[a^{2^{n-2}}, x] = 1$, $[b^{2^{m-2}}, x] = 1$. 从而 $x \in C_G(\Omega_2(M))$. 故 $x \in M$, 矛盾. 因此 $2 \nmid i$ 且 $n = 3$. 故我们有 $2 \nmid i, 2 \mid j, 2 \nmid j_1$ 且 $n = 3, 3 \geq r \geq 2$. 进一步, 此种情形下, 我们可以找到子群 $H = \langle b^{2^{m-2}} x \rangle \times \langle a^4 \rangle \times \langle b^{2^{m-1}} \rangle$ 既非正规也非亚循环, 矛盾. 故 $m = 3$.

进一步, 当 $m = 3$ 时, 若 $2 \mid j_1$, 计算可得 $[a^{2^{n-2}}, x] = a^{i2^{n-4}}$, $[b^{2^{m-2}}, x] = 1$. 同上, 可得 $n = 3$ 且 $2 \nmid i$. 此时若 $2 \mid j_1$, 我们可以找到子群 $H = \langle b^2 x \rangle \times \langle a^4 \rangle \times \langle b^4 \rangle$ 既非正规也非亚循环, 矛盾. 故当 $m = 3$ 时, $2 \nmid j_1$.

这时考虑子群 $H = \langle a^{2^{n-1}}, x, b^2 \rangle$. 注意到 H 具有如下定义关系:

$$(a^{2^{n-1}})^2 = (b^2)^4 = x^4 = 1, x^2 = (b^2)^2, [a^{2^{n-1}}, x] = 1, [b^2, x] = (b^2)^2, [a^{2^{n-1}}, b^2] = 1.$$

显然 H 非亚循环. 进一步, 当 $2 \nmid i_1$ 或 $2 \nmid i$ 时, 计算知 H 非正规, 矛盾. 因此总可假设 $2 \mid i$ 且 $2 \mid i_1$.

进一步, 计算知, 无论 i, j, i_1, j_1 为何值, 总可找到子群 H 既非亚循环也非正规, 矛盾.

(1iii) 当 $x^2 = a^{2^{n-1}} b^{2^{m-1}}$ 时, 由 $[a^x, b^x] = [a, b]^x$, 可以得到 $2 \mid j$. 这时仍然有:

若 $m \geq 4$, 则不失一般性, 令 $x_1 = x b^{2^{m-2}}$, 则计算知

$$x_1{}^2 = a^4, [a, x_1] = a^{2^{n-2}i} b^{2^{m-2}j}, [b, x_1] = a^{2^{n-2}i_1} b^{2^{m-2}j_1},$$

从而归结为 $x^2 = a^4$ 的情形. 因此我们总可假设 $m = 3$.

当 $m = 3$ 时, 计算知 $[a^{2^{n-2}}, x] = a^{i2^{n-4}}$, $[b^{2^{m-2}}, x] = b^{4j_1}$. 由于 $C_G(\Omega_2(M)) \leq M$, 因此 $[a^{2^{n-2}}, x], [b^{2^{m-2}}, x]$ 不可同时为 1. 从而, 若 $2 \mid j_1$, 则必有 $n = 3$ 且 $2 \nmid i$. 此时 $[a, b^2] = 1, [a, x] = a^{2i} b^{2j}, [b, x] = a^{2i_1} b^{2j_1}$. 于是, 不失一般性, 令 $a_1 = a b^{j_1}, x_1 = x b^2$, 计算可得

$$x_1{}^2 = a_1^4, [a_1, x_1] = a_1^{2i} b^{2(j-2i)}, [b, x_1] = a_1^{2i_1} b^{2(j_1 - 4i_1)} \text{ 且 } 2 \mid j_1 - 4i_1.$$

从而归结为 $x^2 = a^4$ 的情形. 当 $2 \nmid j_1$ 时, 若 $n \geq 4$, 则不失一般性令 $b_1 = a^{2^{n-4}} b$, 计算知

$$x^2 = b_1^4, [a, x] = a^{2^{n-2}(i-2j)} b_1^{2j}, [b_1, x] = a^{2^{n-2}(2^{n-4}i + 2i + i_1)} b_1^{2(2^{n-4}j + j_1)} \text{ 且 } 2 \nmid 2^{n-4} j + j_1.$$

从而可归结为 $x^2 = b^{2^{m-1}}$ 的情形. 同理, 若 $n = 3$, 则不失一般性令 $a_1 = ab$, 可归结为 $x^2 = a^4$ 的情形.

(2) $n = 2$.

此时显然 $r = 2$. 并且由 $|G| \geq 2^7$ 知, $m \geq 4$. 同理, 根据 $[a^x, b^x] = [a, b]^x$, 计算可得 $2 \mid j$. 注意到 $x^2 \in \Omega_1(M) = \langle a^2, b^{2^{m-1}} \rangle$, 因此计算知 $[a, x^2] = 1$ 恒成立. 另一方面, 根据 $[a, x] = a^i b^{2^{m-2}j}$, $[b, x] = a^{i_1} b^{2^{m-2}j_1}$, 计算可知 $[a, x^2] = a^{2i+i^2} b^{ij2^{m-2}}$. 因此 $a^{2i+i^2} b^{ij2^{m-2}} = 1$. 故我们总可假设 $2 \mid i$. 接下来, 由 $x^2 \in \Omega_1(M) = \langle a^2, b^{2^{m-1}} \rangle$ 可知, $x^2 = a^2, b^{2^{m-1}}$ 或者 $a^2 b^{2^{m-1}}$.

(2i) $i = 2$.

此时由于 $x^2 \in \Omega_1(M) = \langle a^2, b^{2^{m-1}} \rangle$, 因此计算知 $[b, x^2] = 1$. 另一方面, 根据 $[a, x] = a^i b^{2^{m-2}j}$, $[b, x] = a^{i_1} b^{2^{m-2}j_1}$, 计算可知 $[b, x^2] = a^{2i_1 + ii_1} b^{j_1 2^{m-1} + ji_1 2^{m-2}}$. 故 $4 \mid 2j_1 + i_1 j$. 从而, 当 $j = 4$ 时, $2 \mid j_1$. 当 $j = 2$ 时, $2 \mid i_1 + j_1$. 下面我们分 $x^2 = a^2$, $b^{2^{m-1}}$, $a^2 b^{2^{m-1}}$ 来讨论.

$(1)^\circ$ $x^2 = a^2$.

若 $j = 4$, 此时注意到 $i = 2$ 且 $2 \mid j_1$. 则当 $2 \nmid i_1$ 时, 若 $j_1 = 2$, 不失一般性令 $a_1 = ab^{2^{m-1}}$, 计算知, $x^2 = a_1^2$, $[a_1, x] = a_1^2$, $[b, x] = a_1^{i_1}$. 于是可归结为 $j_1 = 4$ 的情形. 进一步, 若 $i_1 = 3$, 不失一般性令 $a_1 = a^3$, 计算知, $x^2 = a_1^2$, $[a_1, x] = a_1^2$, $[b, x] = a_1 b^{2^{m-1}}$, 可归结为 $i_1 = 1$ 的情形. 当 $2 \mid i_1$ 时, 若 $i_1 = 2$, 不失一般性令 $b_1 = ab$, 计算知, $x^2 = a^2$, $[a, x] = a^2$, $[b_1, x] = a^{(2+i_1)} b_1^{2^{m-2}j_1}$. 于是可归结为 $i_1 = 4$ 的情形. 综上可知, 我们可得到下面的群 (a),(b),(c) 之一.

若 $j = 2$, 注意到这里有 $i = 2$ 且 $2 \mid i_1 + j_1$. 进而, 若 $2 \mid j_1$, 则 $2 \mid i_1$. 当 $j_1 = 2$ 时, 不失一般性令 $b_1 = ab$, 计算知, $x^2 = a^2$, $[a, x] = a^2 b_1^{2^{m-1}}$, $[b_1, x] = a^{2+i_1}$. 于是可归结为 $j_1 = 4$ 的情形. 进一步, 不失一般性令 $a_1 = ab^{2^{m-2}}$, $x_1 = b^{2^{m-2}} x$, 计算知, $x_1^2 = a_1^2$, $[a_1, x_1] = a_1^2$, $[b, x_1] = a_1^{i_1} b^{-2^{m-2}i_1}$. 并且此时 $2 \mid i_1$. 于是可归结为 $j = 4$ 的情形. 因而我们总可假设 $2 \nmid j_1$. 从而必有 $2 \nmid i_1$. 进而, 当 $j_1 = 3$ 时, 不失一般性令 $b_1 = ab$, 计算知, $x^2 = a^2$, $[a, x] = a^2 b_1^{2^{m-1}}$, $[b_1, x] = a^{2+i_1} b_1^{2^{m-2}}$. 于是可归结为 $j_1 = 1$ 的情形. 进而, 当 $j_1 = 1$ 时, 若 $i_1 = 3$, 则不失一般性, 令 $a_1 = a^3$, 计算知, $x^2 = a_1^2$, $[a_1, x] = a_1^2 b^{2^{m-1}}$, $[b, x] = a_1 b^{2^{m-2}}$. 于是可归结为 $j_1 = 1$ 的情形. 从而得到了下面的群 (d). 即, 我们得到了以下四个群:

(a) $\langle a, b, x \mid a^4 = b^{2^m} = x^4 = 1, x^2 = a^2, [a, b] = a^2, [a, x] = a^2, [b, x] = a \rangle$, 其中 $m \geq 4$;

(b) $\langle a, b, x \mid a^4 = b^{2^m} = x^4 = 1, x^2 = a^2, [a, b] = a^2, [a, x] = a^2, [b, x] = b^{2^{m-1}} \rangle$, 其中 $m \geq 4$;

(c) $\langle a, b, x \mid a^4 = b^{2^m} = x^4 = 1, x^2 = a^2, [a, b] = a^2, [a, x] = a^2, [b, x] = 1 \rangle$, 其中 $m \geq 4$;

(d) $\langle a, b, x \mid a^4 = b^{2^m} = x^4 = 1, x^2 = a^2, [a, b] = a^2, [a, x] = a^2 b^{2^{m-1}}, [b, x] = ab^{2^{m-2}} \rangle$, 其中 $m \geq 4$.

计算知, 对于群 (a), (b), (c) 而言, 显然 $|G| = 2^{m+3}$. 并且, 对于群 (a), (b), (c), 我们都可以找到交换子群 $H \lhd G$ 且 $C_G(\Omega_2(H)) \le H$. 从而可归结到定理 3.2.5 中的 M 为交换极大子群的情形. 而群 (d) 即为定理中的群 (XIII).

$(2)^\circ$ $x^2 = b^{2^{m-1}}$.

若 $j = 4$, 则计算知, 总可以找到子群 $H = \langle a^2 \rangle \times \langle b^{2^{m-1}} \rangle \times \langle axb^{2^{m-2}} \rangle \cong C_2^3$. 故 $r(G) \ge 3$, 矛盾. 若 $j = 2$, 则计算知, 总可以找到子群 $H = \langle a^2 \rangle \times \langle b^{2^{m-1}} \rangle \times \langle ax \rangle \cong C_2^3$. 故 $r(G) \ge 3$, 矛盾.

$(3)^\circ$ $x^2 = a^2 b^{2^{m-1}}$.

令 $x_1 = xb^{2^{m-2}}$, 则有 $x_1^2 = a^2$, $[a, x_1] = a^i b^{2^{m-2}j}$, $[b, x_1] = a^{i_1} b^{2^{m-2}j_1}$. 于是, 这种情形可以归结到 $x^2 = a^2$ 的情形.

(2ii) $i = 4$.

此时由于 $x^2 \in \Omega_1(M) = \langle a^2, b^{2^{m-1}} \rangle$, 因此计算知 $[b, x^2] = 1$. 另一方面, 根据 $[a, x] = a^i b^{2^{m-2}j}$, $[b, x] = a^{i_1} b^{2^{m-2}j_1}$, 计算可知 $[b, x^2] = a^{2i_1} b^{j_1 2^{m-1} + j i_1 2^{m-2}}$. 因此 $2 \mid i_1$ 且 $4 \mid 2j_1 + i_1 j$. 这时由前面的计算可知 $2 \mid j$. 进而, 根据 $2 \mid i_1$ 且 $2 \mid j$ 可知, $2 \mid j_1$. 接下来, 注意到 $2 \mid j$. 因此 $j = 2$ 或 4. 进一步, 计算知, 无论 j 为何值, 均可以找到子群 $H \cong C_2^3$. 故 $r(G) \ge 3$, 矛盾.

情形2 $t = n - 1$.

此时易知 $M \cong \langle a, b \mid a^{2^n} = b^{2^{m+1}} = 1, b^{2^m} = a^{2^{n-1}}, [a, b] = a^{-2 + 2^r} \rangle$, 其中 $r \ge 2, n \ge 2, m \ge 1$. 接下来, 我们来证明我们总可假设 $m \ge 2$. 若否, 则有 $m = 1$. 从而 $a^{b^2} = a$. 进一步, 计算可知, $a^{b^2} = a^{(-1 + 2^r)^2} = a$. 从而 $(-1 + 2^r)^2 \equiv 1 \pmod{2^n}$, 故 $2^n \mid 2^{r+1}(2^{r-1} - 1)$. 因此 $r + 1 \ge n$. 进而, 当 $r = n - 1$ 时,

$$M = \langle a, b \mid a^{2^n} = b^4 = 1, b^2 = a^{2^{n-1}}, [a, b] = a^{-2 + 2^{n-1}} \rangle.$$

计算可知, $\Omega_2(M) = \langle a^{2^{n-2}}, b \rangle$. 而又计算知 $[a^{2^{n-2}}, b] = a^{(-2 + 2^{n-1})2^{n-2}} \neq 1$, 故 $\Omega_2(M)$ 非交换, 由引理 3.2.5 知, 产生矛盾. 当 $r = n$ 时,

$$M = \langle a, b \mid a^{2^n} = b^4 = 1, b^2 = a^{2^{n-1}}, [a, b] = a^{-2} \rangle.$$

显然 M 为广义四元数群, 这与 M 为例外亚循环群矛盾.

接下来, 我们来证明 $n \ge 3$ 且 $m \ge 3$. 当 $m = 2$ 时, 我们断言 $n = 2$. 若否, 则 $n \ge 3$. 此时显然 $a^{b^4} = a$. 进一步, 计算可知, $a^{b^4} = a^{(-1 + 2^r)^4} = a$. 从而, $(-1 + 2^r)^4 = 1 \pmod{2^n}$. 故 $r + 2 \ge n$, 即 $r \ge n - 2$. 当 $r = n - 2$ 时, 计算可知, $ab \in \Omega_2(M)$, $a^{2^{n-2}} \in \Omega_2(M)$. 但是 $[ab, a^{2^{n-2}}] = [b, a^{2^{n-2}}] \neq 1$. 于是 $\Omega_2(M)$ 非交换. 这与引理 3.2.5 矛盾. 当 $r = n - 1, n$ 时, 计算知 $\Omega_2(M) = \langle a^{2^{n-2}} b^2 \rangle \times \langle b^2 \rangle \cong C_2 \times C_4$. 这也与引理 3.2.5 矛盾. 接下来, 当 $n = 2$ 时, 无论 $m = 2$ 还是 $m \ge 3$, 计算可知, 均有 $\Omega_2(M) = \langle a \rangle \times \langle ab^{2^{m-1}} \rangle \cong C_4 \times C_2$. 这仍与引理 3.2.5 矛盾.

从而, 综上可知, 我们总可假设 $n \ge 3$ 且 $m \ge 3$. 这时不妨设 M 中元的一般形式为 $a^i b^j$, 则 $(a^i b^j)^2 = b^{2j} a^{i(-1+2^r)^{2j} + i(-1+2^r)^j}$. 因此, 若 $(a^i b^j)^2 = 1$, 则 $2^m \mid 2j$. 从而

$2^{m-1} \mid j$. 进一步, 若 $2^m \mid j$, 则 $2^{n-1} \mid i$. 若 $2^m \nmid j$, 则不失一般性可设 $j = 2^{m-1}k$, 其中 $2 \nmid k$. 计算知

$$a^{2^{n-1}k + i(-1+2^r)^{2^m k} + i(-1+2^r)^{2^{m-1}k}} = 1.$$

从而

$$2^n \mid 2^{n-1}k + i[(-1+2^r)^{2^m k} + (-1+2^r)^{2^{m-1}k}].$$

进而, 我们可以得到 $2^{n-2} \mid i$. 故

$$\Omega_1(M) = \langle a^{2^{n-2}} b^{2^{m-1}} \rangle \times \langle a^{2^{n-1}} \rangle \cong \mathrm{C}_2 \times \mathrm{C}_2.$$

接下来, 经计算知, $(a^i b^j)^4 = b^{4j} a^{i[(2^r-1)^{2j} + (2^r-1)^j][(2^r-1)^{2j}+1]}$. 因此, 若 $(a^i b^j)^4 = 1$, 则 $2^m \mid 4j$. 从而 $2^{m-2} \mid j$. 进一步, 若 $2^{m-1} \mid j$, 则 $2^{n-2} \mid i$. 若 $2^{m-1} \nmid j$, 则不失一般性可设 $j = 2^{m-2}k$, 其中 $2 \nmid k$. 计算知

$$a^{k2^{n-1} + i[(-1+2^r)^{2^{m-1}k} + (-1+2^r)^{2^{m-2}k}][(2^r-1)^{2j}+1]} = 1.$$

从而,

$$2^n \mid k2^{n-1} + i[(-1+2^r)^{2^{m-1}k} + (-1+2^r)^{2^{m-2}k}][(2^r-1)^{2j}+1].$$

进而, 我们可以得到 $2^{n-3} \mid i$. 从而可得 $\Omega_2(M) = \langle a^{2^{n-3}} b^{2^{m-2}} \rangle \times \langle a^{2^{n-2}} \rangle \cong \mathrm{C}_4 \times \mathrm{C}_4$.

子情形2.1 $n = 3, m \geq 3$.

此时

$$\Omega_2(M) = \langle a b^{2^{m-2}} \rangle \times \langle a^2 \rangle \cong \mathrm{C}_4 \times \mathrm{C}_4, \quad \Omega_1(M) = \langle a^2 b^{2^{m-1}} \rangle \times \langle a^4 \rangle.$$

进而, 不失一般性可设 $[a, x] = (a b^{2^{m-2}})^i a^{2j}, [b, x] = (a b^{2^{m-2}})^{i_1} a^{2j_1}$. 由于 $n = 3$ 且 $2 \leq r \leq n$, 因此 $r = 2$ 或 3. 而当 $r = 3$ 时, 不失一般性令 $a_1 = a b^{2^{m-1}}, b_1 = b$, 则 $[a_1, b_1] = a_1^2$, 归结为 $r = 2$ 的情形. 因此, 此种情形下我们总可假设 $r = 2$. 接下来, 由于 $x^2 \in \Omega_1(M) = \langle a^2 b^{2^{m-1}} \rangle \times \langle a^4 \rangle$, 因此 $x^2 = a^2 b^{2^{m-1}}, a^4$ 或者 $a^6 b^{2^{m-1}}$ 之一. 进一步, 当 $x^2 = a^6 b^{2^{m-1}}$ 时, 不失一般性, 令 $a_1 = a^{-1}$, 则计算知 $x^2 = a_1^2 b^{2^{m-1}}$, 从而归结为 $x^2 = a^2 b^{2^{m-1}}$ 的情形. 下面, 我们根据 x^2 的不同取值分情形讨论.

(1) $x^2 = a^2 b^{2^{m-1}}$.

此时, 计算知 $[a, x^2] = [a, a^2 b^{2^{m-1}}] = 1$. 而另一方面, 计算可知

$$[a, x^2] = ((a b^{2^{m-2}})^i a^{2j})^2 [(a b^{2^{m-2}})^i, x][a^{2j}, x].$$

进一步, 详细计算知, 无论 m 为何值, 均有 $2 \mid i$.

接下来, 由于 $[x^2, x] = 1$, 因此 $1 = [a^2 b^{2^{m-1}}, x] = [a^2, x][b^{2^{m-1}}, x]$. 当 $m \geq 4$ 时, 计算知

$$[b^{2^{m-1}}, x] = a^{2(i_1+2j_1)\binom{2^{m-1}}{2}} a^{4(i_1+2j_1)\binom{2^{m-1}}{3}} = 1.$$

因此 $1 = [a^2, x] = a^{2i}b^{2^{m-1}i}a^{4j}$. 又因为 $2 \mid i$, 所以 $2 \mid j$. 进一步, 计算可知, $[b, x^2] = [b, a^2b^{2^{m-1}}] = a^4$. 因此 $1 = [b^2, x^2] = [b^2, x]^2[b^2, x, x] = a^{4i_1}$. 故 $2 \mid i_1$.

进一步, 我们总可找到子群 $H = \langle ab^{2^{m-2}}, x, a^4 \rangle$, 其中

$$(ab^{2^{m-2}})^4 = x^4 = (a^4)^2 = 1, x^2 = (ab^{2^{m-2}})^2, [ab^{2^{m-2}}, a^4] = 1, [a^4, x] = 1.$$

显然 H 非亚循环. 若 $2 \nmid j_1$, 则计算知 $x^b = x(ab^{2^{m-2}})^{-i_1}a^{-2j_1} \notin H$. 故 H 为 G 的非正规非亚循环子群, 矛盾. 故我们总可假设 $2 \mid j_1$. 因此当 $m \geq 4$ 时, 总有 2 同时整除 i, j, i_1, j_1. 此种情形下, 计算知 $[b, x^2] = [a^{i_1+2j_1}, x][b^{2^{m-2}i_1}, x] = 1$. 这与前面计算的 $[b, x^2] = [b, a^2b^{2^{m-1}}] = a^4$ 矛盾. 因此我们断言当 $n = 3$ 时, $m = 3$.

接下来, 若 $2 \mid j$, 则我们总可找到子群 $H = \langle ab^{2^{m-2}}, x, a^4 \rangle$ 非亚循环. 进一步, 若 $2 \nmid j_1$, 则计算知 $x^b = x(ab^{2^{m-2}})^{-i_1}a^{-2j_1} \notin H$. 故 H 为 G 的非正规非亚循环子群, 矛盾. 于是当 $2 \mid j$ 时, 一定有 $2 \mid j_1$. 进一步, 计算可知 $[a^2, x] = 1$. 又因为

$$1 = [x^2, x] = [a^2b^{2^{m-1}}, x] = [a^2, x][a^2, x, b^{2^{m-1}}][b^{2^{m-1}}, x],$$

所以 $1 = [b^{2^{m-1}}, x] = a^{4i_1}$. 故此时 $2 \mid i_1$. 综上可得, $2 \mid i, 2 \mid i_1, 2 \mid j$ 且 $2 \mid j_1$. 此种情形下, 计算知 $[b, x^2] = 1$. 这与前面计算的 $[b, x^2] = [b, a^2b^{2^{m-1}}] = a^4$ 矛盾. 故我们总可假设 $2 \nmid j$. 进而, $[a^2, x] = a^{2i}b^{2^{m-1}i}a^{4j} = a^4$. 因此

$$[a^2b^{2^{m-1}}, x] = [a^2, x][a^2, x, b^{2^{m-1}}][b^{2^{m-1}}, x] = a^4a^{4i_1}.$$

又因 $[a^2b^{2^{m-1}}, x] = [x^2, x] = 1$, 所以 $2 \nmid i_1$.

下面我们来证明 $i = 4$. 若否, 则 $i = 2$. 此时注意到 $2 \nmid i_1, 2 \nmid j$. 当 $j = 1$ 时, 可以找到子群 $H = \langle ax \rangle \times \langle a^4 \rangle \times \langle a^2b^4 \rangle \cong C_2^3$. 故 $r(G) \geq 3$, 矛盾. 当 $j = 3$ 时, 可以找到子群 $H = \langle a^{-1}x \rangle \times \langle a^4 \rangle \times \langle a^2b^4 \rangle \cong C_2^3$. 故 $r(G) \geq 3$, 矛盾. 接下来, 当 $i = 4$ 时, 我们断言 i_1, j 同时为 1 或 3. 否则, 可设 $j = 3, i_1 = 1$ 或 $j = 1, i_1 = 3$. 计算知, 无论何种情形均有 $[b, x^2] = 1$. 这与 $[b, x^2] = [b, a^2b^4] = a^4$ 矛盾.

进一步, 若 $j_1 = 1$, 则不失一般性令 $b_1 = a^2b$, 计算知, 可归结为 $j_1 = 3$ 的情形. 类似地, $j_1 = 2$ 的情形可归结为 $j_1 = 4$ 的情形. 接下来, 当 $i = 4, j = 3, i_1 = 3$ 时, 不失一般性, 令 $x_1 = ax$, 则计算知 $j_1 = 3$ 的情形可归结为 $j_1 = 4$ 的情形. 而当 $i = 4, j = 1, i_1 = 1$ 时, 不失一般性令 $a_1 = a^{-1}, x_1 = ax$, 则计算知 $j_1 = 3$ 的情形也可归结为 $j_1 = 4$ 的情形. 因此, 综上可得下面的两个群:

(a) $\langle a, b, x \mid a^8 = b^{16} = x^4 = 1, x^2 = a^2b^4, a^4 = b^8, [a, b] = a^2, [a, x] = a^{-2}, [b, x] = (ab^2)^3 \rangle$;

(b) $\langle a, b, x \mid a^8 = b^{16} = x^4 = 1, x^2 = a^2b^4, a^4 = b^8, [a, b] = a^2, [a, x] = a^2, [b, x] = ab^2 \rangle$.

进而, 不失一般性, 令 $a_1 = a^3, b_1 = b, x_1 = ax$, 则计算可知群 (a) 同构于群 (b). 从而可得定理中的群 (XIV).

(2) $x^2 = a^4$.

同上面的情形 (1), 由 $[a, x^2] = 1$ 计算可知, 无论 m 为何值, 均有 $2 \mid i$.

此时, 我们总可找到子群 $H = \langle a^2 b^{2^{m-1}}, x, a^2 \rangle$ 非亚循环. 进一步, 若 $2 \nmid i_1$, 则计算可知, $x^b = x(ab^{2^{m-2}})^{-i_1} a^{-2j_1} \notin H$. 故 H 为 G 的非正规非亚循环子群, 矛盾. 因此 $2 \mid i_1$.

接下来, 注意到 $[b, x^2] = [b, a^4] = 1$. 因此 $1 = [b, x^2] = [b, x]^2 [b, x, x]$. 由于 $2 \mid i$ 且 $2 \mid i_1$, 因此计算可得:

$$\begin{cases} 2 \mid j \text{ 且 } 2 \mid j_1 & \text{当 } i_1 = 2 \text{ 时} \\ 2 \mid (1+j)j_1 & \text{当 } i_1 = 4 \text{ 时} \end{cases} \qquad (*)$$

进一步, 当 $i = 2$ 时, 计算知

$$[a^x, b^x] = [a(ab^{2^{m-2}})^i a^{2j}, b(ab^{2^{m-2}})^{i_1} a^{2j_1}] = a^{-2},$$

$$[a, b]^x = (a^x)^2 = (a(ab^{2^{m-2}})^i a^{2j})^2 = a^2.$$

因此 $[a^x, b^x] \neq [a, b]^x$, 矛盾. 因此我们断言 $i = 4$.

这时若 $2 \mid j$, 则 $2 \mid j_1$. 进一步, 若 $j = 4$, 则计算可知 $[ab^{2^{m-2}}, x] = [a^2, x] = 1$. 于是 $x \in C_G(\Omega_2(M))$. 从而 $x \in M$, 矛盾. 因此, 我们总可假设 $j = 2$. 进一步, 当 $j = 2$ 时, 我们总可以找到子群 $H = \langle ab^{2^{m-2}}, xb^{2^{m-1}} \rangle$ 非亚循环. 又计算知 $(ab^{2^{m-2}})^b = a^2 ab^{2^{m-2}} \notin H$, 故 H 为 G 的非正规非亚循环子群, 矛盾. 因而, 我们总可假设 $2 \nmid j$.

当 $2 \nmid j$ 时, 由 $(*)$ 可知, $i_1 = 4$. 接下来, 不失一般性, 令 $b_1 = ba^2$, 则计算可知 $[a, x] = a^{2j}, [b_1, x] = a^{4+2j_1}$. 从而可将 $j_1 = 3$ 的情形归结为 $j_1 = 1$ 的情形, 将 $j_1 = 2$ 的情形归结为 $j_1 = 4$ 的情形. 进一步, 当 $j = 1$ 时, 不失一般性, 令 $b_1 = ba^3$, 则计算可知 $j_1 = 1$ 的情形可归结为 $j_1 = 4$ 的情形. 同理, 当 $j = 3$ 时, 不失一般性, 令 $b_1 = ba$, 则计算可知 $j_1 = 1$ 的情形可归结为 $j_1 = 4$ 的情形. 综上可得下面的两个群:

(c) $\langle a, b, x \mid a^8 = b^{2^{m+1}} = x^4 = 1, x^2 = a^4 = b^{2^m}, [a, b] = a^2, [a, x] = a^2, [b, x] = 1 \rangle$, 其中 $m \geq 3$;

(d) $\langle a, b, x \mid a^8 = b^{2^{m+1}} = x^4 = 1, x^2 = a^4 = b^{2^m}, [a, b] = a^2, [a, x] = a^{-2}, [b, x] = 1 \rangle$, 其中 $m \geq 3$.

对于 (c) 群, 可以找到交换子群 $H = \langle a, bx \rangle \lhd G$ 且 $C_G(\Omega_2(H)) \leq H$. 从而, 均可归结到定理 3.2.5 中 M 为交换极大子群的情形. 而群 (d) 即为定理中的群 (XV).

子情形 2.2 $n = 4, m \geq 3$.

此时,

$$\Omega_2(M) = \langle a^2 b^{2^{m-2}} \rangle \times \langle a^4 \rangle \cong C_4 \times C_4, \quad \Omega_1(M) = \langle a^4 b^{2^{m-1}} \rangle \times \langle a^8 \rangle \cong C_2 \times C_2.$$

从而, 不失一般性, 可设

$$[a,x] = (a^2 b^{2^{m-2}})^i a^{4j}, [b,x] = (a^2 b^{2^{m-2}})^{i_1} a^{4j_1},$$

其中 $i, j, i_1, j_1 = 1, 2, 3, 4$. 由于 $n = 4$ 且 $2 \le r \le n$, 因此 $r = 2, 3, 4$. 而当 $r = 3$ 时, 不失一般性令 $a_1 = ab^{2^{m-1}}, b_1 = b$, 则计算知 $r = 3$ 的情形可归结为 $r = 4$ 的情形. 因此, 我们有 $r = 2$ 或 4. 进而, 当 $r = 2$ 时, 可设 $[a,b] = a^2$; 当 $r = 4$ 时, 可设 $[a,b] = a^{-2}$. 接下来, 由于 $x^2 \in \Omega_1(M) = \langle a^4 b^{2^{m-1}} \rangle \times \langle a^8 \rangle$, 因此 $x^2 = a^4 b^{2^{m-1}}$, a^8 或者 $a^{-4} b^{2^{m-1}}$. 进一步, 当 $x^2 = a^{-4} b^{2^{m-1}}$ 时, 不失一般性, 令 $a_1 = a^{-1}$, 则计算知 $x^2 = a_1^4 b^{2^{m-1}}$, 从而归结为 $x^2 = a^4 b^{2^{m-1}}$ 的情形. 下面, 我们根据 x^2 的不同取值分情形讨论.

(1) $x^2 = a^4 b^{2^{m-1}}$.

此时, 计算知, 无论 m 为何值, 总有 $[a, x^2] = [a, a^4 b^{2^{m-1}}] = 1$. 而另一方面, 计算可知

$$[a, x^2] = [a,x]^2 [a,x,x] = ((a^2 b^{2^{m-2}})^i a^{4j})^2 [(a^2 b^{2^{m-2}})^i, x][a^{4j}, x].$$

注意到 $b^{2^m} = a^8$. 进而, 计算知无论 m 为何值, 总有 $2 \mid i$. 进一步, 计算知, 当 $m \ge 4$ 时, 总有 $2 \mid j$. 当 $m = 3$ 时, 若 $i = 2$, 则 $2 \mid i_1 + j$; 若 $i = 4$, 则 $2 \mid j$.

当 $m \ge 4$ 时, 此时, 计算知, 一方面, $[b, x^2] = a^8$. 另一方面, 又因

$$[b, x^2] = [b,x]^2 [b,x,x] = ((a^2 b^{2^{m-2}})^{i_1} a^{4j_1})^2 [(a^2 b^{2^{m-2}})^{i_1} a^{4j_1}, x],$$

所以计算可知 $2 \mid i_1$. 进而, 我们总可找到子群 $H = \langle a^2 b^{2^{m-2}}, x, a^8 \rangle$ 非亚循环. 进一步, 若 $2 \nmid j_1$, 则计算知 $x^b = x(a^2 b^{2^{m-2}})^{-i_1} a^{-4j_1} \notin H$. 故 H 为 G 的非正规非亚循环子群, 矛盾. 若 $2 \nmid j$, 则类似的计算知 $x^a = x(a^2 b^{2^{m-2}})^{-i} a^{-4j} \notin H$. 故 H 为 G 的非正规非亚循环子群, 矛盾. 因此, 当 $m \ge 4$ 时, 总有 $2 \mid j, 2 \mid j_1$. 进而, 计算知, 总有 $[b, x^2] = 1$, 这与 $[b, x^2] = a^8$ 矛盾. 从而, 我们总可假设 $m = 3$.

当 $m = 3$ 时, 若 $2 \nmid i_1$, 类似地, 我们总可找到子群 $H = \langle a^2 b^{2^{m-2}}, x, a^8 \rangle$ 非亚循环. 进一步, 若 $2 \nmid j_1$, 计算知 $x^b = x(a^2 b^{2^{m-2}})^{-i_1} a^{-4j_1} \notin H$. 故 H 为 G 的非正规非亚循环子群, 矛盾. 若 $2 \nmid j$, 则类似的计算知 $x^a = x(a^2 b^{2^{m-2}})^{-i} a^{-4j} \notin H$. 故 H 为 G 的非正规非亚循环子群, 矛盾. 故此时总有 $2 \mid j, 2 \mid j_1$. 进一步, 根据前面的计算, 我们有若 $i = 2$, 则 $2 \mid i_1 + j$; 若 $i = 4$, 则 $2 \mid j$. 此时, 由于 $2 \nmid i_1, 2 \mid j$, 因此断言 $i = 4$. 接下来, 注意到 $[a,b] = a^2$ 或者 a^{-2}. 进而计算知 $[b, x^2] = a^{4i_1}$ 或者 a^{-4i_1}, 这与 $[b, x^2] = a^8$ 矛盾. 从而, 我们总可假设 $2 \mid i_1$, 则必有 $2 \mid j$.

进一步, 若 $[a,b] = a^2$, 则计算可知, $[a^x, b^x] = a^{2(1+2i)}$, $[a,b]^x = a^{2(1+2i)} b^{4i}$. 由于 $[a^x, b^x] = [a,b]^x$, 因此 $i = 4$. 若 $[a,b] = a^{-2}$, 则计算可知,

$$[a^x, b^x] = [a^{1+2i}, b] = a^{-2(1+2i)}, [a,b]^x = a^{-2(1+2i)} b^{-4i}.$$

由于 $[a^x, b^x] = [a,b]^x$, 因此亦有 $i = 4$. 进一步, 计算知, $[b, x^2] = a^{8j_1}$. 故 $2 \nmid j_1$.

从而, 综上可知, 我们有 $i=4,2\mid j,2\mid i_1$ 且 $2\nmid j_1$. 接下来, 若 $i_1=2$, 则可以找到子群 $H=\langle xb^4,a^{-2}b^2\rangle\cong \mathrm{M}_2(2,1,1)$. 进一步, 计算知 $(xb^4)^b=xa^{12+4j_1}\notin H$. 因此, H 非正规非亚循环, 矛盾. 同理, 若 $i_1=4$, 则可以找到非亚循环子群 $H=\langle xb^4,a^{-2}b^2,a^8\rangle$. 计算知, $(xb^4)^b=xa^{4j_1}b^4\notin H$. 因此 H 非正规非亚循环, 矛盾.

(2) $x^2=a^8$.

同理计算 $[a,x^2]$ 可知: 无论 m 为何值, 总有 $2\mid i$. 进一步, 计算知, 当 $m\geq 4$ 时, 总有 $2\mid j$. 当 $m=3$ 时, 若 $i=2$, 则 $2\mid i_1+j$; 若 $i=4$, 则 $2\mid j$.

接下来, 考虑子群 $H=\langle a^4b^{2^{m-1}},x,a^4\rangle$. 容易验算知, H 非亚循环. 进而, 若 $2\nmid i_1$, 则计算知 $x^b=x(a^2b^{2^{m-2}})^{-i_1}a^{-4j_1}\notin H$. 故 H 为 G 的非正规非亚循环子群, 矛盾. 若 $2\nmid i$, 则计算知, $x^a=x(a^2b^{2^{m-2}})^{-i}a^{-4j}\notin H$. 故 H 为 G 的非正规非亚循环子群, 矛盾. 因此我们总可假设 $2\mid i$ 且 $2\mid i_1$. 这时类似上面, 注意到 $[a^x,b^x]=[a,b]^x$. 分别计算 $[a^x,b^x]$ 和 $[a,b]^x$ 可得 $i=4$. 进一步, 计算知, $1=[b,x^2]=[b,x]^2[b,x,x]=a^{8j_1}$. 于是 $2\mid j_1$.

因此可得 $i=4,2\mid i_1,2\mid j$ 且 $2\mid j_1$. 这时我们总可以找到子群

$$H=\langle xb^{2^{m-1}}\rangle\times\langle b^{2^m}\rangle\times\langle a^2b^{2^{m-2}}\rangle\cong \mathrm{C}_2^3.$$

故 $r(G)\geq 3$, 矛盾.

子情形2.3 $n\geq 5,m\geq 3$.

此时,

$$\Omega_2(M)=\langle a^{2^{n-3}}b^{2^{m-2}}\rangle\times\langle a^{2^{n-2}}\rangle\cong \mathrm{C}_4\times \mathrm{C}_4,\Omega_1(M)=\langle a^{2^{n-2}}b^{2^{m-1}}\rangle\times\langle a^{2^{n-1}}\rangle\cong \mathrm{C}_2\times \mathrm{C}_2.$$

因此, 不失一般性, 可设

$$[a,x]=(a^{2^{n-3}}b^{2^{m-2}})^i a^{2^{n-2}j},[b,x]=(a^{2^{n-3}}b^{2^{m-2}})^{i_1}a^{2^{n-2}j_1}.$$

此时由于 $|G'|\leq 2^6$, 因此总有 $2\leq r\leq n\leq 7$. 接下来, 由于 $x^2\in\Omega_1(M)=\langle a^{2^{n-2}}b^{2^{m-1}}\rangle\times\langle a^{2^{n-1}}\rangle$, 因此

$$x^2=a^{2^{n-2}}b^{2^{m-1}},a^{2^{n-1}} \text{ 或者 } a^{2^{n-1}}a^{2^{n-2}}b^{2^{m-1}}.$$

当 $x^2=a^{2^{n-1}}a^{2^{n-2}}b^{2^{m-1}}=a^{3\cdot 2^{n-2}}b^{2^{m-1}}$ 时, 不失一般性令 $a_1=a^3$, 则 $x^2=a_1^{2^{n-2}}b^{2^{m-1}}$. 可归结为前面的情形. 故我们总有 $x^2=a^{2^{n-2}}b^{2^{m-1}}$ 或者 $a^{2^{n-1}}$.

(1) $x^2=a^{2^{n-2}}b^{2^{m-1}}$.

此时, 我们总可找到子群 $H=\langle a^{2^{n-3}}b^{2^{m-2}},x,a^{2^{n-1}}\rangle$. 由于 $m\geq 3$ 且 $r\geq 2$, 因此若 $2\mid i_1$ 或者 $2\nmid i_1,m+r>5$, 则 H 非亚循环. 进一步, 若 $2\nmid j_1$, 计算知 $x^b=x(a^{2^{n-3}}b^{2^{m-2}})^{-i_1}a^{-2^{n-2}j_1}\notin H$. 故 H 为 G 的非正规非亚循环子群, 矛盾. 若 $2\nmid j$, 则计算知 $x^a=x(a^{2^{n-3}}b^{2^{m-2}})^{-i}a^{-2^{n-2}j}\notin H$. 故 H 为 G 的非正规非亚循环子群, 矛盾. 于是, 当 $2\mid i_1$ 或者 $2\nmid i_1,m+r>5$ 时, 我们总可假设 $2\mid j,2\mid j_1$. 而

对于 $2 \nmid i_1$ 且 $r + m = 5$, 则有 $r = 2, m = 3$. 这时, 一方面, 计算知 $[b, x^2] = a^{2^{n-1}}$. 另一方面, 注意到 $[b, x^2] = [b, x]^2 [b, x, x]$. 进而, 计算知, 当 $m \geq 4$ 时, $2 \mid i_1$. 同理, 类似的计算 $[a, x^2]$ 可知, 若 $m \geq 4$, 则 $2 \mid i$. 接下来, 由于当 $m \geq 4$ 时, $2 \mid i_1$, 因此 当 $2 \nmid i_1$ 时, $m = 3$. 故当 $m \geq 4, 2 \mid i, 2 \mid i_1, 2 \mid j, 2 \mid j_1$ 时, 我们总可以找到子群 $H = \langle a^{2^{n-3}} b^{2^{m-2}}, x, b^{2^{m-1}} \rangle \cong C_2 \times C_4 \times C_4$. 故 $r(G) \geq 3$, 矛盾. 于是接下来, 总可假 设 $m = 3$. 而当 $m = 3$ 时, 我们分以下两种情形讨论:

$(1°)$ $m = 3, r \geq 3, 2 \nmid i_1, 2 \mid j, 2 \mid j_1$.

此种情形下, 当 $i_1 = 1$ 时, 计算可知 $[b, x^2] = a^{-2^{n-2}}$. 这与 $[b, x^2] = a^{2^{n-1}}$ 矛盾. 当 $i_1 = 3$ 时, 类似的计算可得, $[b, x^2] = a^{2^{n-2}}$. 这与 $[b, x^2] = a^{2^{n-1}}$ 矛盾.

$(2°)$ $m = 3, r = 2, 2 \nmid i_1$.

此种情形下, 若 $2 \mid j_1$, 则

$$[b, x^2] = \begin{cases} a^{2^{n-2}} & \text{当 } 2 \mid i \text{ 时} \\ a^{-2^{n-2}} & \text{当 } 2 \nmid i \text{ 时} \end{cases}$$

无论何种情形, 均与 $[b, x^2] = a^{2^{n-1}}$ 矛盾. 因此, 我们可设 $2 \nmid j_1$. 下面, 一方面, 计算 知 $[a, x^2] = [a, a^{2^{n-2}} b^4] = [a, b^4] = a^{16 \cdot 5}$. 另一方面, 我们分 $2 \mid i$ 或 $2 \nmid i$ 来计算 $[a, x^2]$.

(a) $2 \mid i$.

当 $i = 2$ 时, $[a, x^2] = a^{2^{n-1}(j+i_1)}$. 若 $2 \nmid j$, 注意到 $2 \nmid i_1$, 则 $a^{16 \cdot 5} = [a, x^2] = 1$. 因 此 $n \leq 4$, 矛盾. 故我们假设 $2 \mid j$. 因此 $a^{16 \cdot 5} = [a, x^2] = a^{2^{n-1}}$. 故 $n = 5$. 类似地, 当 $i = 4$ 时, $[a, x^2] = a^{2^{n-1} j}$. 若 $2 \mid j$, 则 $a^{16 \cdot 5} = [a, x^2] = 1$. 因此 $n \leq 4$, 矛盾. 故总假设 $2 \nmid j$. 从而 $a^{16 \cdot 5} = [a, x^2] = a^{2^{n-1}}$. 故 $n = 5$.

综上我们只需要考虑以下两种情形:

(i) $n = 5, m = 3, r = 2, i = 2, 2 \mid j, 2 \nmid i_1, 2 \nmid j_1$;

(ii) $n = 5, m = 3, r = 2, i = 4, 2 \nmid j, 2 \nmid i_1, 2 \nmid j_1$.

对于情形 (i), 当 $i_1 = 1$ 时, 我们总可以找到子群 $H = \langle b^4, a^4, bx \rangle$ 为 G 的非 正规非亚循环子群, 矛盾. 当 $i_1 = 3$ 时, 我们总可以找到子群 $H = \langle abx \rangle \times \langle b^8 \rangle \times \langle x^2 \rangle \cong C_2^3$. 故 $r(G) \geq 3$, 矛盾. 对于情形 (ii), 当 $i_1 = 1$ 时, 我们总可以找到子群 $H = \langle abx \rangle \times \langle b^8 \rangle \times \langle x^2 \rangle \cong C_2^3$. 故 $r(G) \geq 3$, 矛盾. 当 $i_1 = 3$ 时, 我们总可以找到子群 $H = \langle b^4, a^4, bx \rangle$ 为 G 的非正规非亚循环子群, 矛盾.

(b) $2 \nmid i$.

此时, 计算知

$$[a, x^2] = a^{2^{n-2} i + 2^{n-1} j} b^{4i} a^{2^{n-2} i_1 + 2^{n-1} i j_1} b^{4i i_1} \left(a^{2^{n-2} i_1 + 2^{n-1} j_1} \right)^{\binom{2i}{2}}.$$

下面, 我们根据 i, i_1 的取值分情形讨论.

当 $i = 1$ 时, 由于 $2 \nmid i_1$, 因此 $i_1 = 1, 3$. 接下来, 若 $i_1 = 1$, 则计算知 $[a, x^2] = a^{2^{n-2}(1+2j)}$. 进一步, 当 $2 \nmid j$ 时, 我们有 $a^{16 \cdot 5} = [a, x^2] = a^{2^{n-2} \cdot 3}$. 经计算知无论 n 取何值, 均产生矛盾. 当 $2 \mid j$ 时, 我们有 $a^{16 \cdot 5} = [a, x^2] = a^{2^{n-2}}$. 计算知 $n = 6$. 若

$i_1 = 3$, 则计算知 $[a, x^2] = a^{2^{n-2}(1+2j+2)}$. 进一步, 当 $2 \nmid j$ 时, 我们有 $a^{16 \cdot 5} = a^{2^{n-2}}$. 计算知 $n = 6$. 当 $2 \mid j$ 时, 我们有 $a^{16 \cdot 5} = a^{2^{n-2} \cdot 3}$. 进一步, 计算知无论 n 取何值, 均产生矛盾.

类似地, 当 $i = 3$ 时, 由于 $2 \nmid i_1$, 因此 $i_1 = 1, 3$. 接下来, 若 $i_1 = 1$, 则计算知 $[a, x^2] = a^{2^{n-2}(3+2j)}$. 进一步, 当 $2 \mid j$ 时, 我们有 $a^{16 \cdot 5} = a^{2^{n-2} \cdot 3}$. 经计算知无论 n 取何值, 均产生矛盾. 当 $2 \nmid j$ 时, 我们有 $a^{16 \cdot 5} = a^{2^{n-2}}$. 计算知 $n = 6$. 若 $i_1 = 3$, 则计算知 $[a, x^2] = [a, x]^2[a, x, x] = a^{2^{n-2}(3+2j+2)}$. 进一步, 当 $2 \nmid j$ 时, 我们有 $a^{16 \cdot 5} = a^{2^{n-2} \cdot 3}$. 经计算知无论 n 取何值, 均产生矛盾. 当 $2 \mid j$ 时, 我们有 $a^{16 \cdot 5} = a^{2^{n-2}}$. 计算知 $n = 6$.

综上可知, 当 $i = i_1 = 1, 2 \nmid j_1, 2 \mid j$ 或 $i = 1, i_1 = 3, 2 \nmid jj_1$ 或 $i = 3, i_1 = 1, 2 \nmid j_1$, $2 \nmid j$ 或 $i = i_1 = 3, 2 \nmid j_1, 2 \mid j$ 时, 均有 $n = 6$. 故我们总有 $n = 6, m = 3, r = 2$. 接下来, 进一步计算知, $[a^x, b^x]$ 为 a 的某个方幂, 但是 $[a, b]^x$ 中一定含有 b^{4i}. 注意到 $2 \nmid i$. 因此无论何种情形, 均有 $[a^x, b^x] \neq [a, b]^x$, 矛盾.

(2) $x^2 = a^{2^{n-1}}$.

此时, 我们总可找到子群 $H = \langle a^{2^{n-2}} b^{2^{m-1}}, x, a^{2^{n-2}} \rangle$ 非亚循环. 当 $2 \nmid i_1$ 时, 由于 $x^b = x(a^{2^{n-3}} b^{2^{m-2}})^{-i_1} a^{-2^{n-2}j_1} \notin H$, 因此 H 为 G 的非正规非亚循环子群, 矛盾. 当 $2 \nmid i$ 时, 由于 $x^a = x(a^{2^{n-3}} b^{2^{m-2}})^{-i} a^{-2^{n-2}j} \notin H$, 因此 H 为 G 的非正规非亚循环子群, 矛盾. 故总可假设 $2 \mid i, 2 \mid i_1$. 接下来, 计算知, $1 = [b, x^2] = [b, a^{2^{n-1}}] = a^{2^{n-1}j_1}$, 于是 $2 \mid j_1$. 类似地, 计算知, $1 = [a, x^2] = [a, a^{2^{n-1}}] = a^{2^{n-1}j}$. 于是 $2 \mid j$. 故总可假设: $2 \mid i$, $2 \mid i_1, 2 \mid j, 2 \mid j_1$. 此时, 我们总能找到子群 $H = \langle xb^{2^{m-1}} \rangle \times \langle b^{2^m} \rangle \times \langle a^{2^{n-2}} b^{2^{m-1}} \rangle \cong C_2^3$, 矛盾.

最后, 我们很容易证明群 (IX)-(XV) 两两互不同构且均为 $\mathcal{P}$ 群.(计算细节略去.)

本节最后, 我们来考虑 M 为通常亚循环 2 群的情形. 由于下述定理的证明篇幅较长, 在此仅列出结果, 证明过程略去, 有兴趣的读者可参看文献 [103] 的证明.

定理 3.2.7 设 G 为 $\mathcal{P}$ 群且 $r(G) = 2$. 若 M 为通常亚循环 2 群, 则 G 同构于定理 3.2.5, 定理 3.2.6 中的群之一.

§3.3　有待进一步解决的问题

本节来罗列一些我们在从非正规子群的角度出发来研究有限 p 群结构的相关问题中, 所提出的一些未解决的问题, 为进一步的研究提供一定的帮助.

作为 Dedekind p 群的推广, 许多群论学者通过对非正规子群作某种限制来研究有限 p 群的结构. 例如, 通过对非正规子群阶的限制, Zappa、张军强先后独立地在文献 [105-107] 中分类了非正规子群均同阶的有限 p 群. 张勤海等在文

献 [110,111,114] 中先后分类了非正规子群的阶分别不超过 p^2 和 p^3 的 p 群. 安立坚在文献 [3] 中分类了非正规子群的阶为 p^k 和 p^{k+1} 的有限 p 群等. 通过对非正规子群共轭类个数的限制, Brandl、Fernández-Alcober、曲海鹏等人分类了非正规子群的共轭类个数较小的有限 p 群, 见文献 [19,20,30,48] 等. 通过对非正规子群正规闭包和正规化子的限制, 吕恒等在文献 [54,55] 中确定了非正规子群的正规闭包较小的有限 p 群. Janko、郭秀云等在文献 [42,116] 中确定了非正规子群的正规闭包较大的有限 p 群. 黎先华等在文献 [53] 中确定了非正规子群的正规化子较小的有限 p 群等. 通过对非正规子群的正规核的限制, Cutolo 等人研究了非正规子群的正规核较大的有限 p 群, 见文献 [25,26]. 通过对非正规子群性质的限制, 著名群论学家 Passman 在其经典的 p 群论文 [70] 中分类了非正规子群均循环的 p 群, 安立坚等在文献 [6] 中给出了非正规子群均交换的 p 群的判别准则, 并由此给出了此类群的分类, 见文献 [29]. 另外, Cappitt、Kappe、Reboli、曲海鹏等则分别从非正规子群生成真子群的角度来研究群的结构, 见文献 [21,44,72,77] 等. 更多的有关对非正规子群作一定的限制来研究有限 p 群的研究成果, 可参见文献 [12,95]等, 也可见 p 群专著 [109].

本书第二章, 完全给出了 $\mathrm{chn}(G) \le 2$ 的有限 p 群的分类. 另外, 还介绍了非正规子群的阶不超过 p^3 的有限 p 群的分类. 显然这类群是 $\mathrm{chn}(G) \le 3$ 的 p 群的特殊情形. 一个自然的问题是:

问题 3.3.1 $\mathrm{chn}(G) \le 3$ 的有限 p 群 G 具有怎样的结构?

设 G 是 p 群且具有 $\mathrm{chn}(G) = 2$. 令 $H_1 > H_2$ 为 G 的一条长为 2 的非正规子群链. 注意到 H_2 为 G 的极小非正规子群. 因此 H_2 的所有极大子群均为 G 的正规子群. 进而容易证明 H_2 循环. 又因 $|H_1 : H_2| = p$, 所以 H_2 为 H_1 的正规子群且 $|H_1/H_2| = p$. 从而 H_1 为亚循环 p 群. 因此 G 的所有非正规子群均亚循环. 换句话说, $\mathrm{chn}(G) = 2$ 的 p 群类(记为 P_1)是非正规子群均亚循环的 p 群类(记为 P_2)的子类. 另一个自然的问题是:

非正规子群均亚循环的 p 群的结构是如何呢?

对于 $p > 2$ 的情形, 本章第一节给出了完全的分类结果, 也可参见文献 [86]. 而对于 $p = 2$ 的情形, 其研究方法与 $p > 2$ 的情形的论证有很大不同, 该问题目前仍然没有完全解决. 本章第二节仅是对一种特殊的情形进行了分类. 接下来, 注意到亚循环 p 群的秩 $r(G)$ 不超过 2. 若我们将"亚循环"推广为"秩不超过2", 另一个自然的问题是:

非正规子群的秩均不超过 2 的 p 群的结构是如何呢?

现在显然, 非正规子群均亚循环的 p 群类(记为 P_2)是非正规子群的秩均不超过 2 的 p 群类(记为 P_3)的子类. 综上, 我们提出下面的问题:

问题 3.3.2 确定 P_2 2 群和 P_3 群.

由以上论述我们看到, 对于 $\mathrm{chn}(G)$ 较小 p 群, 我们可给出其同构分类. 那么对于另一个极端情形, 即 $\mathrm{chn}(G)$ 最大的 p 群, 它的结构是如何呢? 注意到, 对于任意的 p 群 G, 一定存在正整数 k 使得 G 具有 $\mathrm{chn}(G) = k$. 并且 k 的最大值可能是 $\log_p |G| - 2$. 又一个自然的问题是:

问题 3.3.3 $\mathrm{chn}(G) = \log_p |G| - 2$ 的 p 群 G 的结构是如何呢?

另外, Passman 在文献 [70] 中还利用 $\mathrm{chn}(G)$ 对有限 p 群 G 的导群的阶 $|G'|$, 幂零类 $c(G)$ 以及最小生成元个数 $d(G)$ 等不变量给出了估计. 即: 假设 $\mathrm{chn}(G) = k > 0$. 他证明了:

$$|G'| \leq p^{2k+\delta(p)}, c(G) \leq 2k + \delta(p) + 1, d(G) \leq 2k + \delta(p) + 1.$$

这里 $\delta(p) = [\frac{2}{p}]$. 特别地, $p = 2$ 时, $\delta(p) = 1$; $p > 2$ 时, $\delta(p) = 0$. 然而, 通过对已完成的 $\mathrm{chn}(G) \leq 2$ 的 p 群的分类结果以及非正规子群的阶不超过 p^3 的 p 群的分类结果的观察, 我们发现:

对于 $\mathrm{chn}(G) = 1$ 的 p 群 G, 我们有 $|G'| \leq p^2, c(G) \leq 3$.

对于 $\mathrm{chn}(G) = 2$ 的 p 群 G, 我们有 $|G'| \leq p^3$, 其中当 $p = 2$ 时, $c(G) \leq 4$; 当 $p > 2$ 时, $c(G) \leq 3$.

对于非正规子群的阶不超过 p^3 的 p 群 (这样的 p 群具有 $\mathrm{chn}(G) \leq 3$), 我们有 $|G'| \leq p^3, c(G) \leq 4$.

对于 2^n 阶二面体群 G 而言, 显然 $\mathrm{chn}(G) = n - 2$, 此时有 $|G'| = 2n - 2$, $c(G) = n - 1$.

我们注意到: 对于上述 $\mathrm{chn}(G) \neq 1$ 的 p 群类, 其导群的阶 $|G'|$ 以及幂零类 $c(G)$ 均严格小于 Passman 的上述估值. 另外, 通过对第二章中分类结果的观察, 我们还发现: 当 $|G'| > p$ 时, 最小生成元个数 $d(G)$ 也是严格小于 Passman 的上述估值. 由于 $\mathrm{chn}(G) = 1$ 的 p 群以及 $|G'| = p$ 的 p 群均被分类, 故在假设 $\mathrm{chn}(G) \geq 2$ 且 $|G'| > p$ 的情况下, 一个自然的问题是:

问题 3.3.4 Passman 对于 $|G'|$、$c(G)$ 和 $d(G)$ 的上述估值是否为最佳的? 如果是, 能否被证明? 如果不是, 能否加以改进?

第四章　某些正则的有限 p 群的结构

正则 p 群的概念和理论是 P. Hall 于 1933 年在文献 [34] 中提出并发展的. 这篇论文是有限 p 群理论的奠基性论文, 其中以大约一半的篇幅讲述了正则 p 群的理论. 两年之后, 他又在文献 [35] 中发展了这个理论. 自此以后的半个多世纪, 国内外, 又有许多群论学者对这个理论做了不少有价值的工作. 见文献 [2,56-59,79,99] 等. 这使得正则 p 群形成了 p 群理论中的一个重要的研究方向. 而正则 p 群的理论之所以受到人们的重视, 主要是因为它们的幂结构有很好的性质, 很多方面类似于交换 p 群. 甚至正则 p 群也有类似于交换 p 群的基底——所谓唯一性基底. 正因为正则 p 群存在唯一性基底, 所以它们的分类问题要比一般的 p 群分类相对容易. 本章首先将利用正则 p 群的理论及诸多性质, 给出一些给定型不变量的正则 p 群的分类. 其次, 结合正则 p 群的性质给出一些具有特殊性质的有限 p 群的性质及其分类.

本章结果主要取自文献 [84,87,91,112].

§4.1　给定型不变量的正则 p 群的分类

文献 [97,99] 首次利用型不变量对某些正则 p 群进行了分类. 之后, 冀有虎等在文献 [43] 分类了型不变量为 $(e,2,1)$ 的 p 群. 然而该文的结果有某些疏漏, 我们在文献 [112] 中继续文献 [43,97,99] 的工作. 更正了文献 [43] 的结果, 分别分类了型不变量为 $(e,1,1,1)$, $e \geq 2$ 和 $(1,1,1,1,1)$ 的正则 p 群. 作为这个分类的推论, 给出了 p^5 阶群的一个新的可读性的分类. 需要说明的是, p^5 阶群已被许多学者研究并分类, 例如文献 [8,9,27,39,40,82]. 另外本书第 3 章的一些定理的证明也需要借助本节 $p^5(p \geq 5)$ 阶的分类来完成证明.

另外, 本节还对型不变量为 $(e_1,e_2,1)$ 的正则 p 群进行了研究.

§4.1.1 型不变量为 $(e,1,1,1)$ 的正则 p 群的分类

本小节, 我们首先来介绍几个重要概念及相关结论.

定义 4.1.1 ([100]) 设 G 是有限正则 p 群, $\exp(G) = p^e$, 对于 $1 \leq i \leq e$, 令 $|\Omega_i(G)/\Omega_{i-1}(G)| = p^{\omega_i}$, 则 $|\mho_{i-1}(G)/\mho_i(G)| = p^{\omega_i}$ 且 $\omega = \omega_1 \geq \omega_2 \geq \cdots \geq \omega_e > 0$. (我们称 $(\omega_1, \cdots, \omega_e)$ 为 G 的 ω **不变量**.)

对于 $1 \leq j \leq \omega = \omega_1$, 令 e_j 为满足 $\omega_i \geq j$ 的 ω_i 的个数, 则有 $e = e_1 \geq e_2 \geq \cdots \geq e_\omega \geq 1$. (我们称 $(e_1, \cdots, e_\omega)$ 为 G 的 e 不变量或**型不变量**.) 如果 G 是交换群, 则 $p^{e_1}, \cdots, p^{e_\omega}$ 是基元的阶.

定义 4.1.2 ([100]) 设 G 是 p 群且 $b_1, \cdots, b_\omega \in G$, 称 $(b_1, \cdots, b_\omega)$ 为 G 的一组**唯一性基底**, 如果对任意的 $g \in G$, g 均可唯一表成下列形式:

$$g = b_1^{\alpha_1} b_2^{\alpha_2} \cdots b_\omega^{\alpha_\omega},$$

其中 $0 \le \alpha_j < o(b_j)$, $j = 1, \cdots, \omega$.

定义 4.1.3 ([100]) 设 G 是有限正则 p 群, 令 $W_i(G) = \mho_1(G)\Omega_i(G)$, $0 \le i \le e$, 有

$$G = W_e(G) \ge W_{e-1}(G) \ge \cdots \ge W_0(G) = \mho_1(G). \tag{4.1}$$

在 (4.1) 中去掉重复项, 再任意加细成 G 到 $\mho_1(G)$ 间的一个主群列:

$$G = L_0(G) > L_1(G) > \cdots > L_\omega(G) = \mho_1(G), \tag{4.2}$$

称 (4.2) 为 G 的一个 L **群列**.

定理 4.1.1 ([100]) 设 G 是有限正则 p 群, (4.2) 为 G 的任一 L 群列. 对于 $1 \le i \le \omega$, 取 b_i 是 $L_{i-1}(G) \backslash L_i(G)$ 中任一最小阶元素, 则 $(b_1, \cdots, b_\omega)$ 是 G 的一组唯一性基底.

命题 4.1.1 ([100]) 设 (4.1) 和 (4.2) 分别为正则 p 群 G 的 W **群列**和一个 L 群列, 则对任意的 $i = 0, 1, \cdots, e-1$, $W_i(G) = L_{\omega_{i+1}}(G)$.

接下来, 我们将要给出型不变量为 $(e, 1, 1, 1)$, $e \ge 2$ 的正则 p 群 G 的分类. 因为阶 $\le p^p$ 的群是正则的, 所以为了确保我们得到的群一定正则, 我们假定 $e + 3 \le p$. 因为 $\omega(G) = 4$, 所以 $d(G) = 2, 3, 4$. 下面我们将分三个定理来考虑这三种情形.

定理 4.1.2 设 $d(G) = 2$. 则 G 是亚交换群且同构于以下互不同构的群之一:

(I) $\langle a, b, c, d \mid a^{p^e} = b^p = c^p = d^p = 1, [b, a] = c, [c, a] = 1, [c, b] = d, [d, a] = [d, b] = 1 \rangle$, $(|G'| = p^2, c(G) = 3)$;

(II) $\langle a, b, c, d \mid a^{p^e} = b^p = c^p = d^p = 1, [b, a] = c, [c, a] = d, [c, b] = 1, [d, a] = [d, b] = 1 \rangle$, $(|G'| = p^2, c(G) = 3)$;

(III) $\langle a, b, c, d \mid a^{p^e} = b^p = c^p = d^p = 1, [b, a] = c, [c, a] = d, [c, b] = a^{ip^{e-1}}, [d, a] = [d, b] = 1 \rangle$ ($i = 1$ 或 ν), 其中 ν 模 p 平方非剩余, $(|G'| = p^3, c(G) = 3)$;

(IV) $\langle a, b, c, d \mid a^{p^e} = b^p = c^p = d^p = 1, [b, a] = c, [c, a] = a^{p^{e-1}}, [c, b] = d, [d, a] = [d, b] = 1 \rangle$, $(|G'| = p^3, c(G) = 3)$;

(V) 当 $p \equiv 3 \pmod 4$ 时,

$\langle a, b, c, d \mid a^{p^e} = b^p = c^p = d^p = 1, [b, a] = c, [c, a] = d, [c, b] = a^{ip^{e-1}}, [d, a] = a^{p^{e-1}}, [d, b] = 1 \rangle$, ($i = 0, 1$ 或 ν), 其中 ν 模 p 平方非剩余, (三种群),

当 $p \equiv 1 \pmod 4$ 时,

$\langle a,b,c,d \mid a^{p^e} = b^p = c^p = d^p = 1, [b,a] = c, [c,a] = d, [c,b] = a^{ip^{e-1}}, [d,a] = a^{p^{e-1}},$
$[d,b] = 1\rangle, (i = 0,1,\nu,\mu \text{ 或 } \rho),$ 其中 $1, \nu, \mu$ 和 ρ 是由 $\mathbb{Z}_p^*$ 中四次剩余生成的子群 $\mathbb{F}$ 的陪集代表, (五种群), $(|G'| = p^3, c(G) = 4)$;

(VI) 当 $p \equiv 2 (\mathrm{mod}\ 3)$ 时,

$\langle a,b,c,d \mid a^{p^e} = b^p = c^p = d^p = 1, [b,a] = c, [c,a] = a^{kp^{e-1}}, [c,b] = d, [d,a] = 1, [d,b] = a^{p^{e-1}}\rangle, (k = 0 \text{ 或 } 1),$ (两种群),

当 $p \equiv 1 (\mathrm{mod}\ 3)$ 时,

$\langle a,b,c,d \mid a^{p^e} = b^p = c^p = d^p = 1, [b,a] = c, [c,a] = a^{kp^{e-1}}, [c,b] = d, [d,a] = 1, [d,b] = a^{sp^{e-1}}\rangle, (k = 0 \text{ 或 } 1, s = 1, \mu \text{ 或 } \nu),$ 其中 $1, \mu$ 和 ν 是由 $\mathbb{Z}_p^*$ 中三次剩余生成的子群 $\mathbb{T}$ 的陪集代表, (六种群), $(|G'| = p^3, c(G) = 4)$.

满足条件的互不同构的群共有 $6 + \gcd(p-1,4) + 2\gcd(p-1,3)$ 个, 即 (I)–(VI).

证明   设 $\exp(G) = p^e$. 因为 $d(G) = 2$, 所以 $|G/\Phi(G)| = p^2$. 取 G 的任一 L 群列:

$$G = L_0(G) > L_1(G) > L_2(G) > L_3(G) > L_4(G) = \mho_1(G).$$

因为 $\omega_1 = 4, \omega_2 = \cdots = \omega_e = 1$, 所以

$$W_0(G) = L_4(G) = \mho_1(G), W_1(G) = \cdots = W_{e-1}(G) = L_1(G), W_e(G) = G.$$

因为 $L_1(G)$ 是 G 的极大子群, 所以不妨设 $L_2(G) = \Phi(G)$.

取 $a \in L_0(G) \backslash L_1(G), b \in L_1(G) \backslash L_2(G)$ 且为最小阶元素, 则

$$o(a) = p^e, o(b) = p, G = \langle a,b \rangle.$$

令 $c = [b,a]$, 则 $c \neq 1$. 由文献 [100] 的定理 5.4.17 及 $[b^p, a] = 1$ 得 $c^p = [b,a]^p = 1$, 即 $o(c) = p$. 由此可得 $\exp(G') = p$. 显然 $c \in L_2(G) = \Phi(G)$. 下面我们证明 $c \notin L_3(G)$. 若 $c \in L_3(G)$, 则 $c^g \in L_3(G), \forall g \in G$. 从而可得 $G' \leq L_3(G)$. 故 $\Phi(G) \leq L_3(G)$, 矛盾. 所以 $c \in L_2(G) \backslash L_3(G)$.

因为 $\exp(G') = p$, 所以由引理 1.2.7 得 G 是 p 交换的. 进一步有, $\mho_1(G) = \langle a^p \rangle \leq Z(G)$.

因为 G 的型不变量为 $(e,1,1,1)$, 所以 $|\mho_1(G)| = p^{e-1}$. 由 $d(G) = 2$ 得 $G/\Phi(G)$ 的型不变量为 $(1,1)$. 由文献 [100] 的引理 5.2.18 得, $\Phi(G)$ 的型不变量为 $(e-1,1,1)$ 或 $(e,1)$. 若后者成立, 由 $\exp(G') = p$ 和 $\exp(\mho_1(G)) = p^{e-1}$ 得 $\exp(\Phi(G)) = \exp(\mho_1(G)G') = p^{e-1}$, 矛盾. 因此 $\Phi(G)$ 的型不变量为 $(e-1,1,1)$. 从而 $|G'| \leq p^3$. 我们断言 $|G'| > p$. 若否, 则 $G' = \langle c \rangle \leq Z(G)$. 从而 $\forall x \in G$ 可以表成下面的形式: $x = a^i b^j c^k$, 与 $\omega(G) = 4$, 矛盾. 因此 $3 \leq c(G) \leq 4$ 且 $|G'| = p^2$ 或 $|G'| = p^3$.

情形1 $|G'| = p^2$.

因为 $\Phi(G)$ 的型不变量为 $(e-1,1,1)$ 且 $\exp(G') = p$, 所以 $|G'\Omega_1(\mho_1(G))| = p^3$. 又因 $|G'| = p^2$, 所以 $\Omega_1(\mho_1(G)) = \langle a^{p^{e-1}} \rangle \nleq G'$. 由 $d(G) = 2$ 得 G'/G_3 为循环群. 因

而 $|G_3| = p$. 不妨设 $L_3(G) = \mho_1(G)G_3$. 令 $G_3 = \langle d \rangle$, 则 (a, b, c, d) 是 G 的唯一性基底且 $G' = \langle c, d \rangle$. 由 $d \in Z(G)$, 显然可得

$$[d, a] = [d, b] = [d, c] = 1.$$

进一步, 我们来考虑 $[c, a]$ 和 $[c, b]$.

若 $[c, b] \neq 1$, 则设 $[c, b] = d$. 令 $[c, a] = d^i$. 若 $p \mid i$, 则 G 为定理中的群 (I). 若 $p \nmid i$, 令

$$a_1 = ab^{-i}, \quad c_1 = [b, a_1], \quad [c_1, b] = d.$$

则 $[c_1, a_1] = 1$. 从而 G 也为定理中的群 (I).

若 $[c, b] = 1$, 则 $[c, a] \neq 1$. 令 $d = [c, a]$. 则易得 G 为定理中的群 (II).

下面我们来证明这两个群互不同构. 若其同构, 在群 (I) 中, 设

$$a' = a^s b^t c^u d^m \ b' = a^{r p^{e-1}} b^v c^w d^n \ 且 \ c' = [b', a'],$$

其中 s, t, u, m, r, v, w, n 为正整数且 $p \nmid s$, $p \nmid v$. 则 a', b', c' 满足群 (II) 的定义关系. 特别地, $[c', b'] = 1$. 通过计算得

$$[c', b'] = [b', a', b'] = [a^{r p^{e-1}} b^v c^w d^n, \ a^s b^t c^u d^m, \ a^{r p^{e-1}} b^v c^w d^n] = [c, b]^{v^2 s} = d^{v^2 s}.$$

因此 $d^{v^2 s} = 1$. 故 $p \mid v$ 或 $p \mid s$, 矛盾.

情形2 $|G'| = p^3$.

因为 $\Phi(G)$ 的型不变量为 $(e-1, 1, 1)$, 所以 $G' = \Omega_1(\Phi(G)) \geq \langle a^{p^{e-1}} \rangle$. 我们断言 $\langle a^{p^{e-1}} \rangle \leq G_3$. 若否, 则 $\langle a^{p^{e-1}} \rangle \nleq G_3$. 进而

$$\mho_1(G) \cap G_{c(G)} = \langle a^p \rangle \cap G_{c(G)} = 1, \ 其中 \ 3 \leq c(G) \leq 4.$$

由于 $Z(G) \geq G_{c(G)} \langle a^p \rangle$, 因此 $|Z(G)| \geq p^e$. 则 $|G/Z(G)| \leq p^3$ 且 $c(G) = 3$. 又因 G'/G_3 循环, 所以 $|G_3| = p^2$ 且 $G'/G_3 = \langle \bar{c} \rangle$, 其中 $c = [b, a]$. 由 $a^{p^{e-1}} \in G' \backslash G_3$ 和 $c \in G' \backslash G_3$ 可得, 对某个 i 有 $a^{i p^{e-1}} G_3 = c G_3$. 则 $c^{-1} a^{i p^{e-1}} \in G_3 \leq Z(G)$. 由 $\mho_1(G) \leq Z(G)$ 得, $c \in Z(G)$, 矛盾. 从而 $\langle a^{p^{e-1}} \rangle \leq G_3$.

因为 $|G_3| = p^2$, 所以 $|G_3 \mho_1(G)| = p^e$. 不失一般性设 $L_3(G) = G_3 \mho_1(G)$. 令 $G_3 = \langle a^{p^{e-1}}, d \rangle$, 其中 $o(d) = p$. 则 $d \in L_3(G) \backslash L_4(G)$ 且 (a, b, c, d) 是 G 的唯一性基底. 下面分两种情况考虑:

(a) $c(G) = 3$, (b) $c(G) = 4$.

对于后者, 因为 $d \notin Z(G)$, 所以 $G_4 = \langle a^{p^{e-1}} \rangle$. 因为无论哪种情况均有 $c(G) \leq 4$, 所以 G' 是交换群.

(a) $c(G) = 3$.

由 $G_3 \le Z(G)$ 得 $[d,a] = [d,b] = 1$. 因而 $[c,a]$, $[c,b]$ 生成 G_3. 由于 $|G_3| = p^2$, 因此 $[c,a]$ 和 $[c,b]$ 在 $G_3 = \langle a^{p^{e-1}}, d \rangle$ 中无关. 则对于某个整数 t, 用 ab^t 替换 a 且适当变换 d 后, 可设

$$[c,b] = a^{ip^{e-1}}, [c,a] = d, \text{ 或 } [c,b] = d, [c,a] = a^{jp^{e-1}},$$

其中 $p \nmid i$, $p \nmid j$. 因此 G 同构于以下群之一:

(i) $\langle a,b,c,d \mid a^{p^e} = b^p = c^p = d^p = 1, [b,a] = c, [c,a] = d, [c,b] = a^{ip^{e-1}}, [d,a] = [d,b] = [d,c] = 1 \rangle$, 其中 $p \nmid i$;

(ii) $\langle a,b,c,d \mid a^{p^e} = b^p = c^p = d^p = 1, [b,a] = c, [c,a] = a^{jp^{e-1}}, [c,b] = d, [d,a] = [d,b] = [d,c] = 1 \rangle$, 其中 $p \nmid j$.

类似于情形 1, 我们可以证明对于任意的 i, j, 这两种群互不同构. 详细计算略.

下面, 我们决定群 (i) 和 (ii) 中互不同构的群的类型.

对于群 (i), 令 $b_1 = b^\ell$, 则

$$[b_1, a] = c_1, [c_1, a] = d_1, [c_1, b_1] = a^{i\ell^2 p^{e-1}},$$

其中 $c_1 = c^\ell a^{ip^{e-1}\binom{\ell}{2}}$, $d_1 = d^\ell$. 假定 ν 模 p 平方非剩余, 则 G 同构于以下群之一:

(ia) $\langle a,b,c,d \mid a^{p^e} = b^p = c^p = d^p = 1, [b,a] = c, [c,a] = d, [c,b] = a^{p^{e-1}}, [d,a] = [d,b] = [d,c] = 1 \rangle$;

(ib) $\langle a,b,c,d \mid a^{p^e} = b^p = c^p = d^p = 1, [b,a] = c, [c,a] = d, [c,b] = a^{\nu p^{e-1}}, [d,a] = [d,b] = [d,c] = 1 \rangle$.

类似于情形 1 的方法可证, 群 (ia) 和 (ib) 互不同构. 详细计算略. 综合群 (ia) 和 (ib), 可得 G 为定理中的群 (III).

对于群 (ii), 令 $b_1 = b^\ell$, 则

$$[b_1, a] = c_1, [c_1, a] = a^{p^{e-1}}, [c_1, b_1] = d_1,$$

其中 $j\ell \equiv 1 \pmod{p}$, $c_1 = c^\ell d^{\binom{\ell}{2}}$, $d_1 = d^{\ell^2}$. 则 G 为群 (IV).

综上可知, 在 (a) 中, G 同构于群 (III), (IV) 之一且其互不同构.

(b) $c(G) = 4$, $G_4 = \langle a^{p^{e-1}} \rangle$.

令 $\overline{G} = G/G_4$. 由文献 [100] 中引理 5.2.18 得, $\overline{G}$ 的型不变量为 $(e-1,1,1,1)$ 或 $(e,1,1)$. 若后者成立, 则 $\exp(\overline{G}) = p^e$. 另一方面, 由于 $\overline{G} = \langle \bar{a}, \bar{b}, \bar{c}, \bar{d} \rangle$, $o(\bar{a}) = p^{e-1}$ 且其余生成元的阶 $\le p$, 因此 $\exp(\overline{G}) = p^{e-1}$, 矛盾. 从而 $\overline{G}$ 的型不变量为 $(e-1,1,1,1)$. 进一步地, $c(\overline{G}) = 3$. 利用情形 1 的结果, $\overline{G}$ 同构于以下两种群之一:

(i°) $\langle \bar{a}, \bar{b}, \bar{c}, \bar{d} \mid \bar{a}^{p^{e-1}} = \bar{b}^p = \bar{c}^p = \bar{d}^p = 1, [\bar{b}, \bar{a}] = \bar{c}, [\bar{c}, \bar{a}] = \bar{d}, [\bar{c}, \bar{b}] = 1, [\bar{d}, \bar{a}] = [\bar{d}, \bar{b}] = [\bar{d}, \bar{c}] = 1 \rangle$;

(ii°) $\langle \bar{a}, \bar{b}, \bar{c}, \bar{d} \mid \bar{a}^{p^{e-1}} = \bar{b}^p = \bar{c}^p = \bar{d}^p = 1, [\bar{b}, \bar{a}] = \bar{c}, [\bar{c}, \bar{a}] = 1, [\bar{c}, \bar{b}] = \bar{d}, [\bar{d}, \bar{a}] = [\bar{d}, \bar{b}] = [\bar{d}, \bar{c}] = 1 \rangle$.

(显然, 若 $e = 2$, 则上面两种群同构于文献 [99] 中的 p^4 阶群 (xiii).)

因为 G' 是交换群, 所以 $[d, c] = 1$. 进一步, 若

$$[c, a] = d, [c, b] = a^{ip^{e-1}},$$

则

$$[d, b] = [c, a, b] = [c, b, a] = [a^{ip^{e-1}}, a] = 1.$$

类似地, 若

$$[c, b] = d, [c, a] = a^{kp^{e-1}},$$

则

$$[d, a] = [c, b, a] = [c, a, b] = [a^{kp^{e-1}}, b] = 1.$$

因此, G 同构于下面的群之一:

(i) $\langle a, b, c, d \mid a^{p^e} = b^p = c^p = d^p = 1, [b, a] = c, [c, a] = d, [c, b] = a^{ip^{e-1}}, [d, a] = a^{jp^{e-1}}, [d, b] = [d, c] = 1 \rangle$, 其中 $p \nmid j$;

(ii) $\langle a, b, c, d \mid a^{p^e} = b^p = c^p = d^p = 1, [b, a] = c, [c, a] = a^{kp^{e-1}}, [c, b] = d, [d, a] = 1, [d, b] = a^{\ell p^{e-1}}, [d, c] = 1 \rangle$, 其中 $p \nmid \ell$.

下面, 我们来决定群 (i) 和 (ii) 中互不同构的群的类型.

因为 $c(G) = 4$, 所以由命题 4.3.1 和命题 1.2.2 知, 对于任意的 $x_1, x_2, x_3, x_4 \in G$ 和任意整数 n_1, n_2, n_3, n_4, 我们有

$$[x_1^{n_1}, x_2^{n_2}, x_3^{n_3}, x_4^{n_4}] = [x_1, x_2, x_3, x_4]^{n_1 n_2 n_3 n_4}, \quad [x_1^{n_1}, x_2^{n_2}, x_3^{n_3}] \equiv [x_1, x_2, x_3]^{n_1 n_2 n_3} (\text{mod } G_4).$$

$$(*)$$

在群 (i) 中, 令

$$a' = a^s b^t c^u d^m, \quad b' = a^{rp^{e-1}} b^v c^w d^n,$$

其中 s, t, u, m, r, v, w, n 是正整数且 $p \nmid s, p \nmid v$. 则 a', b' 生成 G. 令 $c' = [b', a']$. 因为 G 是亚交换群, 所以由命题 1.2.2 和等式 $(*)$ 知

$$\begin{aligned}
c' &= [a^{rp^{e-1}} b^v c^w d^n, a^s b^t c^u d^m] \\
&\equiv [b, a]^{vs} [b, a, a]^{v\binom{s}{2} + ws} = c^{vs} d^{v\binom{s}{2} + ws} (\text{mod } G_4).
\end{aligned}$$

则

$$\begin{aligned}
[c', a'] &= [c^{vs} d^{v\binom{s}{2} + ws}, a'] \\
&= d^{vs^2} a^{p^{e-1}(jvs\binom{s}{2} + j(v\binom{s}{2} + ws)s + ivst)} \notin Z(G).
\end{aligned}$$

因为在群 (ii) 中, $[c, a] \in Z(G)$, 所以 (i) 中任意群与 (ii) 中群均不同构. 令 $[c', a'] = d'$. 通过计算有

$$[c', b'] = a'^{iv^2 p^{e-1}}, \quad [d', a'] = a'^{jvs^2 p^{e-1}}.$$

因而, 对于任意的 j, s, 可适当选取 v 使得 $jvs^2 \equiv 1 (\mathrm{mod}\ p)$. 故 $[d', a'] = a'^{p^{e-1}}$. 更有, 对于任意的平方剩余(或平方非剩余) j, 当 s 取遍 $\mathbb{Z}_p^*$ 中所有的非零元时, v 取遍 $\mathbb{Z}_p^*$ 中所有平方剩余(或平方非剩余). 从而 v^2 取遍 $\mathbb{Z}_p^*$ 四次剩余(或平方非剩余的平方).

当 $p \equiv 3 (\mathrm{mod}\ 4)$ 时, 因为平方剩余组成的集合与四次剩余组成的集合相同, 所以我们可以适当选择 v 使得 $[c', b'] = a'^{ip^{e-1}}$, 其中 $i = 0, 1$ 或 ν, ν 是一个确定的平方非剩余. 从而得到三种互不同构的群:

$\langle a, b, c, d \mid a^{p^e} = b^p = c^p = d^p = 1, [b, a] = c, [c, a] = d, [c, b] = a^{ip^{e-1}}, [d, a] = a^{p^{e-1}}, [d, b] = [d, c] = 1 \rangle$ ($i = 0, 1$, 或 ν), 其中 $p \equiv 3 (\mathrm{mod}\ 4)$, ν 是一个确定的模 p 平方非剩余.

当 $p \equiv 1 (\mathrm{mod}\ 4)$, 由非零四次剩余组成的集合是乘群 $\mathbb{Z}_p^*$ 的指数为 4 的子群. 令 $1, \nu, \mu, \rho$ 为该子群的陪集代表且 ν 为平方非剩余. 则有五种互不同构的群:

$\langle a, b, c, d \mid a^{p^e} = b^p = c^p = d^p = 1, [b, a] = c, [c, a] = d, [c, b] = a^{ip^{e-1}}, [d, a] = a^{p^{e-1}}, [d, b] = [d, c] = 1 \rangle$ $i = 0, 1, \nu, \mu$ 或 ρ, 其中 $p \equiv 1 (\mathrm{mod}\ 4)$ 且 $1, \nu, \mu$ 和 ρ 为由 $\mathbb{Z}_p^*$ 中非零四次剩余组成的子群 $\mathbb{F}$ 的陪集代表.

由上可得, 在 (i) 中, 当 $p \equiv 3 (\mathrm{mod}\ 4)$ 或 $p \equiv 1 (\mathrm{mod}\ 4)$ 时, 分别可得到三种或五种互不同构的群.

综上可得 G 为定理中的群 (V).

对于群 (ii), 令 $a' = a^i$, $b' = b^j$, $p \nmid ij$, 则 $(a', b', c' = [b', a'], d' = [c', b'])$ 是 G 的另一组唯一性基底. 由命题 4.3.1 和命题 1.2.2 计算得

$$
\begin{aligned}
[d', b'] &= [b', a', b', b'] = [b^j, a^i, b^j, b^j] = [b, a, b, b]^{ij^3} = a^{ij^3 \ell p^{e-1}} = a'^{j^3 \ell p^{e-1}}, \\
[c', a'] &= [b', a', a'] = [b^j, a^i, a^i] = [[b, a]^{ij} [b, a, a]^{j \binom{i}{2}} [b, a, b]^{i \binom{j}{2}}, a^i] = [b, a, a]^{ji^2} \\
&= a'^{kij p^{e-1}}.
\end{aligned}
$$

设 $\mathbb{T}$ 是由 $\mathbb{Z}_p^*$ 中的三次剩余生成的子群. 则当 $p \equiv 2 (\mathrm{mod}\ 3)$ 时, $\mathbb{T} = \mathbb{Z}_p^*$; 当 $p \equiv 1 (\mathrm{mod}\ 3)$ 时, $|\mathbb{Z}_p^* : \mathbb{T}| = 3$. 对于后者, 令 $1, \mu, \nu$ 为 $\mathbb{Z}_p^*$ 的子群 $\mathbb{T}$ 的陪集代表. 所以对于群 (ii) 有下面两种情形: (a) $p \equiv 2 (\mathrm{mod}\ 3)$, (b) $p \equiv 1 (\mathrm{mod}\ 3)$.

情形 (a) 中, 对于任意的 ℓ, 我们可适当选择 j 使得 $\ell j^3 \equiv 1 (\mathrm{mod}\ p)$. 故 $[d', b'] = a'^{p^{e-1}}$. 对于任意 k, 若 $p \nmid k$, 我们也可适当选择 i 使得 $kij \equiv 1 (\mathrm{mod}\ p)$. 因此得到下面的群:

$\langle a', b', c', d' \mid a'^{p^e} = b'^p = c'^p = d'^p = 1, [b', a'] = c', [c', a'] = a'^{kp^{e-1}}, [c', b'] = d', [d', a'] = 1, [d', b'] = a'^{p^{e-1}}, [d', c'] = 1 \rangle$ ($k = 0, 1$), (两种群).

情形 (b) 中, 对于任意的 ℓ, 我们可适当选择 j 使得 $\ell j^3 \equiv s (\mathrm{mod}\ p)$, 其中 $s = 1$, μ 或 ν. 因此 $[d', b'] = a'^{sp^{e-1}}$. 同样, 当 $p \nmid k$ 时, 取适当的 i 使得 $kij \equiv 1 (\mathrm{mod}\ p)$. 因而有下面的群:

$G(k, s) = \langle a', b', c', d' \mid a'^{p^e} = b'^p = c'^p = d'^p = 1, [b', a'] = c', [c', a'] = a'^{kp^{e-1}}, [c', b'] = d', [d', a'] = 1, [d', b'] = a'^{sp^{e-1}}, [d', c'] = 1 \rangle$ ($k = 0, 1, s = 1, \mu, \nu$), (六种群).

接下来, 我们来证明不同的参数对应的群互不同构. 对于上面给出的群, 若 $k = 0$, 则 $C_G\langle a'\rangle) = \langle a', c', d'\rangle$; 若 $k = 1$, 则 $C_G(\langle a'\rangle) = \langle a', d'\rangle$. 故 $k = 0$ 的群与 $k = 1$ 的群互不同构. 下面, 假定 $p \equiv 1 \pmod 3$. 我们将要证明 s 取不同值时, 得到的群互不同构. 不妨设 $G(k, s_1) \cong G(k, s_2)$, 其中 $s_1, s_2 \in \{1, \mu, \nu\}$. 在群 $G(k, s_1)$ 中, 令

$$a'' = a'^m b'^n c'^u d'^v, \ b'' = a'^{rp^{e-1}} b'^w c'^x d'^y,$$

其中 m, n, u, v, r, w, x, y 取适当的整数且 $p \nmid m, p \nmid w$ 使得 a'' 和 b'' 生成 $G(k, s_1)$, 并且

$$a'', \ b'', \ c'' = [b'', a''], \ d'' = [c'', b'']$$

满足群 $G(k, s_2)$ 的定义关系. 特别地, $[d'', b''] = a''^{s_2 p^{e-1}}$. 通过计算得

$$[d'', b''] = [b'', a'', b'', b''] = [b'^w, a'^m, b'^w, b'^w] = [b', a', b', b']^{mw^3} = a'^{s_1 m w^3 p^{e-1}},$$

$$a''^{p^{e-1}} = (a'^m b'^n c'^u d'^v)^{p^{e-1}} = a'^{m p^{e-1}}.$$

故 $[d'', b''] = a''^{s_1 w^3 p^{e-1}}$. 由上可得, $s_2 \equiv s_1 w^3 \pmod p$, 即 $s_1 = s_2$.

由上可得, 在 (ii) 中, 当 $p \equiv 2 \pmod 3$ 或 $p \equiv 1 \pmod 3$ 时, 分别可得到两种或六种互不同构的群.

综上可得 G 为定理中的群 (VI).

定理 4.1.3 设 $d(G) = 3$. 则 G 同构于以下互不同构的群之一:

(VII) $\langle a, b, c, d \mid a^{p^e} = b^p = c^p = d^p = 1, [b, a] = d, [c, a] = [c, b] = 1, [d, a] = [d, b] = [d, c] = 1\rangle$, $(|G'| = p, c(G) = 2)$;

(VIII) $\langle a, b, c, d \mid a^{p^e} = b^p = c^p = d^p = 1, [b, a] = [c, a] = 1, [c, b] = d, [d, a] = [d, b] = [d, c] = 1\rangle$, $(|G'| = p, c(G) = 2)$;

(IX) $\langle a, b, c, d \mid a^{p^e} = b^p = c^p = d^p = 1, [b, a] = a^{p^{e-1}}, [c, a] = d, [c, b] = 1, [d, a] = [d, b] = [d, c] = 1\rangle$, $(|G'| = p^2, c(G) = 2)$;

(X) $\langle a, b, c, d \mid a^{p^e} = b^p = c^p = d^p = 1, [b, a] = 1, [c, a] = a^{p^{e-1}}, [c, b] = d, [d, a] = [d, b] = [d, c] = 1\rangle$, $(|G'| = p^2, c(G) = 2)$;

(XI) $\langle a, b, c, d \mid a^{p^e} = b^p = c^p = d^p = 1, [b, a] = 1, [c, a] = d, [c, b] = a^{p^{e-1}}, [d, a] = [d, b] = [d, c] = 1\rangle$, $(|G'| = p^2, c(G) = 2)$;

(XII) $\langle a, b, c, d \mid a^{p^e} = b^p = c^p = d^p = 1, [b, a] = 1, [c, a] = 1, [c, b] = d, [d, a] = 1, [d, b] = 1, [d, c] = a^{p^{e-1}}\rangle$, $(|G'| = p^2, c(G) = 3)$;

(XIII) $\langle a, b, c, d \mid a^{p^e} = b^p = c^p = d^p = 1, [b, a] = 1, [c, a] = a^{p^{e-1}}, [c, b] = d, [d, a] = 1, [d, b] = a^{p^{e-1}}, [d, c] = 1\rangle$, $(|G'| = p^2, c(G) = 3)$;

(XIV) $\langle a, b, c, d \mid a^{p^e} = b^p = c^p = d^p = 1, [b, a] = d, [c, a] = [c, b] = 1, [d, a] = 1, [d, b] = a^{ip^{e-1}}, [d, c] = 1\rangle$, $(i = 1, \nu)$, 其中 ν 模 p 平方非剩余, (两种群), $(|G'| = p^2, c(G) = 3)$;

(XV) $\langle a,b,c,d \mid a^{p^e} = b^p = c^p = d^p = 1, [b,a] = d, [c,a] = a^{p^{e-1}}, [c,b] = 1, [d,a] = 1, [d,b] = a^{ip^{e-1}}, [d,c] = 1 \rangle$, $(i = 1, \nu)$,其中 ν 模 p 平方非剩余, (两种群), $(|G'| = p^2, c(G) = 3)$;

(XVI) $\langle a,b,c,d \mid a^{p^e} = b^p = c^p = d^p = 1, [b,a] = d, [c,a] = 1, [c,b] = 1, [d,a] = a^{p^{e-1}}, [d,b] = [d,c] = 1 \rangle$, $(|G'| = p^2, c(G) = 3)$;

(XVII) $\langle a,b,c,d \mid a^{p^e} = b^p = c^p = d^p = 1, [b,a] = d, [c,a] = 1, [c,b] = a^{p^{e-1}}, [d,a] = a^{p^{e-1}}, [d,b] = [d,c] = 1 \rangle$, $(|G'| = p^2, c(G) = 3)$.

满足条件的互不同构的群共有 13 个, 即(VII)–(XVII).

证明 因为 $d(G) = 3$, 所以 $|G/\Phi(G)| = p^3$.

取 G 的任一 L 群列:

$$G = L_0(G) > L_1(G) > L_2(G) > L_3(G) > L_4(G) = \mho_1(G).$$

由于 $\omega_1 = 4, \omega_2 = \cdots = \omega_e = 1$, 因此

$$W_0(G) = L_4(G) = \mho_1(G), \ W_1(G) = \cdots = W_{e-1}(G) = L_1(G) \ \text{且} \ W_e(G) = G.$$

因为 $L_1(G)$ 是 G 的极大子群, 所以不失一般性我们可假设 $L_3(G) = \Phi(G)$.

取

$$a \in L_0(G) \backslash L_1(G), \ b \in L_1(G) \backslash L_2(G), \ c \in L_2(G) \backslash L_3(G)$$

且为最小阶元素, 则 $o(a) = p^e, o(b) = p, o(c) = p$ 且 $G = \langle a,b,c \rangle$.

因为 $\exp(G') = p$, 所以由引理 1.2.7 知, G 是 p 交换的. 进一步有, $\mho_1(G) = \langle a^p \rangle \le Z(G)$.

因为 G 的型不变量为 $(e,1,1,1)$, 所以 $|\mho_1(G)| = p^{e-1}$. 由于 $\exp(G') = p$ 且 $d(G) = 3$, 因此 $\Phi(G)$ 的型不变量是 $(e-1,1)$. 由此可得 $|G'| \le p^2$. 故 $|G'| = p$ 或 $|G'| = p^2$.

情形1 $|G'| = p$.

因为 $|G'| = p$, $G' \ne \langle a^p \rangle$, 所以可设 $G' = \langle d \rangle$. 则 (a,b,c,d) 是 G 的唯一性基底且 $G' \le Z(G)$. 故

$$[d,a] = [d,b] = [d,c] = 1.$$

我们再分两种情况考虑: (1) $a \notin Z(G)$, (2) $a \in Z(G)$.

对于 (1), 不失一般性假设 $[b,a] = d$. 若 $[c,a] = d^i$, 则 $[cb^{-i}, a] = 1$. 由于不失一般性可取 cb^{-i} 替换 c, 因此我们总可假定 $[c,a] = 1$. 若 $[c,b] = 1$, 则 G 为定理中的群 (VII). 若 $[c,b] = d^j \ne 1$, 则 $[a^jc, b] = 1$. 用 (a^jc, b, c) 替换 (a,b,c), 则得到 G 的另一组唯一性基底. 显然 $a^jc \in Z(G)$. 故归结到情况 (2).

对于 (2), $[c,b] \ne 1$. 可设 $[c,b] = d$, 从而 G 为定理中的群 (VIII). 这里 $G = \langle a \rangle \times \langle b,c \rangle$.

因为若 G 为群 (VII), 则 $Z(G) = \langle a^p, c, d \rangle$; 若 G 为群 (VIII), 则 $Z(G) = \langle a, d \rangle$. 所以这两个群的中心互不同构. 从而这两个群互不同构.

情形 2 $|G'| = p^2$.

显然 $G' = \Omega_1(\Phi(G)) \geq \langle a^{p^{e-1}} \rangle$, 从而设 $G' = \langle a^{p^{e-1}}, d \rangle$. 因而 $d \in L_3(G) \backslash L_4(G)$ 且 (a, b, c, d) 是 G 的一组唯一性基底. 再分两种情况考虑: (1) $c(G) = 2$ 和 (2) $c(G) = 3$. 对于后者, 由 $d \notin Z(G)$ 得 $G_3 = \langle a^{p^{e-1}} \rangle$.

(1) $c(G) = 2$.

由 $G' \leq Z(G)$ 得, $[d, a] = [d, b] = [d, c] = 1$.

我们又分两种情形考虑: (i) 任意 p^e 阶生成元与 p 阶生成元均不交换; (ii) 存在 p^e 阶生成元与 p 阶生成元交换.

(i) 此时易证 $[b, a], [c, a]$ 生成 G'. 取适当的 b, c, 我们可设 $[b, a] = a^{p^{e-1}}$, $[c, a] = d$. 我们断言 $[c, b] = 1$. 若否, 设 $[c, b] = a^{ip^{e-1}} d^j$, 其中 i, j 中至少有一个不被 p 整除. 则可取适当的整数 s 和 t 使得 $it - js \equiv 1 \pmod{p}$. 由上可得

$$[b^{-i} c^{-j}, ab^s c^t] = a^{-ip^{e-1}} d^{-j} [c, b]^{it-js} = 1,$$

矛盾. 故 G 为定理中的群 (IX).

(ii) 不失一般性假定 $[b, a] = 1$. 则 G 是 $\langle a \rangle \times \langle b \rangle \times \langle d \rangle$ 与 $\langle c \rangle$ 的半直积. 由 $[d, c] = 1$ 可得 $[c, a]$ 与 $[c, b]$ 生成 G'.

假定存在元 $x \in G \backslash \langle a \rangle \times \langle b \rangle \times \langle d \rangle$ 正规化 $\langle a \rangle$. 我们可取 c 为 x 的适当方幂使得 $[c, a] = a^{p^{e-1}}$, 令 $[c, b] = d$, 从而 G 为定理中的群 (X).

假定任意元 $x \in G \backslash \langle a \rangle \times \langle b \rangle \times \langle d \rangle$ 均不正规化 $\langle a \rangle$. 则我们可设

$$[c, a] = d, \quad [c, b] = a^{p^{e-1}} d^j.$$

若 $p \nmid j$, 则 $[c, a^{-j} b] = a^{p^{e-1}} \in \langle a^{-j} b \rangle$, 则有 c 正规化 $\langle a^{-j} b \rangle$. 用 $a^{-j} b$ 替换 a, 则 c 正规化 $\langle a \rangle$, 矛盾. 因此 $j \equiv 0 \pmod{p}$, 从而 G 为定理中的群 (XI).

下面我们证明群 (IX)–(XI) 互不同构: (1) 因为在群 (IX) 中, 任意 p^e 阶生成元与 p 阶生成元均不交换, 但群 (X) 和 (XI) 无此性质, 所以群 (IX) 不同构于群 (X) 和群 (XI); (2) 因为在群 (X) 中, $\langle a \rangle \trianglelefteq G$, 但在群 (XI) 中, 通过计算可知, 任意 p^e 阶元均不能生成 G 的正规子群, 所以群 (X) 与 (XI) 互不同构.

(2) $c(G) = 3$, $G_3 = \langle a^{p^{e-1}} \rangle$.

此时, 我们分三种情况考虑: (i) $a \in Z(G)$; (ii) $\langle a \rangle \trianglelefteq G$, 但 $a \notin Z(G)$; (iii) $\langle a \rangle \ntrianglelefteq G$.

(i) $a \in Z(G)$.

因为 $a \in Z(G)$, 所以 $[b, a] = [c, a] = [d, a] = 1$. 由于 $c(G) = 3$, 因此 $[c, b] \notin Z(G)$. 下面来考虑 $[c, b, b]$ 和 $[c, b, c]$, 这里

$$G_3 = \langle [c, b, b], [c, b, c] \rangle.$$

我们可不妨设 $[c, b, b] = 1$. (这是因为若 $[c, b, c] = 1$, 互换 b, c 可得

$$[b, c, b] = [c, b, b]^{-1} = 1,$$

故 $[c, b, b] = 1$; 若 $[c, b, b], [c, b, c]$ 均不等于 1, 则设

$$[c, b, b] = a^{ip^{e-1}}, \quad [c, b, c] = a^{jp^{e-1}},$$

其中 $p \nmid ij$, 显然可取适当的整数 s, t 使得 $p \nmid s, p \mid si + tj$. 则

$$[c, b^s c^t, b^s c^t] = [c, b, b]^{s^2}[c, b, c]^{st} = a^{(is^2 + jst)p^{e-1}} = 1.$$

用 $b^s c^t$ 替换 b 有, $[c, b, b] = 1$.)

接下来, 取适当的 u 使得 $ju \equiv 1 \pmod{p}$, 则

$$[c, b^u, c] = [c, b, c]^u = a^{jup^{e-1}} = a^{p^{e-1}}.$$

用 b^u 替换 b, 可使

$$[c, b, b] = 1, [c, b, c] = a^{p^{e-1}}.$$

不失一般性, 令 $[c, b] = d$, 则 $[d, b] = 1, [d, c] = a^{p^{e-1}}$. 故 G 为定理中的群 (XII).

(ii) $\langle a \rangle \trianglelefteq G$, 但 $a \notin Z(G)$.

因为 $\langle a \rangle \trianglelefteq G, a \notin Z(G)$ 且 $G' = \langle a^{p^{e-1}}, d \rangle$, 所以不失一般性设

$$[b, a] = a^{ip^{e-1}}, \quad [c, a] = a^{jp^{e-1}},$$

其中 i, j 至少有一个不被 p 整除. 取适当的整数 s, t, u, v 并用 $b^s c^t, b^u c^v$ 分别替换 b, c 可使

$$[b, a] = 1, \quad [c, a] = a^{p^{e-1}}.$$

因为 $c(G) = 3$, 所以 $[c, b] \notin G_3$. 令 $d = [c, b]$. 由命题 1.2.1 知 $[d, a] = 1$. 因为 $[d, b], [d, c] \in G_3$, 所以设

$$[d, b] = a^{kp^{e-1}}, \quad [d, c] = a^{\ell p^{e-1}},$$

其中 k, ℓ 至少有一个不被 p 整除. (否则, $c(G) = 2$.) 假设 $p \mid k$, 则 $p \nmid \ell$. 令 $a_1 = ad^{\ell^{-1}}$, 其中 ℓ^{-1} 是 ℓ 在 $\mathbb{Z}_p^*$ 中的逆元, 则有

$$[c, a_1] = 1, \quad [b, a_1] = 1.$$

从而可得 $a_1 \in Z(G)$, 矛盾. 因此 $p \nmid k$. 令 $c_1 = cb^t$, 其中 $kt + \ell \equiv 0 \pmod{p}$ 且设

$$d_1 = [c_1, b] = da^{ktp^{e-1}},$$

则 $[d_1, c_1] = 1$. 令 $a_1 = a^k$, 则 $[d_1, b] = a_1^{p^{e-1}}$. 从而 G 为定理中的群 (XIII).

群 (XII), (XIII) 显然不同构, 这是因为在群 (XIII) 中, 任意 p^e 阶元均不属于中心. (详细过程略.)

(iii) $\langle a \rangle \ntrianglelefteq G$.

令 $N = N_G(\langle a \rangle)$. 因为 $d \in G'$, 所以 $[d, a] \in G_3 \leq \langle a \rangle$. 因而 $d \in N$. 不妨设 b, c 均不在 N 中, 则

$$[b, a] \equiv d^i (\mathrm{mod} G_3) \text{ 且 } [c, a] \equiv d^j (\mathrm{mod} \ G_3),$$

其中 $p \nmid ij$. 易知

$$[bc^k, a] \equiv d^{i+jk} = 1,$$

这里 $k \equiv -ij^{-1} (\mathrm{mod} \ p)$. 因此

$$bc^k \in N \text{ 且 } |N| \geq p^{e+2}.$$

又因 $\langle a \rangle \ntrianglelefteq G$, 所以 $|N| = p^{e+2}$ 且 N 为 G 的极大子群. 不失一般性设 $N = \langle a, c, d \rangle$, 则有 $b \notin N$ 且 $[b, a] \notin G_3$. 不失一般性, 可设 $[b, a] = d$. 下面我们分两种情形考虑: (a) $C_G(\langle a \rangle) = N$; (b) $C_G(\langle a \rangle) \neq N$.

对于 (a), 显然 $[c, a] = [d, a] = 1$. 因为 $[c, b] \in G'$, 所以设 $[c, b] = a^{ip^{e-1}} d^k$. 从而得到

$$[d, c] = [b, a, c] = [a, c, b]^{-1}[c, b, a]^{-1} = 1.$$

下面考虑 $[c, b]$ 和 $[d, b]$. 我们断言 $[c, b] \in G_3$. 若否, $[c, b] = a^{ip^{e-1}} d^k$, 其中 $p \nmid k$. 令 $a_1 = ac^{k^{-1}}$, 则 $[b, a_1] = a_1^{-ik^{-1}p^{e-1}} \in G_3$. 因而 $\langle a_1 \rangle \trianglelefteq G$. 归结到情形 (ii). 因而有 $[c, b] = a^{ip^{e-1}}$. 另一方面, 由于 $c(G) = 3$, 所以 $d \notin Z(G)$. 因为

$$[d, a] = [d, c] = 1,$$

所以

$$[d, b] = a^{jp^{e-1}} \neq 1.$$

现用 $c^s d^t$ 替换 c, 其中 s, t 使得 $p \mid is + jt$, 则有 $[c, b] = 1$. 下面考虑 $[d, b]$, 令 $b_1 = b^\ell$, $d_1 = [b_1, a]$, 则

$$[c, a] = [c, b_1] = 1, \ [d_1, a] = 1, \ [d_1, b_1] = a^{i\ell^2 p^{e-1}}, \ [d_1, c] = 1.$$

不妨设 ν 模 p 平方非剩余. 则 G 同构于下面两种群之一:

(1) $\langle a, b, c, d \mid a^{p^e} = b^p = c^p = d^p = 1, [b, a] = d, [c, a] = [c, b] = 1, [d, a] = 1, [d, b] = a^{p^{e-1}}, [d, c] = 1 \rangle$;

(2) $\langle a, b, c, d \mid a^{p^e} = b^p = c^p = d^p = 1, [b, a] = d, [c, a] = [c, b] = 1, [d, a] = 1, [d, b] = a^{\nu p^{e-1}}, [d, c] = 1 \rangle$.

下证群 (1), (2) 不同构. 若其同构, 在群 (1) 中, 令

$$a' = a^{r_1} b^{s_1} c^{t_1} d^{u_1}, \ b' = a^{r_2 p^{e-1}} b^{s_2} c^{t_2} d^{u_2}, \ c' = a^{r_3 p^{e-1}} b^{s_3} c^{t_3} d^{u_3}$$

且 $[b', a'] = d'$, 这里 $r_i, s_i, t_i, u_i (i = 1, 2, 3)$. 取适当整数且 $p \nmid r_1$, $p \nmid s_2$, $p \nmid t_3$, a', b', c' 亦满足群 (2) 的定义关系. 通过计算,

$$[d', b'] = [b', a', b'] = a'^{s_2^2 p^{e-1}}.$$

因为 s_2^2 平方剩余, 所以假设不成立, 从而得证. (详细计算略.)

综上, G 为定理中的群 (XIV).

对于 (b), 有 $C_G(\langle a \rangle) \neq N$. 因为 N 正规化 $\langle a \rangle$, $N' = \langle a^{p^{e-1}} \rangle$ 且 $d(N) = 3$, 所以 N 同构于文献 [99] 中定理 2 的群 (7). 又因 $d \in G'$, $c \notin G'$, 所以我们有下面的两种情形:

(1°) $N = \langle a, c, d \mid a^{p^e} = c^p = d^p = 1, [c, a] = a^{p^{e-1}}, [d, a] = 1, [d, c] = 1 \rangle$;

(2°) $N = \langle a, c, d \mid a^{p^e} = c^p = d^p = 1, [d, a] = a^{p^{e-1}}, [c, a] = 1, [d, c] = 1 \rangle$.

首先利用类似于 (a) 中的方法知, 对于 (1°), (2°), 我们总可以假定 $[c, b] \in G_3$.

对于 (1°), 因为

$$G_3 = \langle a^{p^{e-1}} \rangle \text{ 且 } [d, a] = [d, c] = 1,$$

所以

$$[d, b] = a^{ip^{e-1}} \neq 1.$$

取合适的 k 并用 cd^k 替换 c, 可使 $[c, b] = 1$. 用类似于前面 (a) 的替换, 可得两个互不同构的群. 同样 $i = 1$ 或 ν, 其中 ν 模 p 平方非剩余. 从而 G 为定理中的群(XV). (详细过程略.)

对于 (2°), 不失一般性设 $[d, b] = 1$. 若否, $[d, b] = a^{kp^{e-1}} \neq 1$, 令 $a_1 = ab^{-k^{-1}}$ 且 $d_1 = [b, a_1]$, 则 $[d_1, a_1] = 1$, 归结到 (1°). 因此,

$$G = \langle a, b, c, d \mid a^{p^e} = b^p = c^p = d^p = 1, [b, a] = d, [c, a] = 1, [c, b] = a^{jp^{e-1}},$$

$$[d, a] = a^{p^{e-1}}, [d, b] = [d, c] = 1 \rangle.$$

若 $p \mid j$, 则 G 为定理中的群 (XVI).

若 $p \nmid j$, 因为用 c 的适当方幂替换 c 可使 $[c, b] = a^{p^{e-1}}$, 所以不失一般性设 $j \equiv 1 \pmod{p}$. 因而 G 为定理中的群 (XVII).

因为在群 (XVI) 中, $\Omega_1(G)$ 是交换群, 但在群 (XVII) 中, $\Omega_1(G)$ 非交换, 所以群 (XVI) 与群 (XVII) 互不同构. 从而定理得证.

定理 4.1.4 设 $d(G) = 4$. 则 G 同构于以下互不同构的群之一:

(XVIII) $C_{p^e} \times C_p \times C_p \times C_p$, $(G' = 1)$;

(XIX) $\langle a, b, c, d \mid a^{p^e} = b^p = c^p = d^p = 1, [b, a] = [c, a] = [c, b] = [d, a] = [d, c] = 1, [d, b] = a^{p^{e-1}} \rangle$, $(|G'| = p, c(G) = 2)$;

(XX) $\langle a, b, c, d \mid a^{p^e} = b^p = c^p = d^p = 1, [b, a] = [c, a] = [c, b] = [d, b] = [d, c] = 1, [d, a] = a^{p^{e-1}} \rangle$, $(|G'| = p, c(G) = 2)$;

(XXI) $\langle a,b,c,d \mid a^{p^e} = b^p = c^p = d^p = 1, [b,a] = [c,a] = 1, [d,a] = [c,b] = a^{p^{e-1}}, [d,b] = [d,c] = 1\rangle, (|G'| = p, c(G) = 2)$.

满足条件的互不同构的群共有 4 个, 即(XVIII)–(XXI).

证明　因为 $d(G) = 4$, 所以 $\mho_1(G) = \Phi(G)$ 且 $G/\mho_1(G)$ 是初等交换 p 群. 取 G 的任一 L 群列:

$$G = L_0(G) > L_1(G) > L_2(G) > L_3(G) > L_4(G) = \mho_1(G).$$

取

$$a \in L_0(G)\backslash L_1(G),\ b \in L_1(G)\backslash L_2(G),\ c \in L_2(G)\backslash L_3(G),\ d \in L_3(G)\backslash L_4(G)$$

且为最小阶元, 则 $o(a) = p^e, o(b) = o(c) = o(d) = p$ 且 (a,b,c,d) 是 G 的一组唯一性基底.

由于 $L_4(G) = \mho_1(G) = \langle a^p\rangle$ 且 $\exp(G') = p$, 因此 $G' \leq \Omega_1(\Phi(G)) = \langle a^{p^{e-1}}\rangle$.

下面我们分两种情况考虑: (1) $G' = 1$; (2) $G' = \langle a^{p^{e-1}}\rangle$.

情形1 $G' = 1$.

显然 G 是交换群. 因此 G 为定理中的群 (XVIII).

情形2 $G' = \langle a^{p^{e-1}}\rangle$.

首先, 我们断言存在 $x \in \Omega_1(G) \setminus G'$ 使得 $[x,a] = 1$. 若否, 任取 $y,z \in \Omega_1(G) \setminus G'$ 且 $\langle y\rangle \neq \langle z\rangle$, 不失一般性设

$$[y,a] = a^{ip^{e-1}} \neq 1,\quad [z,a] = a^{jp^{e-1}} \neq 1,$$

则可取适当的整数 s,t 使得 $[y^s z^t, a] = 1$, 矛盾.

令 $x = b$, 则有 $[b,a] = 1$. 下面分两种情况考虑: (1) 存在 $y \in G \setminus \langle a,b\rangle$ 使得 $o(y) = p$ 且 $[y,a] = [y,b] = 1$; (2) 不存在 $y \in G\setminus\langle a,b\rangle$ 使得 $o(y) = p$ 且 $[y,a] = [y,b] = 1$.

若 (1) 成立, 令 $y = c$, 有 $[c,a] = [c,b] = 1$, 且 $M = \langle a\rangle \times \langle b\rangle \times \langle c\rangle$ 是 G 的交换的极大子群. 若存在 $z \in G \setminus M$ 使得 $[z,a] = 1$, 不妨设 $[z,b] = a^{ip^{e-1}}$ 且 $[z,c] = a^{jp^{e-1}}$, 这里 i,j 至少有一个不被 p 整除. 因而, 适当选取整数 s,t,u,v 并令 $b' = b^s c^t$ 且 $c' = b^u c^v$, 则有

$$[z,b'] = [z,b^s c^t] = a^{p^{e-1}} \text{ 且 } [z,c'] = [z,b^u c^v] = 1.$$

不妨设 $d = z$. 得 G 为群 (XIX). 若任意 $z \in G \setminus M$ 均有 $[z,a] \neq 1$, 用 z 的适当方幂替换 z 有, $[z,a] = a^{p^{e-1}}$. 令 $[z,b] = a^{ip^{e-1}} \neq 1$ (或 $[z,c] = a^{jp^{e-1}} \neq 1$), 则 $[z,a^{-i}b] = 1$ (或 $[z,a^{-j}c] = 1$). 用 $a^{-i}b$ 替换 a (或 $a^{-j}c$), 则有 $[z,a] = 1$, 归结到前面情形. 因此可设 $[z,b] = [z,c] = 1$. 不妨设 $d = z$, 得 G 为群 (XX).

若 (2) 成立, 我们断言存在 $z \in G \setminus \langle a, b \rangle$ 使得 $o(z) = p$ 且 $[z, a] = 1$. 若否, 则在 $G \setminus \langle a, b \rangle$ 中取两个不相关的 p 阶元 x 和 y, 可取适当的整数 s, t 使得 $[x^s y^t, a] = 1$, 与假设矛盾. 由 (2) 的假设知 $[z, b] \neq 1$. 取 c 为 z 的适当方幂使得

$$[c, a] = 1 \text{ 且 } [c, b] = a^{p^{e-1}}.$$

现在, 任取

$$d \in G \setminus \langle a, b, c \rangle \text{ 且 } o(d) = p.$$

我们断言 $[d, a] \neq 1$. 若否, $[d, a] = 1$, 则根据假设知 $[d, b] \neq 1$. 由此可进一步得, 对于某个 i, dc^i 与 a, b 均交换, 矛盾. 不失一般性, 可设 $[d, a] = a^{p^{e-1}}$. 用 $db^s c^t$ 替换 d, 对适当的 s, t 可使 $[d, b] = 1$ 且 $[d, c] = 1$. 得 G 为群 (XXI).

因为对于群 (XXI), 任意 $G \setminus \langle a, b \rangle$ 中元均不能同时与 a, b 交换, 所以群 (XXI) 不同构于群 (XIX) 或 (XX). 进一步, 由于对于群 (XIX),

$$Z(G) = \langle a, c \rangle \cong \mathrm{C}_{p^e} \times \mathrm{C}_p,$$

但是对于群 (XX),

$$Z(G) = \langle a^p, b, c \rangle \cong \mathrm{C}_{p^{e-1}} \times \mathrm{C}_p \times \mathrm{C}_p,$$

因此这两个群不同构. 由上可得群 (XIX), (XX), (XXI) 互不同构.

最后, 我们得到下面的

定理 4.1.5 若 G 是正则 p 群, $p \geq 5$, 且其阶为 p^{e+3}, 型不变量为 $(e, 1, 1, 1)$ $(e \geq 2)$, 则 G 同构于群 (I)–(XXI) 之一且互不同构.

定理 4.1.2–定理 4.1.4 中互不同构的群共有 $23 + \gcd(p-1, 4) + 2\gcd(p-1, 3)$ 个.

注 4.1.1 (1) 本小节的证明主要依赖于 G 是正则 p 群, 但证明的过程却与 p 无关. 因此, 我们假定 $e + 3 \leq p$ 以确保得到的群是正则的. 若不加此条件, 得到的群的阶可能不是 p^{e+3}. (例如当 $p = 3$ 时, 定理 4.1.2 中的群 (V) 就是一个反例.)

(2) 在本小节分类型不变量为 $(e, 1, 1, 1)$ $(e \geq 2)$ 的正则 p 群时, 也可用 $p \geq 5$ 替代 $e + 3 \leq p$. 然而, 在得到群的定义关系后, 我们需要利用循环扩张理论来证明该定义关系给出的群的阶为 p^{e+3}.

§4.1.2 型不变量为 $(1, 1, 1, 1, 1)$ 的正则 p 群的分类

本小节我们给出型不变量为 $(1, 1, 1, 1, 1)$ 的正则 p 群 $(p \geq 5)$ 的分类. 文献 [96] 已经得到了本小节的结果. 这里我们将给出一个新的证明. 值得注意的是, 这里 G 的任意主群列都是 G 的一个 L 群列.

我们首先证明下面的引理.

引理 4.1.1 设 G 是型不变量为 $(1,1,1,1,1)$ 的非交换的正则 p 群. 若 $Z(G) \setminus G' \neq \emptyset$, 则 $G = Z \times H$, 其中 $1 \neq Z \leq Z(G)$ 且 $H \leq G$.

证明 因为 $\exp(G) = p$, 所以 $G' = \Phi(G)$. 任取非单位元 $z \in Z(G) \setminus G'$. 注意到 $z \notin \Phi(G)$, 因此显然可取 $\{z, h_1, \cdots, h_s\}$ 为 G 的一个极小生成系. 令 $Z = \langle z \rangle$ 和 $H = \langle h_1, \cdots, h_s \rangle$, 则 $G = Z \times H$.

定理 4.1.6 设 G 是型不变量为 $(1,1,1,1,1)$ 的正则 p 群. 则 G 同构于以下互不同构的群之一:

(I) $d(G) = 5$: G 是 p^5 阶初等交换群;

(II) $d(G) = 4$: $G = \langle a, b, c, d, e \rangle = \langle c, d \rangle \times \langle a, b \rangle$, 其中 $\langle c, d \rangle \cong C_p \times C_p$ 且 $\langle a, b; e \mid a^p = b^p = e^p = 1, [b, a] = e \rangle$ 是方次数为 p 的 p^3 阶非交换群;

(III) $d(G) = 4$: $G = \langle a, b, c, d; e \mid a^p = b^p = c^p = d^p = e^p = 1, [b, a] = [d, c] = e, [c, a] = [c, b] = [e, c] = [d, a] = [d, b] = [e, d] = [e, a] = [e, b] = 1 \rangle$ 是超特殊 p 群且写成 $\langle a, b \rangle$ 与 $\langle c, d \rangle$ 的中心积, 即 $\langle a, b \rangle * \langle c, d \rangle$;

(IV) $d(G) = 3$: $G = \langle a, b, c, d, e \mid a^p = b^p = c^p = d^p = e^p = 1, [b, a] = d, [c, a] = e, [c, b] = [d, a] = [d, b] = [d, c] = [e, d] = [e, a] = [e, b] = [e, c] = 1 \rangle$. ($c(G) = 2$);

(V) $d(G) = 3$: $G = \langle a, b, c, d, e \rangle = \langle c \rangle \times \langle a, b, d, e \rangle$, 其中 $\langle c \rangle \cong C_p$ 且 $\langle a, b, d, e \rangle$ 有如下定义关系: $a^p = b^p = d^p = e^p = 1, [b, a] = d, [d, a] = e, [d, b] = [e, a] = [e, b] = [e, d] = 1$. ($c(G) = 3$);

(VI) $d(G) = 3$: $G = \langle a, b, c, d, e \mid a^p = b^p = c^p = d^p = e^p = 1, [b, a] = d, [d, a] = [c, b] = e, [d, b] = [c, a] = [d, c] = [e, a] = [e, b] = [e, c] = [e, d] = 1 \rangle$. ($c(G) = 3$);

(VII) $d(G) = 2$: $G = \langle a, b, c, d, e \mid a^p = b^p = c^p = d^p = e^p = 1, [b, a] = c, [c, a] = d, [c, b] = e, [d, a] = [d, b] = [d, c] = [e, d] = [e, a] = [e, b] = [e, c] = 1 \rangle$. ($c(G) = 3$);

(VIII) $d(G) = 2$: $G = \langle a, b, c, d, e \mid a^p = b^p = c^p = d^p = e^p = 1, [b, a] = c, [c, a] = d, [d, a] = e, [c, b] = [d, b] = [d, c] = [e, a] = [e, b] = [e, c] = 1 \rangle$. ($c(G) = 4$);

(IX) $d(G) = 2$: $G = \langle a, b, c, d, e \mid a^p = b^p = c^p = d^p = e^p = 1, [b, a] = c, [c, a] = d, [c, b] = [d, a] = e, [c, d] = [d, b] = [e, a] = [e, b] = [e, c] = [e, d] = 1 \rangle$. ($c(G) = 4$).

证明 因为 $|G| = p^5$, 所以 $|G'| \leq p^3$ 且 $c(G) \leq 4$. 根据 Burnside 的结果(见文献 [38] Satz 7.8 b), G' 是交换群, 即 G 是亚交换群. 因为 $\omega(G) = 5$, 所以 $d(G) = 2, 3, 4, 5$.

若 $d(G) = 5$, 则 G 是初等交换 p 群, 从而 G 为定理中的群(I).

若 $d(G) = 4$. 则 $|G'| = p$. 我们分两种情况考虑: (1) $Z(G) > G'$, (2) $Z(G) = G'$.

若 $Z(G) > G'$, 由引理 4.1.1 知 $G = Z \times H$, 其中 $|Z| = p$, H 为 p^4 阶非交换群且 $|H'| = p$. 根据文献 [99] 可知, H 是 C_p 与方次数为 p 的 p^3 阶非交换群的直积. 从而 G 为定理中的群 (II).

若 $Z(G) = G'$, 显然 G 是超特殊 p 群, 因此 G 是两个方次数为 p 的 p^3 阶非交换群的中心积. 则 G 为定理中的群 (III).

显然群 (II) 与群 (III) 互不同构.

若 $d(G) = 3$, 则 $|G'| = p^2$, $c(G) = 2$ 或 3.

当 $c(G) = 2$ 时, 令 $G = \langle a, b, c \rangle$, 则有 $G' = \langle [b,a], [c,a], [c,b] \rangle$. 不失一般性设 $d = [b,a]$, $e = [c,a]$ 且 d, e 生成 G'. 令 $[c,b] = d^i e^j$, 则 $[ca^i, ba^{-j}] = 1$. 分别用 ba^{-j}, ca^i 替换 b, c, 可知 G 为定理中的群 (IV).

当 $c(G) = 3$ 时, 显然 $|G_3| = p$. 下面分 (1) $Z(G) > G_3$, (2) $Z(G) = G_3$ 两种情况考虑:

假设 $Z(G) > G_3$. 因为 $c(G) = 3$, 所以 $Z(G) \neq G'$. 从而 $Z(G) \setminus G' \neq \emptyset$. 由引理 4.1.1 知 $G = Z \times H$, 其中 $|Z| = p$, H 为 p^4 阶非交换群且 $c(H) = 3$, $|H'| = p^2$. 由文献 [99] 知, H 是 p^4 阶群的列表中的群 (xiii). 因此 G 为定理中的群 (V).

假设 $Z(G) = G_3$. 令 $\overline{G} = G/G_3$, 则 $c(\overline{G}) = 2$. 由文献 [99] 知 $\overline{G}$ 是 C_p 与方次数为 p 的 p^3 阶非交换群 $\overline{H}$ 的直积. 设 H 是 $\overline{H}$ 的原象. 则 $c(H) = 3$ 且 H 为文献 [99] 中 p^4 阶群的列表中的群 (xiii). 设

$$H = \langle a, b, d, e \mid a^p = b^p = d^p = e^p = 1, [b,a] = d, [d,a] = e,$$

$$[d,b] = [e,a] = [e,b] = [e,d] = 1 \rangle$$

且 $G = \langle c \rangle H$. 则 $G_3 = H_3 = \langle e \rangle$. 再设 $[c,a] = e^i$ 且 $[c,b] = e^j$. 因为 $[c,ab] = e^{i+j} = [c,ba]$, 所以 $[c, b^{-1}a^{-1}ba] = [c,d] = 1$. 由 $c \notin Z(G)$ 知, i, j 中至少有一个不被 p 整除, 不妨记为 j. 用 c 的适当方幂替换 c, 可使 $[c,b] = e$. 令 $a' = b^{-i}a$, 则

$$[c,a'] = 1, \quad [b,a'] = [b,a] = d \text{ 且 } [d,a'] = [d,a] = e.$$

因此 G 为定理中的群 (VI).

若 G 为群 (VI), 则 $Z(G) = G_3$. 因此群 (V), (VI) 互不同构.

若 $d(G) = 2$, 则 $|G'| = p^3$. 若 $c(G) = 2$, 则 $|G'| = p$, 矛盾. 因而 $c(G) = 3$ 或 4.

当 $c(G) = 3$ 时, 显然 G 是亚交换群. 设 $G = \langle a, b \rangle$ 且 $c = [b,a]$, 则 $G' = \langle [b,a], [c,a], [c,b] \rangle$. 因为 $|G'| = p^3$, 所以 $[b,a], [c,a], [c,b]$ 无关. 因此 G 为群 (VII).

当 $c(G) = 4$ 时, 显然 G 是极大类 p 群. 令 $\overline{G} = G/G_4$, 则 $\overline{G}$ 为文献 [99] 中 p^4 阶群的列表中的群 (xiii). 设

$$\overline{G} = \langle \bar{a}, \bar{b}, \bar{c}, \bar{d} \mid \bar{a}^p = \bar{b}^p = \bar{c}^p = \bar{d}^p = \bar{1}, [\bar{b}, \bar{a}] = \bar{c}, [\bar{c}, \bar{a}] = \bar{d}, [\bar{c}, \bar{b}] = \bar{1} \rangle, \quad G_4 = \langle e \rangle.$$

则 (a, b, c, d, e) 是 G 的唯一性基底. 不妨设

$$[b,a] = c, [c,a] = d, \quad [c,b] = e^i, \quad [d,a] = e^j, \quad [d,b] = e^k.$$

因为 G 是亚交换群, 所以

$$[d,b] = [c,a,b] = [c,b,a] = [e^i, a] = 1.$$

由此可得 $p \nmid j$. (若 $p \mid j$, 则 $[d,a] = [d,b] = 1$, 由此得 $G_4 = 1$.) 因此, 用 e 的适当方幂替换 e, 可使 $[d,a] = e$ 且 $[c,b] = e^{ij^{-1}} = e^{i'}$. 则有下面两种情形:

(1) $p \mid i'$. 显然 G 为群 (VII).

(2) $p \nmid i'$. 令 $b' = b^\ell$, $c' = [b',a]$, $d' = [c',a]$, 则由命题 1.2.2 知

$$[c',b'] = [b^\ell, a, b^\ell] = [c^\ell [c,b]^{\binom{\ell}{2}}, b^\ell] = [c^\ell, b^\ell] = e^{i' \ell^2},$$

$$[d',a] = [b^\ell, a, a, a] = [d,a]^\ell = e^\ell.$$

令 $\ell = i'^{-1}$ 且 $e' = e^\ell$, 则 $[c',b'] = e'$, 故 G 为群(IX).

下证群 (VIII), (IX) 互不同构. 若 G 为群 (VIII), 则 $\langle b,c,d,e \rangle$ 是 G 的交换的极大子群. 若 G 为群 (IX), 我们可以证明 G 没有交换的极大子群. (若否, 设 H 是 G 的交换的极大子群, 则 $\overline{H}$ 是 $\overline{G}$ 的交换的极大子群, 即 $\overline{H} = \langle \overline{b}, \overline{c}, \overline{d} \rangle$. 因为 H 只可能为 $\langle b,c,d,e \rangle$. 但 $\langle b,c,d,e \rangle$ 不是交换群, 所以矛盾.)

§4.1.3 p^5 阶群的分类 $(p \geq 5)$

根据 P. Hall 给出的正则 p 群的理论, 易知 $p^5(p > 3)$ 阶群一定是正则群, 且存在唯一性基底和型不变量. 因此我们可以根据型不变量分类群. 徐明曜在文献 [99] 中给出关于 P. Hall 基定理的一个构造性的证明和寻找唯一性基底的方法. 运用此种方法, 计算将被简化. James 在文献 [40] 中对正则的情况应用了型不变量的方法, 但是他主要运用的是 P. Hall 的同倾族思想.

设 G 是 p^5 阶群, 则 G 的型不变量可能为:

(i) (5),

(ii) (4,1),

(iii) (3,2),

(iv) (3,1,1),

(v) (2,2,1),

(vi) (2,1,1,1),

(vii) (1,1,1,1,1).

对于 (i), 易知 G 是循环群. 由 Huppert 的文献 [37] 知, 对于 (ii), (iii), G 是亚循环群. 徐明曜在文献 [99] 中解决了情形 (iv), 冀有虎等人在文献 [43] 中解决了情形 (v). (事实上, 徐明曜和冀有虎等人分别分类了型不变量为 $(e,1,1)$, $(e,2,1)$ $(e \geq 2)$ 的正则 p 群.) 最后两种情况已在前两小节解决. 因此:

对于 (i), 有

(1) $G = \langle a \mid a^{p^5} = 1 \rangle \cong \mathrm{C}_{p^5}$.

对于 (ii) 和 (iii), 由文献 [37] 知, G 亚循环且由文献 [66] 知, G 同构于以下群之一:

(2) $< 2,0,0,1 > = \langle a,b \mid a^{p^3} = 1, b^{p^2} = a^{p^2}, a^b = a^{1+p^2} \rangle$;

(3) $< 2, 0, 1, 0 >= \langle a, b \mid a^{p^2} = 1, b^{p^3} = 1, a^b = a \rangle \cong \mathrm{C}_{p^2} \times \mathrm{C}_{p^3}$;

(4) $< 1, 1, 1, 0 >= \langle a, b \mid a^{p^2} = 1, b^{p^3} = 1, a^b = a^{1+p} \rangle$;

(5) $< 1, 1, 0, 1 >= \langle a, b \mid a^{p^3} = 1, b^{p^2} = a^{p^2}, a^b = a^{1+p} \rangle$;

(6) $< 1, 0, 2, 1 >= \langle a, b \mid a^{p^2} = 1, b^{p^3} = a^p, a^b = a^{1+p} \rangle$;

(7) $< 1, 0, 3, 0 >= \langle a, b \mid a^p = 1, b^{p^4} = 1, a^b = a \rangle \cong \mathrm{C}_p \times \mathrm{C}_{p^4}$.

对于 (iv), 由文献 [99] 知, G 同构于以下群之一.

(8) $\langle a, b, c \mid a^{p^3} = b^p = c^p = 1, [b, a] = c, [c, a] = [c, b] = 1 \rangle$ $(d(G) = 2)$;

(9) $\langle a, b, c \mid a^{p^3} = b^p = c^p = 1, [b, a] = c, [c, a] = a^{p^2}, [c, b] = 1 \rangle$ $(d(G) = 2)$;

(10) $\langle a, b, c \mid a^{p^3} = b^p = c^p = 1, [b, a] = c, [c, a] = 1, [c, b] = a^{p^2} \rangle$ $(d(G) = 2)$;

(11) $\langle a, b, c \mid a^{p^3} = b^p = c^p = 1, [b, a] = c, [c, a] = 1, [c, b] = a^{\nu p^2} \rangle$, 其中 ν 模 p 平方非剩余 $(d(G) = 2)$;

(12) $\mathrm{C}_{p^3} \times \mathrm{C}_p \times \mathrm{C}_p$ $(d(G) = 3)$;

(13) $\langle a, b, c \mid a^{p^3} = b^p = c^p = 1, [b, a] = [c, a] = 1, [b, c] = a^{p^2} \rangle$ $(d(G) = 3)$;

(14) $\langle a, b, c \mid a^{p^3} = b^p = c^p = 1, [b, a] = 1, [c, a] = a^{p^2}, [b, c] = 1 \rangle$ $(d(G) = 3)$.

对于 (v), 由文献 [43] 可知, G 同构于以下群之一[1];

(15) $\langle a, b, c \mid a^{p^2} = b^{p^2} = c^p = 1, [b, a] = c, [c, a] = [c, b] = 1 \rangle$ $(d(G) = 2)$;

(16) $\langle a, b, c \mid a^{p^2} = b^{p^2} = c^p = 1, [b, a] = c, [c, a] = 1, [c, b] = b^p \rangle$ $(d(G) = 2)$;

(17) $\langle a, b, c \mid a^{p^2} = b^{p^2} = c^p = 1, [b, a] = c, [c, a] = 1, [c, b] = a^p \rangle$ $(d(G) = 2)$;

(18) $\langle a, b, c \mid a^{p^2} = b^{p^2} = c^p = 1, [b, a] = c, [c, a] = 1, [c, b] = a^{\nu p} \rangle$, 其中 ν 模 p 平方非剩余 $(d(G) = 2)$;

(19) $\langle a, b, c \mid a^{p^2} = b^{p^2} = c^p = 1, [b, a] = c, [c, a] = a^p, [c, b] = b^p \rangle$ $(d(G) = 2)$;

(20) $\langle a, b, c \mid a^{p^2} = b^{p^2} = c^p = 1, [b, a] = c, [c, a] = b^{-p}, [c, b] = a^p b^{hp} \rangle$, $h = 0, 1, \cdots, \frac{p-1}{2}$ $(d(G) = 2, \frac{p+1}{2}$ 种群$)$;

(21) $\langle a, b, c \mid a^{p^2} = b^{p^2} = c^p = 1, [b, a] = c, [c, a] = b^{-\nu p}, [c, b] = a^{\nu p} b^{2\nu p} \rangle$, 其中 ν 模 p 平方非剩余 $(d(G) = 2)$;

(22) $\langle a, b, c \mid a^{p^2} = b^{p^2} = c^p = 1, [b, a] = c, [c, a] = b^{-p}, [c, b] = a^{\nu p} b^{hp} \rangle$, 其中 ν 模 p 平方非剩余, $h = 0, 1, \cdots, \frac{p-1}{2}$ $(d(G) = 2, \frac{p+1}{2}$ 种群$)$;

(23) $\mathrm{C}_{p^2} \times \mathrm{C}_{p^2} \times \mathrm{C}_p$ $(d(G) = 3)$;

(24) $\langle a, b, c \mid a^{p^2} = b^{p^2} = c^p = 1, [b, a] = [c, a] = 1, [b, c] = a^p \rangle$ $(d(G) = 3)$;

(25) $\langle a, b, c \mid a^{p^2} = b^{p^2} = c^p = 1, [b, a] = [c, a] = 1, [b, c] = b^p \rangle$ $(d(G) = 3)$;

(26) $\langle a, b, c \mid a^{p^2} = b^{p^2} = c^p = 1, [b, a] = 1, [c, a] = a^p, [b, c] = b^{-p} \rangle$ $(d(G) = 3)$;

(27) $\langle a, b, c \mid a^{p^2} = b^{p^2} = c^p = 1, [b, a] = a^p, [c, a] = [b, c] = 1 \rangle$ $(d(G) = 3)$;

(28) $\langle a, b, c \mid a^{p^2} = b^{p^2} = c^p = 1, [b, a] = 1, [b, c] = a^p b^{hp}, [c, a] = b^p \rangle$, 其中 $h = 0, 1, \cdots, \frac{p-1}{2}$ $(d(G) = 3, \frac{p+1}{2}$ 种群$)$;

---

[1]文献 [43] 中遗漏了两种群.

(29) $\langle a,b,c \mid a^{p^2} = b^{p^2} = c^p = 1, [b,a] = 1, [b,c] = a^p b^{hp}, [c,a] = b^{\nu p}\rangle$, 其中 $h = 0, 1, \cdots, \frac{p-1}{2}$, ν 模 p 平方非剩余($d(G) = 3$, $\frac{p+1}{2}$ 种群);

(30) $\langle a,b,c \mid a^{p^2} = b^{p^2} = c^p = 1, [b,a] = b^p, [b,c] = 1, [c,a] = a^p\rangle$ ($d(G) = 3$);

(31) $\langle a,b,c \mid a^{p^2} = b^{p^2} = c^p = 1, [b,a] = a^p, [b,c] = 1, [c,a] = b^p\rangle$ ($d(G) = 3$).

对于 (vi), G 同构于定理 4.1.2, 定理 4.1.3, 定理 4.1.4 中所得群之一(这里 $e = 2$). 互不同构的群共有 $23 + \gcd(p-1,4) + 2\gcd(p-1,3)$ 个.

对于 (vii), G 同构于定理 4.1.6 中所得群之一. 互不同构的群共有 9 个.

由此得到本小节的基本定理.

定理 4.1.7 设 G 是 $p^5(p \geq 5)$ 阶群, 则 G 同构于本小节所给出的群之一. 共有 $61 + 2p + \gcd(p-1,4) + 2\gcd(p-1,3)$ 种互不同构的群.

§4.1.4 型不变量为 $(e_1, e_2, 1)$ 的正则 p 群的分类

本小节我们继续利用构造唯一性基底的方法给出型不变量为 $(e_1, e_2, 1)$ 的正则 p 群的分类, 其中 $e_1 \geq 2e_2$ 且 $e_2 \geq 3$.

定理 4.1.8 设 G 是型不变量为 $(e_1, e_2, 1)$ 的正则 p 群, 其中 $e_1 \geq 2e_2$, $e_2 \geq 3$, 则 G 为下列群之一:

(I) $\langle a,b,c \mid a^{p^{e_1}} = b^{p^{e_2}} = c^p = 1, [b,a] = c, [c,a] = a^{ip^{e_1-1}} b^{jp^{e_2-1}}, [c,b] = a^{kp^{e_1-1}} b^{hp^{e_2-1}}, [b,a^p] = [a,b^p] = 1\rangle$, 其中 $p \geq 3$. 进而, 若 $p = 3$, 则 $i,j,k,h \equiv 0 \pmod{3}$;

(II) $\langle a,b,c \mid a^{p^{e_1}} = b^{p^{e_2}} = 1, c^p = a^{ip^{e_1-(x-1)}} b^{jp^{e_2-(x-1)}}, [b,a] = c, [c,a] = a^{kp^{e_1-(x-1)}} b^{hp^{e_2-(x-1)}}, [c,b] = a^{lp^{e_1-1}} b^{mp^{e_2-1}}, [b,a^{p^x}] = 1\rangle$, 其中 $p \geq 3$, $1 < x < e_2$, i,j 中至多有一个被 p 整除. 若 $1 < x \leq \frac{e_2+1}{2}$, 则 $k,h \equiv 0 \pmod{p^{x-2}}$; 若 $\frac{e_2+1}{2} < x < e_2$, 则 $k \equiv ijp^{e_2-x-1} \pmod{p^{x-2}}$ 且 $h \equiv j^2 p^{e_2-x-1} \pmod{p^{x-2}}$. 进而, 若 $p = 3$, 则 $(k,h) \equiv u(i,j) \pmod{3^{x-1}}$ 且 $(l,m) \equiv v(i,j) \pmod{3}$, 这里 u,v 均为整数;

(III) $\langle a,b,c \mid a^{p^{e_1}} = b^{p^{e_2}} = c^{p^{e_2}} = 1, c^p = a^{ip^{e_1-(e_2-1)}} b^{jp^2}, [b,a] = c, [c,a] = a^{kp^{e_1-(e_2-1)}} b^{hp^2}, [c,b] = a^{lp^{e_1-1}}, [b,a^{p^{e_2}}] = 1\rangle$, 其中 $p \geq 3$, $p \nmid i$. 若 $e_2 = 3$, 则 $k \equiv ij \pmod{p}$. 若 $e_2 > 3$, 则 $k \equiv ij \pmod{p^{e_2-2}}$ 且 $h \equiv j^2 \pmod{p^{e_2-3}}$. 进而, 若 $p = 3$, 则 $(k,h) \equiv u(i,j) \pmod{3^{e_2-1}}$ 且 $l \equiv vi \pmod{3}$, 这里 u,v 均为整数;

(IV) $\langle a,b,c \mid a^{p^{e_1}} = b^{p^{e_2}} = c^p = 1, [b,a] = a^{ip^{e_1-1}} b^{jp^{e_2-1}}, [b,c] = a^{kp^{e_1-1}} b^{hp^{e_2-1}}, [c,a] = a^{lp^{e_1-1}} b^{mp^{e_2-1}}, [b,a^p] = 1\rangle$, 其中 $p \geq 3$ 且 i,j,k,h,l,m 中至少有一个不被 p 整除;

(V) $\langle a,b,c \mid a^{p^{e_1}} = b^{p^{e_2}} = c^p = 1, [b,a] = a^{ip^{e_1-x}} b^{jp^{e_2-x}}, [b,c] = a^{kp^{e_1-1}} b^{hp^{e_2-1}}, [c,a] = a^{lp^{e_1-1}} b^{mp^{e_2-1}}, [b,a^{p^x}] = 1\rangle$, 其中 $p \geq 3$ 且 i,j 中至多有一个被 p 整除, $1 < x < e_2$;

(VI) $\langle a,b,c \mid a^{p^{e_1}} = b^{p^{e_2}} = c^p = 1, [b,a] = a^{ip^{e_1-e_2}}b^{jp}, [b,c] = a^{kp^{e_1-1}}, [c,a] = b^{mp^{e_2-1}}, [b,a^{p^{e_2}}] = 1\rangle$, 其中 $p \geq 3$, $p \nmid i$. 进而, 若 $p = 3$, 则 $m \equiv 0 \pmod 3$.

反之, 定理中的群 (I)–(VI) 互不同构.

证明 首先, 我们来证明定理中的群 (I)–(VI) 是互不同构的. 我们有下列基本事实: (1) 对于群 (I)–(III) 而言, $d(G) = 2$. 而对于群 (IV)–(VI) 而言, $d(G) = 3$; (2) 群 (I), (IV) 中, $\exp(G') = p$; 群 (II), (V) 中, $\exp(G') = p^x$; 群 (III), (VI) 中, $\exp(G') = p^{e_2}$. 显然这些群互不同构.

接下来, 我们来证明满足定理题设条件的群确实就是定理中得到的群之一.

由于 $\omega(G) = 3$, 因此 $d(G) = 2$ 或者 3. 任取 G 的一个 L 群列:

$$G = L_0(G) > L_1(G) > L_2(G) > L_3(G) = \mho_1(G).$$

下面分 $d(G) = 2$ 和 $d(G) = 3$ 两种情形来讨论.

情形1 $d(G) = 2$.

首先, 我们来证明存在 $a, b \in G$ 使得

$$G = \langle a,b\rangle,\ \mho_1(G) = \langle a^p, b^p\rangle,\ G_3 \leq \mho_1(G).$$

因为 $|G/L_2(G)| = p^2$ 且 $\mho_1(G) \leq L_2(G)$, 所以 $\Phi(G) \leq L_2(G)$. 注意到 $d(G) = 2$. 因此可设 $L_2(G) = \Phi(G)$. 取 $a \in L_0(G)\backslash L_1(G)$ 且 $b \in L_1(G)\backslash L_2(G)$ 使得 $o(a) = p^{e_1}$ 且 $o(b) = p^{e_2}$. 则 $G = \langle a,b\rangle$ 且 $\mho_1(G) = \langle a^p, b^p\rangle$. 令 $[b,a] = c$ 且 $o(c) = p^x$. 则由文献 [100] 中定理 5.4.17 可知 $1 \leq x \leq e_2$. 因为 $c \notin \mho_1(G)$, 所以 $c \in L_2(G)\backslash L_3(G)$. 令 $\overline{G} = G/\mho_1(G)$. 则 $|\overline{G}| = p^3$. 若 $\overline{G}$ 交换, 则 $G' \leq \mho_1(G)$. 若 $\overline{G}$ 非交换, 则 $\overline{G}$ 内交换, 因此 $\overline{G}_3 = \overline{1}$. 故 $G_3 \leq \mho_1(G)$.

(1) $o(c) = p$.

显然 (a,b,c) 为 G 的一组唯一性基底. 因为 $\exp(G') = p$, 所以 $\exp(G_3) \leq p$. 因为 $G_3 \leq \mho_1(G)$, 所以可设

$$[c,a] = a^{ip^{e_1-1}}b^{jp^{e_2-1}}\ \text{且}\ [c,b] = a^{kp^{e_1-1}}b^{hp^{e_2-1}}.$$

因为 $o(c) = p$, 所以由文献 [100] 中定理 5.4.17 可知, $[b,a^p] = [a,b^p] = 1$. 若 $p = 3$, 则由文献 [100] 中定理 5.2.11 知 G' 循环. 故 $i, j, k, h \equiv 0 \pmod 3$. 因此 G 同构于定理中的群 (I).

(2) $o(c) = p^x$, 其中 $1 < x < e_2$.

因为 $\mho_1(G)$ 正则且 $\exp(G') = p^x$, 所以由文献 [100] 中定理 5.4.17 容易知, $[a^p, b^p]^{p^{x-2}} = 1$. 从而 $\exp(\mho_1(G)') = p^{x-2}$. 进而, 由文献 [100] 中定理 5.1.7 知 $\mho_1(G)$ 是 p^{x-2} 交换的. 因为 $c^p \in \mho_1(G')$, 所以可设 $c^p = a^{ip^{e_1-(x-1)}}b^{jp^{e_2-(x-1)}}$. 因为 $\exp(G') =$

p^x, 所以由文献 [100] 中定理 5.1.7 知 G 是 p^x 交换的. 故由引理 1.2.8 知 $\mho_x(G) \leq Z(G)$. 因此 $c^{p^{x-1}} \in Z(G)$ 且 $\exp(G_3) \leq p^{x-1}$. 注意到 $G_3 \leq \mho_1(G)$. 故令

$$[c,a] = a^{kp^{e_1-(x-1)}} b^{hp^{e_2-(x-1)}} \text{ 且 } [c,b] = a^{lp^{e_1-(x-1)}} b^{mp^{e_2-(x-1)}}.$$

由题设知, $e_1 \geq 2e_2$. 因此 $a^{ip^{e_1-(x-1)}} \in Z(G)$ 且 $[c^p, b] = 1$. 由文献 [100] 中定理 5.4.17 可知, $[c,b]^p = 1$. 因此总可假设 $[c,b] = a^{lp^{e_1-1}} b^{mp^{e_2-1}}$. 因为 $o(c) = p^x$, 所以 i,j 中至多有一个被 p 整除且由文献 [100] 中定理 5.4.17 可知, $[b, a^{p^x}] = 1$.

接下来, 计算知

$$
\begin{aligned}
(c^p)^a &= (a^{ip^{e_1-(x-1)}} b^{jp^{e_2-(x-1)}})^a = a^{ip^{e_1-(x-1)}} (b^a)^{jp^{e_2-(x-1)}} = c^p c^{jp^{e_2-(x-1)}} \\
&= c^p (a^{ijp^{e_2-x-1}})^{p^{e_1-(x-2)}} (b^{j^2 p^{e_2-x-1}})^{p^{e_2-(x-2)}}.
\end{aligned}
$$

另一方面,

$$(c^a)^p = (ca^{kp^{e_1-(x-1)}} b^{hp^{e_2-(x-1)}})^p = c^p a^{kp^{e_1-(x-2)}} b^{hp^{e_2-(x-2)}}.$$

注意到 $(c^p)^a = (c^a)^p$. 若 $1 < x \leq \frac{e_2+1}{2}$, 则 $k, h \equiv 0 \pmod{p^{x-2}}$. 若 $\frac{e_2+1}{2} < x < e_2$, 则 $k \equiv ijp^{e_2-x-1} \pmod{p^{x-2}}$ 且 $h \equiv j^2 p^{e_2-x-1} \pmod{p^{x-2}}$.

进而, 若 $p = 3$, 则由文献 [100] 中定理 5.2.11 知 $(k,h) \equiv u(i,j) \pmod{3^{x-1}}$ 且 $(l,m) \equiv v(i,j) \pmod 3$, 这里 u, v 均为整数. 从而可得定理中的群 (II).

(3) $o(c) = p^{e_2}$.

首先我们来证明,

$\mho_1(G)$ 是 p^{e_2-2} 交换的, $c^p = a^{ip^{e_1-(e_2-1)}} b^{jp^2}$ 且 $G_3 \leq \langle a^{p^{e_1-(e_2-1)}}, b^{p^2} \rangle$.

因为 $b^{p^{e_2}} = 1$, 所以 $[a^p, b^p]^{p^{e_2-2}} = 1$. 故 $\exp(\mho_1(G)') = p^{e_2-2}$. 因此由文献 [100] 中定理 5.1.7 知 $\mho_1(G)$ 是 p^{e_2-2} 交换的.

因为 $c^p \in \mho_1(G') \leq \mho_1(G)$, 所以存在适当整数 i,j 使得 $c^p = a^{ip} b^{jp}$. 因为 $\mho_1(G)$ 是 p^{e_2-2} 交换的, 所以

$$c^{p^{e_2}} = (a^{ip} b^{jp})^{p^{e_2-1}} = a^{ip^{e_2}} = 1.$$

因此 $p^{e_1-e_2} \mid i$. 注意到 $L_2(G) = W_1(G) = \Omega_1(G)\mho_1(G)$. 接下来, 因为

$$c^{p^{e_2-1}} \in \mho_{e_2-1}(G') \leq \mho_{e_2-1}(L_2(G)) = \mho_{e_2-1}(\Omega_1(G)\mho_1(G)) = \mho_{e_2}(G) = \langle a^{p^{e_2}} \rangle,$$

所以 $j \equiv 0 \pmod p$. 因为 $o(c) = p^{e_2}$, 所以 $p \nmid i$. 因此不失一般性可设 $c^p = a^{ip^{e_1-(e_2-1)}} b^{jp^2}$.

因为 $\exp(G') = p^{e_2}$, 所以 G 是 p^{e_2} 交换的. 因此 $c^{p^{e_2-1}} \in Z(G)$. 故 $\exp(G_3) \leq p^{e_2-1}$. 令 $\overline{G} = G/\langle c^{p^{e_2-1}} \rangle$, 则易证 $\overline{G}$ 的型不变量为 $(e_1-1, e_2, 1)$. 类似情形 (2) 的证明, 可得 $\overline{G}_3 \leq \langle \overline{a}^{p^{e_1-e_2+1}}, \overline{b}^{p^2} \rangle$. 因此 $G_3 \leq \langle a^{p^{e_1-e_2+1}}, b^{p^2}, c^{p^{e_2-1}} \rangle = \langle a^{p^{e_1-(e_2-1)}}, b^{p^2} \rangle$.

现在, 假设

$$[c,a] = a^{kp^{e_1-e_2+1}}b^{hp^2} \text{ 且 } [c,b] = a^{lp^{e_1-e_2+1}}b^{mp^2}.$$

因为 $e_1 \geq 2e_2$, 所以 $a^{ip^{e_1-e_2+1}} \in Z(G)$. 故 $[c^p, b] = 1$. 因为 $[c^p, b] = 1$, 所以 $[c,b]^p = 1$. 故可设 $[c,b] = a^{lp^{e_1-1}}b^{mp^{e_2-1}}$. 容易知 $G' \leq \langle a^{p^{e_1-e_2+1}}, b^{p^2}, c \rangle$, 且 G' 交换. 从而 $[c,a,b] = [c,b,a] = 1$. 因此, $m \equiv 0 \pmod{p}$. 因为 $o(c) = p^{e_2}$, 所以由文献 [100] 中定理 5.4.17 可知 $[b, a^{p^{e_2}}] = 1$.

注意到

$$(c^p)^a = (a^{ip^{e_1-(e_2-1)}}b^{jp^2})^a = a^{ip^{e_1-(e_2-1)}}(bc)^{jp^2} = c^p c^{jp^2} = c^p a^{ijp^{e_1-e_2+2}}b^{j^2p^3}.$$

另一方面,

$$(c^a)^p = c^p a^{kp^{e_1-e_2+2}}b^{hp^3}.$$

注意到 $(c^p)^a = (c^a)^p$. 因此当 $e_2 = 3$ 时, $k \equiv ij \pmod{p}$; 当 $e_2 > 3$ 时, $k \equiv ij \pmod{p^{e_2-2}}$ 且 $h \equiv j^2 \pmod{p^{e_2-3}}$.

进而, 若 $p = 3$, 则 G' 循环. 因此

$$(k,h) \equiv u(i,j) \pmod{3^{e_2-1}} \text{ 且 } l \equiv vi \pmod{3}.$$

这里 u, v 均为整数. 从而可得 G 是群 (III) 中的群之一.

情形2 $d(G) = 3$.

可取 $a \in L_0(G) \backslash L_1(G)$, $b \in L_1(G) \backslash L_2(G)$ 且 $c \in L_2(G) \backslash L_3(G)$ 使得 $o(a) = p^{e_1}, o(b) = p^{e_2}, o(c) = p$ 且 (a,b,c) 为 G 的一组唯一性基底. 因为 $\Phi(G) = \mho_1(G) = \langle a^p, b^p \rangle$, 所以 $G' \leq \langle a^p, b^p \rangle$. 因为 $o(b) = p^{e_2}$, 所以由文献 [100] 中定理 5.4.17 可知 $\exp(G') \leq p^{e_2}$. 假设 $\exp(G') = p^x$.

(1) $x = 1$.

此时, $G' \leq \langle a^{p^{e_1-1}}, b^{p^{e_2-1}} \rangle$. 令

$$[b,a] = a^{ip^{e_1-1}}b^{jp^{e_2-1}}, \quad [b,c] = a^{kp^{e_1-1}}b^{hp^{e_2-1}} \text{ 且 } [c,a] = a^{lp^{e_1-1}}b^{mp^{e_2-1}}.$$

则 i, j, k, h, l 和 m 中至少有一个不被 p 整除. 由文献 [100] 中定理 5.4.17 可知, $[b, a^p] = 1$. 从而可得定理中的群 (IV).

(2) $1 < x < e_2$.

此时, $G' \leq \langle a^{p^{e_1-x}}, b^{p^{e_2-x}} \rangle$. 因为 $o(c) = p$, 所以由文献 [100] 中定理 5.4.17 可知 $[b,c]^p = [c,a]^p = 1$. 令

$$[b,a] = a^{ip^{e_1-x}}b^{jp^{e_2-x}}, \quad [b,c] = a^{kp^{e_1-1}}b^{hp^{e_2-1}} \text{ 且 } [c,a] = a^{lp^{e_1-1}}b^{mp^{e_2-1}}.$$

则 i, j 中至多存在一个被 p 整除. 因为 $\exp(G') = p^x$, 所以 $[b, a^{p^x}] = 1$. 因此 G 同构于定理中的群 (V).

(3) $x = e_2$.

此时, $G' \leq \langle a^{p^{e_1-e_2}}, b^p \rangle$. 因为 $o(c) = p$, 所以由文献 [100] 中定理 5.4.17 可知 $[b,c]^p = [c,a]^p = 1$. 令

$$[b,a] = a^{ip^{e_1-e_2}}b^{jp}, \quad [b,c] = a^{kp^{e_1-1}}b^{hp^{e_2-1}} \text{ 且 } [c,a] = a^{lp^{e_1-1}}b^{mp^{e_2-1}}.$$

则 $p \nmid i$. 因为 $\exp(G') = p^{e_2}$, 所以 $[b, a^{p^{e_2}}] = 1$.

令 $c' = b^{-i^{-1}lp^{e_2-1}}c$. 则

$$[b,c'] = [b, b^{-i^{-1}lp^{e_2-1}}c] = [b,c] = a^{kp^{e_1-1}}b^{hp^{e_2-1}},$$

$$[c',a] = [b^{-i^{-1}lp^{e_2-1}}c, a] = [b^{-1},a]^{i^{-1}lp^{e_2-1}}[c,a] = b^{mp^{e_2-1}}.$$

因此, 可设 $l \equiv 0 \pmod{p}$.

注意到 $[b,a]^c = a^{ip^{e_1-e_2}}b^{jp}$ 且 $[b^c, a^c] = a^{ip^{e_1-e_2}}b^{jp}a^{ihp^{e_1-1}}$. 又因 $[b,a]^c = [b^c, a^c]$ 且 $p \nmid i$, 所以 $h \equiv 0 \pmod{p}$.

若 $p = 3$, 则可证 $m \equiv 0 \pmod 3$. 若否, 计算知 $(ac)^3 = a^3 c^3 a^{im3^{e_1-1}}$. 但是 $a^{im3^{e_1-1}} \notin \mho_1(\langle a,c \rangle')$. 因此 G 非正则, 矛盾. 从而 G 为定理中的群 (VI).

下面来证明定理 4.1.8 中的群均为型不变量为 $(e_1, e_2, 1)$ 的正则 p 群.

定理 4.1.9 假设 G 是定理 4.1.8 中的群 (I). 若 $e_1 \geq 2e_2$ 且 $e_2 \geq 3$, 则 G 为型不变量为 $(e_1, e_2, 1)$ 的非交换的正则 p 群.

证明　假设 $|G| = p^{e_1+e_2+1}$. 显然, $a^p, b^p \in Z(G)$ 且

$$G_3 = \langle a^{ip^{e_1-1}}b^{jp^{e_2-1}}, \ a^{kp^{e_1-1}}b^{hp^{e_2-1}} \rangle \leq Z(G).$$

即, $G_4 = 1$. 从而 $c(G) \leq 3$. 注意到, 当 $p = 3$ 时, $G_3 = 1$. 因此 G 是正则的.

下面来证明 (a, b, c) 是 G 的一组唯一性基底. 从而易知其型不变量为 $(e_1, e_2, 1)$.

注意到 $G' = \langle c, a^{ip^{e_1-1}}b^{jp^{e_2-1}}, a^{kp^{e_1-1}}b^{hp^{e_2-1}} \rangle$. 因此 $G = \langle a \rangle \langle b \rangle \langle c \rangle G' = \langle a \rangle \langle b \rangle \langle c \rangle$.

令 $g \in G$ 且 $g = a^i b^j c^k = a^{i'} b^{j'} c^{k'}$, 其中

$$0 \leq i, i' < p^{e_1}, \ 0 \leq j, j' < p^{e_2}, \ 0 \leq k, k' < p.$$

则 $a^{i-i'} = b^{j'}c^{k'-k}b^{-j}$. 因为 $\langle a \rangle \cap \langle b, c \rangle = 1$ 且 $\langle b \rangle \cap \langle c \rangle = 1$, 所以 $i = i'$, $j = j'$ 且 $k = k'$. 故 (a, b, c) 是 G 的一组唯一性基底.

下面来证明 $|G|$ 确实是 $p^{e_1+e_2+1}$.

因为 $G = \langle a \rangle \langle b \rangle \langle c \rangle$, 所以 $|G| \leq o(a)o(b)o(c) = p^{e_1+e_2+1}$. 以下来证明 $|G| \geq p^{e_1+e_2+1}$.

现在, 令 $H = \langle a_1, b_1, c, b, a \mid a_1^{p^{e_1-1}} = b_1^{p^{e_2-1}} = c^p = 1, \ a^p = a_1, \ b^p = b_1, \ [a_1, b_1] = [a_1, c] = [b_1, c] = [a_1, b] = [b_1, b] = [a_1, a] = [b_1, a] = 1, \ [c,b] = a_1^{kp^{e_1-2}}b_1^{hp^{e_2-2}}, \ [c,a] = a_1^{ip^{e_1-2}}b_1^{jp^{e_2-2}}, \ [b,a] = c \rangle$.

我们来证明 H 是 $\langle a_1, b_1, c\rangle$ 被 $\langle b\rangle$，再被 $\langle a\rangle$ 扩张得到的群.

令 $g^\beta = g^b$，任取 $g \in \langle a_1, b_1, c\rangle$. 即，$\beta$ 是 b 在 $\langle a_1, b_1, c\rangle$ 上诱导的共轭作用. 显然，

$$\beta : a_1 \mapsto a_1, \ b_1 \mapsto b_1, \ c \mapsto ca_1^{kp^{e_1-2}}b_1^{hp^{e_2-2}}$$

为群 $\langle a_1, b_1, c\rangle$ 的自同构.

现在，来证明 $\beta^p = \sigma(b_1)$，其中 $\sigma(b_1)$ 是 b_1 在 $\langle a_1, b_1, c\rangle$ 上诱导的内自同构. 显然，

$$a_1^{\beta^p} = a_1^{\sigma(b_1)} = a_1, \quad b_1^{\beta^p} = b_1^{\sigma(b_1)} = b_1, \quad c^{\sigma(b_1)} = c.$$

进而，因为 $c^\beta = ca_1^{kp^{e_1-2}}b_1^{hp^{e_2-2}}$，所以

$$c^{\beta^2} = ca_1^{2kp^{e_1-2}}b_1^{2hp^{e_2-2}}, \ \cdots, \quad c^{\beta^p} = ca_1^{kp^{e_1-1}}b_1^{hp^{e_2-1}} = c.$$

从而 $c^{\beta^p} = c^{\sigma(b_1)}$. 因此 $\beta^p = \sigma(b_1)$. 故 $\langle a_1, b_1, c, b\rangle$ 是 $\langle a_1, b_1, c\rangle$ 被 $\langle b\rangle$ 的循环扩张. 因此其阶为 $p^{e_1+e_2}$.

类似地，任取 $g \in \langle a_1, b_1, c, b\rangle$，令 $g^\alpha = g^a$. 则

$$\alpha : a_1 \mapsto a_1, \ b_1 \mapsto b_1, \ c \mapsto ca_1^{ip^{e_1-2}}b^{jp^{e_2-1}}, \ b \mapsto bc,$$

是 $\langle a_1, b_1, c, b\rangle$ 的自同构.

令 $\sigma(a_1)$ 是 a_1 在 $\langle a_1, b_1, c, b\rangle$ 上诱导的内自同构. 显然，

$$a_1^{\alpha^p} = a_1^{\sigma(a_1)} = a_1, \ b_1^{\alpha^p} = b_1^{\sigma(a_1)} = b_1, \ c^{\sigma(a_1)} = c, \ b^{\sigma(a_1)} = b.$$

进而，因为 $c^\alpha = ca_1^{ip^{e_1-2}}b^{jp^{e_2-1}}$ 且 $b^\alpha = bc$，所以

$$c^{\alpha^2} = ca_1^{2ip^{e_1-2}}b^{2jp^{e_2-1}}, \quad b^{\alpha^2} = bc^2a_1^{ip^{e_1-2}}b^{jp^{e_2-1}},$$

$$\vdots$$

$$c^{\alpha^p} = ca_1^{ip^{e_1-1}}b_1^{jp^{e_2}} = c, \quad b^{\alpha^p} = bc^p a_1^{i\binom{p}{2}p^{e_1-2}}b^{j\binom{p}{2}p^{e_2-1}} = b.$$

因此 $c^{\alpha^p} = c^{\sigma(a_1)}$ 且 $b^{\alpha^p} = b^{\sigma(a_1)}$. 故 $\alpha^p = \sigma(a_1)$. 因此 H 是 $\langle a_1, b_1, c, b\rangle$ 被 $\langle a\rangle$ 的循环扩张. 因此 $|H| = p^{e_1+e_2+1}$. 由文献 [78] 中定理 2.2.1 (von Dyck's Theorem) 可知，H 同构于 G 的一个商群. 因此 $|G| \geq p^{e_1+e_2+1}$. 然而，$|G| \leq p^{e_1+e_2+1}$. 因此 $|G| = p^{e_1+e_2+1}$ 且 $G \cong H$.

定理 4.1.10 假设 G 是定理 4.1.8 中的群 (II). 若 $e_1 \geq 2e_2$ 且 $e_2 \geq 3$，则 G 为型不变量为 $(e_1, e_2, 1)$ 的非交换的正则 p 群.

证明 类似于定理 4.1.9 的证明可知，$|G| = p^{e_1+e_2+1}$. 计算细节略去.

注意到 $\langle a^p, b^p \rangle \leq \mho_1(G)$ 且 $|\langle a^p, b^p \rangle| \geq p^{e_1+e_2-2}$. 因此 $|G/\mho_1(G)| \leq p^3$. 若 $p \geq 5$, 则 $|G/\mho_1(G)| < p^p$. 因此由引理 1.2.9 知 G 正则. 若 $p = 3$, 则 $c^a, c^b \in \langle c \rangle$. 因为 $G = \langle a, b \rangle$, 所以 $\langle c \rangle \trianglelefteq G$. 因此 $G' = \langle [b,a]^g \rangle = \langle c^g \rangle = \langle c \rangle$. 从而由引理 1.2.9 知 G 正则.

计算可得

$$\mho_1(G) = \langle a^p, b^p \rangle, \ \mho_2(G) = \langle a^{p^2}, \ b^{p^2} \rangle, \ \cdots, \ \mho_{e_2}(G) = \langle a^{p^{e_2}} \rangle,$$

$$\mho_{e_2+1}(G) = \langle a^{p^{e_2+1}} \rangle, \ \cdots, \ \mho_{e_1}(G) = 1.$$

因此

$$\omega_1(G) = 3, \ \omega_2(G) = \cdots = \omega_{e_2}(G) = 2, \ \omega_{e_2+1}(G) = \cdots = \omega_{e_1}(G) = 1.$$

故 G 的型不变量为 $(e_1, e_2, 1)$.

对于定理中的 (III)–(VI), 类似前面证明的方法可知, G 正则且型不变量为 $(e_1, e_2, 1)$. 细节略去.

§4.2　二元生成导群循环的奇阶有限 p 群

交换子群对有限群的结构也有很大的影响. 所有子群均交换的非交换群就是内交换群. 早在 1903 年, Miller 和 Moreno 在文献 [61] 中就研究并分类了内交换群. 而内交换 p 群(也就是 $\mathcal{A}_1$ 群)首先由 Rédei 于 1947 年在文献 [76] 中给出分类. 研究比 $\mathcal{A}_1$ 群类更大的群类被许多群论学家关注, 并取得了基础性的结果. 参见文献 [4,5,73–75,113,115] 等. 除此之外, 从其他的角度研究内交换 p 群的推广也有许多成果. 例如, 文献 [1,16,17,71] 研究导群 p 阶的 p. 文献 [83,93] 研究了导群是 (p,p) 型的 p 群. 导群循环的有限 p 群的研究在文献上也可以找到很多论文. 见文献 [23,24,31,36,46,60,94] 等. 值得一提的是, Miech 于 1975 年在文献 [60] 中给出了二元生成、导群循环的有限 p 群($p > 2$)的完全分类. 但他使用了过多的参数, 不太好应用. 本节, 首先我们使用文献 [99] 描述的方法, 对这类群重新给出了分类. 该分类比 Miech 在文献 [60] 中给出的分类简单.

由初等数论的知识, 可参考文献 [62]. 下面的几个引理很容易证明.

引理 4.2.1 ([100, 引理6.2.3]) 设 p 是奇素数, n 是正整数. 假定 $U = U(p^n)$ 是由 $\mathbb{Z}/p^n\mathbb{Z}$ 的可逆元组成的乘法群, 即

$$U = \{ x \in \mathbb{Z}/p^n\mathbb{Z} \mid (x,p) = 1 \}.$$

设 $S(U) \in \mathrm{Syl}_p(U)$, 则

$$S(U) = \{ x \in U \mid x \equiv 1 (\mathrm{mod} \ p) \},$$

并且 $S(U)$ 是 p^{n-1} 阶循环群. $S(U)$ 的唯一的 p^i 阶子群 $S_i(U), 0 \leq i < n$, 是

$$S_i(U) = \{ x \in U \mid x \equiv 1 (\mathrm{mod} \ p^{n-i}) \}.$$

引理 4.2.2 设 n,t,q,j,s,k 均为正整数, m 为非负整数, p 为奇素数, 且 $m < n$. 则

(1) $p^{n-m} \mid \binom{qp^n}{jp^m}$, 其中 $(j,p) = 1$.
特别地, 当 $m = 0$, $q = 1$ 时, $p^n \mid \binom{p^n}{j}$, 其中 $j < p^n$, $(j,p) = 1$;

(2) 当 $1 \le k \le qp^n$ 时, $p^{n+s} \mid \binom{qp^n}{k}(p^s)^k$;

(3) 当 $2 \le k \le qp^n$ 时, $p^{n+s} \mid \binom{qp^n}{k}(p^s)^{k-1}$;

(4) $(1 + p^t)^{qp^n} \equiv 1 (\mathrm{mod}\ p^{n+t})$.

引理 4.2.3 设 q,t,u 均为正整数, p 为奇素数. 则当 $q \not\equiv 0 (\mathrm{mod}\ p^u)$ 时, $q + \binom{q}{2}p^t + \binom{q}{3}(p^t)^2 + \cdots + (p^t)^{q-1} \not\equiv 0 (\mathrm{mod}\ p^u)$.

下面来分类二元生成导群循环的奇阶有限 p 群. 我们先来证明如下几个结论.

引理 4.2.4 设有限 p 群 G 正则, G' 循环且 $|G'| = p^u$. 则 G 是 p^k 交换的, 其中 $k \ge u$.

证明 对于 G 中的任意两个元 a, b 而言, 因为 G 正则, 所以

$$(ab)^{p^k} = a^{p^k} b^{p^k} d_1^{p^k} d_2^{p^k} \cdots d_s^{p^k},$$

其中, $d_i \in \langle a, b \rangle' \le G'$, $i = 1, 2, \cdots, s$, 又因 $k \ge u$, 所以上式等于 $a^{p^k} b^{p^k}$. 即 $(ab)^{p^k} = a^{p^k} b^{p^k}$, 从而 G 是 p^k 交换的.

命题 4.2.1 设 G 是有限正则 p 群, $H \trianglelefteq G$. 则 $\omega(G/H) + \omega(H) \ge \omega(G)$.

证明 因为

$$|G/\mho_1(G)| = p^{\omega(G)}, \quad p^{\omega(G/H)} = |(G/H)/\mho_1(G/H)| = |G/\mho_1(G)H|,$$

我们有 $|\mho_1(G)H/\mho_1(G)| = p^{\omega(G) - \omega(G/H)}$. 注意到

$$\mho_1(G)H/\mho_1(G) \cong H/\mho_1(G) \cap H, \quad \mho_1(H) \le \mho_1(G) \cap H.$$

由此可得

$$p^{\omega(G) - \omega(G/H)} = |\mho_1(G)H/\mho_1(G)| = |H/\mho_1(G) \cap H| \le |H/\mho_1(H)| = p^{\omega(H)}.$$

因而 $\omega(G) - \omega(G/H) \le \omega(H)$. 故 $\omega(G/H) + \omega(H) \ge \omega(G)$.

定理 4.2.1 设 G 为二元生成的有限 p 群, G' 循环, p 为奇素数. 则 G 正则且 $\omega(G) \le 3$.

证明 由于 $p > 2$ 且 G' 循环, 因此由引理 1.2.9 可知, G 正则. 进一步, 由于 G' 循环, 因此 $G'' = 1$. 故 $\Phi(G') = \mho_1(G')$. 因而

$$p^{\omega(G')} = |G'/\mho_1(G')| = |G'/\Phi(G')| = p.$$

故 $\omega(G') = 1$. 接下来, 因为

$$p^{\omega(G/G')} = |G/G'/\mho_1(G/G')| = |G/\mho_1(G)G'| = |G/\Phi(G)| = p^2,$$

所以 $\omega(G/G') = 2$. 因而由命题 4.2.1 知, $\omega(G) \leq \omega(G') + \omega(G/G') = 3$.

由于 $d(G) = 2$ 且 $d(G) \leq \omega(G)$, 因此 $\omega(G) = 2$ 或 3. 若 $\omega(G) = 2$, 则由定理 1.2.4 可知 G 亚循环. 而亚循环 p 群已被徐明曜和 M. F. Newman 在文献 [65,66] 中给出了分类. 见下面的定理.

定理 4.2.2 [65,66] 设 G 是亚循环 p 群, p 为奇素数. 则

$$G = \langle a, b \mid a^{p^{r+s+u}} = 1, \ b^{p^{r+s+t}} = a^{p^{r+s}}, \ a^b = a^{1+p^r} \rangle$$

其中 r, s, t, u 是非负整数且满足 $r \geq 1$, $u \leq r$, 对于参数 r, s, t, u 的不同取值, 对应的亚循环群互不同构.

更有, G 是可裂的当且仅当 $stu = 0$.

下面我们仅考虑 $\omega(G) = 3$ 的情形. 因为 G 正则且 $p^3 = p^{\omega(G)} = |G/\mho_1(G)|$, 因此可设 G 的型不变量为 (n, m, r). 显然, $\exp(G) = p^n$ 且 $n \geq m \geq r$. 任取 G 的一个 L 群列

$$G = L_0(G) > L_1(G) > L_2(G) > L_3(G) = \mho_1(G).$$

由于 $|G/L_2(G)| = p^2$, 因此 $G' \leq L_2(G)$. 显然 $\mho_1(G) \leq L_2(G)$. 故 $\Phi(G) \leq L_2(G)$. 又因 $d(G) = 2$, 所以 $|G/\Phi(G)| = p^2$. 故我们总可假设 $L_2(G) = \Phi(G)$.

取 $a \in L_0(G) \backslash L_1(G)$, $b \in L_1(G) \backslash L_2(G)$, $d \in L_2(G) \backslash L_3(G)$ 且为最小阶元素. 由定理 4.1.1 可知, (a, b, d) 为一组唯一性基底, 其中 $o(a) = p^n$, $o(b) = p^m$, $o(d) = p^r$ 且 $G = \langle a, b \rangle$. 由于 G' 循环, 因此总可假设 $G' = \langle c \rangle$ 且 $o(c) = p^u$. 容易证明 $c \in L_2(G) \backslash L_3(G)$. 由于 $G' = \langle c \rangle = \langle [a, b] \rangle$ 且 G 正则, 由文献 [100] 中定理 5.4.17 可知 $u \leq m$. 故 $n \geq m \geq u \geq r$.

下面分 $u = r$ 和 $u > r$ 两种情形进行讨论.

(I) $u = r$.

定理 4.2.3 设 G 为二元生成导群循环的奇阶有限 p 群, 且设 G 的型不变量为 (n, m, r), $|G'| = p^r$. 则

$$G = \langle a, b, c \mid a^{p^n} = b^{p^m} = c^{p^r} = 1, [a, b] = c, [c, a] = c^{p^s}, [c, b] = c^{p^t} \rangle,$$

其中 n, m, r, s, t 为正整数, $r \leq m \leq n$, $s \leq t = r$ 或者 $r \leq m < n$, $s \leq t < \min\{r, n-m+s\}$. 且对于参数 n, m, r, s, t 的不同取值, 对应的群互不同构.

证明 注意到 $|G'| = p^r$. 因此 (a, b, c) 为 G 的一组唯一性基底. 显然

$$\langle a \rangle \cap \langle b \rangle = \langle a \rangle \cap \langle c \rangle = \langle b \rangle \cap \langle c \rangle = 1.$$

考虑群 $\langle a, c \rangle$ 和 $\langle b, c \rangle$. 因为 $\langle c \rangle \lhd G$, 所以 $\langle a, c \rangle$, $\langle b, c \rangle$ 均为亚循环 p 群. 由文献 [100] 中定理 1.8.7 知, 分别用 a, b 的适当方幂替换 a, b 可得

$$a^{p^n} = b^{p^m} = c^{p^r} = 1, \ a^{-1}ca = c^{1+p^s}, \ b^{-1}cb = c^{1+p^t},$$

其中 n, m, r, s, t 为正整数且 $s, t \leq r$. 由于 $G' = \langle [a, b] \rangle = \langle c \rangle$, 因此总可假设 $[a, b] = c$.

进一步, 我们可设 $s \leq t$. 若否, 则有 $s > t$. 由引理 4.2.1 知, $(1 + p^s) \equiv (1 + p^t)^j \pmod{p^r}$. 因此可取 $i = 1 - j$ 并用 ab^i 替换 a 使得 $(ab^i)^{-1}c(ab^i) = c^{(1+p^s)(1+p^t)^i} = c^{(1+p^t)^{j+1-j}} = c^{1+p^t}$. 进一步, 显然 $ab^i \in L_0(G) \backslash L_1(G)$. 由于 G 正则, $|G'| = p^r$ 且 $n \geq r$, 因此由引理 4.2.4 可知 G 为 p^n 交换的. 故 $(ab^i)^{p^n} = 1$. 又因 $L_0(G) \backslash L_1(G)$ 中最小阶元的阶为 p^n, 所以 $o(ab^i) = p^n$. 从而 (ab^i, b, c) 仍为 G 的一组唯一性基底.

若 $\langle b, c \rangle$ 交换, 则可得定理中的群, 其中 $r \leq m \leq n$, $s \leq t = r$ 的情形. 若 $\langle b, c \rangle$ 非交换. 断言 $t < n - m + s$. 若否, 则 $t \geq n - m + s$. 由引理 4.2.1 知, 可取适当的 i 并用 $a^{ip^{n-m}}b$ 替换 b 可得,

$$(a^{ip^{n-m}}b)^{-1}c(a^{ip^{n-m}}b) = c, \ \ o(a^{ip^{n-m}}b) = p^m.$$

并且 $(a, a^{ip^{n-m}}b, c)$ 仍为 G 的一组唯一性基底. (这是因为, 显然

$$(a^{ip^{n-m}}b)^{-1}c(a^{ip^{n-m}}b) = c^{(1+p^t)(1+p^s)^{ip^{n-m}}}.$$

由于 $(1+p^s)^{p^{n-m}} \not\equiv 1 \pmod{p^{n-m+s+1}}$ 且 $(1+p^s)^{p^{n-m}} \equiv 1 \pmod{p^{n-m+s}}$, 因此由引理 4.2.1 知 $(1+p^s)^{p^{n-m}}$ 为 $S_{r-(n-m+s)}$ 的生成元. 从而 $(1+p^s)^{p^{n-m}} \equiv (1+p^{n-m+s})^{i_2} \pmod{p^r}$, 其中 $p \nmid i_2$. 接下来, 由于 $(1+p^t) \equiv 1 \pmod{p^t}$, 因此 $1 + p^t \in S_{r-t}$. 又因 $|S_{r-t}| = p^{r-t} < p^{r-(n-m+s)}$, 所以 $1 + p^t \in S_{r-(n-m+s)}$. 因此 $(1+p^t) \equiv (1+p^{n-m+s})^{i_1} \pmod{p^r}$. 故令 $i = -i_1 i_2^{-1}$, 则 $(a^{ip^{n-m}}b)^{-1}c(a^{ip^{n-m}}b) = c^{(1+p^{n-m+s})^{i_1+i_2 i}} = c$. 由引理 4.2.4 可知 G 为 p^m 交换的, 故 $o(a^{ip^{n-m}}b) = p^m$. 进一步, 若 $n > m$, 显然 $a^{ip^{n-m}}b \in L_2(G) \backslash L_3(G)$. 因此 $(a, a^{ip^{n-m}}b, c)$ 仍为一组唯一性基底; 若 $n = m$, 显然由命题 4.1.1 知, $W_n(G) = G$, $W_{n-1}(G) = L_{\omega_n}(G)$. 此时, 如果 $n = m = r$, 则 $W_{n-1}(G) = L_{\omega_n}(G) = L_3(G)$. 如果 $n = m > r$, 则 $W_{n-1}(G) = L_{\omega_n}(G) = L_2(G) = \Phi(G)$. 因此当 $n = m$ 时, 总可取 $L_1(G) = \langle a^i b, \Phi(G) \rangle$. 从而 $(a, a^i b, c)$ 仍为 G 的一组唯一性基底.)

接下来, 由于 $s \leq t < n - m + s$, 因此 $n > m$. 从而可得定理中的群, 其中 $r \leq m < n$, $s \leq t < \min\{r, n-m+s\}$ 的情形.

下面我们将证明定理中所有参数均是 G 的不变量. 由于 G 的型不变量为 (n, m, r), 因此 n, m, r 均为不变量. 注意到 $|G_3| = p^{r-s}$. 因此 $r - s$ 为不变量. 故

s 也是一个不变量. 最后我们来证明 t 也是不变量. 显然只需考虑 $r \leq m < n$, $s \leq t < \min\{r, n-m+s\}$ 的情形. 不失一般性, 令

$$a_1 = a^{i_1} b^{j_1} c^{k_1}, \quad b_1 = a^{i_2 p^{n-m}} b^{j_2} c^{k_2}, \quad c_1 = [a_1, b_1],$$

其中 $p \nmid i_1 j_2$. 经计算知 $b_1^{-1} c_1 b_1 = c_1^{(1+p^s)^{i_2 p^{n-m}}(1+p^t)^{j_2}}$. 由于 $t < n-m+s$ 且 $p \nmid j_2$, 因此可记 $b_1^{-1} c_1 b_1 = c_1^{(1+wp^t)}$, 其中 $p \nmid w$. 故 t 是不变量.

下面我们来证明, 对于参数 n, m, r, s, t 的不同取值, 对应的群互不同构. 若否, 则在前一种情形中, 令 $a' = a^i b^j c^k$, $b' = a^{l p^{n-m}} b^h c^w$, $c' = [a', b']$, 其中 i, j, k, l, h, w 是正整数且 $p \nmid ih$, 则 a', b', c' 满足后一种情形的定义关系. 特别地, $[c', b'] = c'^{p^t}$. 经计算知, $[c', b'] = c'^{[(1+p^s)^{l p^{n-m}}-1]}$. 故 $(1+p^s)^{l p^{n-m}} \equiv 1 + p^t \pmod{p^r}$. 注意到 $t < n-m+s$. 由引理 4.2.1 可得 $(1+p^s)^{p^{n-m}} \equiv (1+p^t)^\varepsilon \pmod{p^r}$, 其中 $p \mid \varepsilon$. 因此 $(1+p^t)^{l\varepsilon-1} \equiv 1 \pmod{p^r}$. 故 $p^{r-t} \mid l\varepsilon-1$. 注意到 $p \mid \varepsilon$ 且 $t < r$. 则 $p \mid 1$, 矛盾.

接下来, 我们要证明定理中得到的定义关系, 确实成群且满足定理中的题设条件.

显然可知, $H = \langle a, c \rangle$ 为亚循环群. 我们断言 b 在 H 上的作用是 H 上的一个自同构 $\beta: a \mapsto ac, c \mapsto c^{1+p^t}$.

我们来证明以下两个事实.

(i) H 的生成元 a, c 在 β 下的象 ac, c^{1+p^t} 仍然可以生成 H 且与 a, c 有相同的定义关系: $(ac)^{p^n} = 1$, $(c^{1+p^t})^{p^r} = 1$, $[c^{1+p^t}, ac] = (c^{1+p^t})^{p^s}$.

(ii) β 的阶为 p^r: 事实上, 由于 $\beta: a \mapsto ac, c \mapsto c^{1+p^t}$, 因此

$$\beta^2: a \mapsto acc^{1+p^t}, c \mapsto c^{(1+p^t)^2}.$$

$$\beta^3: a \mapsto acc^{1+p^t} c^{(1+p^t)^2}, c \mapsto c^{(1+p^t)^3}.$$

$$\vdots$$

$$\beta^{p^r}: a \mapsto ac^{\frac{(1+p^t)^{p^r}-1}{p^t}} = a, c \mapsto c^{(1+p^t)^{p^r}} = c.$$

($ac^{\frac{(1+p^t)^{p^r}-1}{p^t}} = a$, 这是因为, 由引理 4.2.2(4) 知, $(1+p^t)^{p^r} \equiv 1 \pmod{p^{t+r}}$. 因此, $\frac{(1+p^t)^{p^r}-1}{p^t} \equiv 0 \pmod{p^r}$. 从而 $ac^{\frac{(1+p^t)^{p^u}-1}{p^t}} = a$.)

综上可知, G 是群 H 被 p^m 阶循环群的循环扩张且 $|G| = p^{n+m+r}$. 进一步, 计算可知, G' 为 p^r 阶循环群且 G 的型不变量为 (n, m, r).

(II) $u > r$.

定理 4.2.4 设 G 为二元生成导群循环的奇阶有限 p 群, 其型不变量为 (n, m, r). 再设 $|G'| = p^u$. 则 G 同构于以下群之一, 这里 $n, m, u, r, s, t, \theta, i, \sigma$ 均为正整数:

(I) $\langle a, b, c \mid a^{p^{n-u+r}} = c^{p^r}, b^{p^m} = c^{p^u} = 1, [a, b] = c, [c, a] = c^{p^s}, [c, b] = 1 \rangle$, 其中 $r+1 \leq u \leq m \leq n$, $u-r \leq s \leq u \leq n-u+r$;

(II) $\langle a,b,c \mid a^{p^{n-u+r}} = c^{p^r}, b^{p^m} = c^{p^u} = 1, [a,b] = c^{\sigma}, [c,a] = 1, [c,b] = c^{p^t}\rangle$, 其中 $r+1 \leq u \leq m \leq n$, $u - (r+m-\min\{m,n-u+r\}) \leq t < u$, $p \nmid \sigma$ 且 $\sigma \leq \min\{p^{u-r}, p^{u-t}\}$. 当 $n-u+r \geq u$ 时, $u-r \leq t$. 当 $n-u+r < u$ 时, $\sigma \equiv 1 (\bmod\ p^{u-r-t})$ 且 $n-u = t$;

(III) $\langle a,b,c \mid a^{p^{n-u+r}} = c^{p^r}, b^{p^m} = c^{p^u} = 1, [a,b] = c^{\sigma}, [c,a] = c^{p^s}, [c,b] = c^{p^t}\rangle$, 其中 $r+1 \leq u \leq m \leq n$, $t < \min\{n-m+s, u\}$, $u-r \leq s < \min\{m-\min\{m,n-u+r\}+t, u\}$, $p \nmid \sigma$ 且 $\sigma \leq \min\{p^{u-r}, p^{\min\{n-m+s,u\}-t}\}$. 当 $n-u+r \geq u$ 时, $u-r \leq t$. 当 $n-u+r < u$ 时, $\sigma \equiv 1 (\bmod\ p^{u-r-t})$ 且 $n-u = t$;

(IV) $\langle a,b,c \mid a^{p^{n-u+r+\theta}} = c^{p^{r+\theta}}, b^{p^{m-\theta}} = c^{p^r}, c^{p^u} = 1, [a,b] = c^{\sigma}, [c,a] = c^{p^s}, [c,b] = 1\rangle$, 其中 $r+1 \leq u \leq m < n-u+r+\theta$, $\theta \leq u-r$, $\theta < m-r$, $u-r-\theta \leq s \leq u$, $p \nmid \sigma$, $\sigma p^{m-\theta} + p^{r+s} \equiv 0 (\bmod\ p^u)$. 并且若 $n-u+r+\theta-m+\theta \geq u-s$, 则 $\sigma \leq \min\{p^{\theta}, p^{u-s}\}$. 若 $n-u+r+\theta-m+\theta < u-s$, 则 $\sigma \leq \min\{p^{\theta+u-s-(n-u+r+\theta)+(m-\theta)}, p^{u-r}\}$;

(V) $\langle a,b,c \mid a^{p^{n-u+r+\theta}} = c^{p^{r+\theta}}, b^{p^{m-\theta}} = c^{p^r}, c^{p^u} = 1, [a,b] = c^{\sigma}, [c,a] = 1, [c,b] = c^{p^t}\rangle$, 其中 $r+1 \leq u \leq m < n-u+r+\theta$, $\theta \leq \min\{u-r, m-u\}$, $u-r \leq t < u$, $p \nmid \sigma$ 且 $\sigma \leq \min\{p^{u-r-\theta}, p^{u-t}\}$;

(VI) $\langle a,b,c \mid a^{p^{n-u+r+\theta}} = c^{ip^{r+\theta}}, b^{p^{m-\theta}} = c^{p^r}, c^{p^u} = 1, [a,b] = c^{\sigma}, [c,a] = c^{p^s}, [c,b] = c^{p^t}\rangle$, 其中 $r+1 \leq u \leq m < n-u+r+\theta$, $\theta \leq u-r$, $\theta < m-r$, $u-r-\theta \leq s < t$, $u-r \leq t < \min\{u, n-u+r+\theta-m+\theta+s\}$, $p \nmid i\sigma$, $\sigma p^{m-\theta} + p^{r+s} \equiv 0 (\bmod\ p^u)$, $\sigma \leq \min\{p^{\theta}, p^{t-s}\}$ 并且 $i \leq \min\{p^{u-t}, p^{u-r-\theta}\}$.

并且不同类型的群或者相同类型但不同参数的群互不同构.

证明 与定理 4.2.3 的证明相同可知, (a,b,d) 为 G 的一组唯一性基底且 $G' = \langle c\rangle$, $o(c) = p^u$, 其中 $u > r$. 因为 $\langle a\rangle \cap \langle b\rangle = 1$, 断言 $\langle a\rangle \cap \langle c\rangle$, $\langle b\rangle \cap \langle c\rangle$ 中至少有一个为 1. 若否, 则可设

$$\langle a\rangle \cap \langle c\rangle = \langle c^{p^{\alpha}}\rangle, \quad \langle b\rangle \cap \langle c\rangle = \langle c^{p^{\beta}}\rangle.$$

故 $1 \neq \langle c^{p^{\max\{\alpha,\beta\}}}\rangle \leq \langle a\rangle \cap \langle b\rangle$, 矛盾.

不失一般性, 可设 $\langle b\rangle \cap \langle c\rangle = 1$. 若否, 则设 $\langle b\rangle \cap \langle c\rangle = \langle c^{p^{\beta}}\rangle$, 其中 $\beta < u$. 令 $\overline{G} = G/G'$. 因为 $\langle a\rangle \cap \langle c\rangle = 1$ 且 $\langle b\rangle \cap \langle c\rangle = \langle c^{p^{\beta}}\rangle$, 所以 $o(\overline{a}) = p^n$ 且 $o(\overline{b}) = p^{m+\beta-u}$. 令 $b_1 = a^{p^{n-m}}b$. 因为 $\overline{b_1} = \overline{a}^{p^{n-m}}\overline{b}$, 所以 $\overline{b_1}^{p^{m+\beta-u}} = \overline{a^{p^{n+\beta-u}}}$. 故 $o(\overline{b_1}) = p^m$. 进而, 容易证明 (a, b_1, d) 为 G 的又一组唯一性基底, 并且 $\langle b_1\rangle \cap \langle c\rangle = 1$.

假设 $\langle a\rangle \cap \langle c\rangle = \langle c^{p^{\alpha}}\rangle$. 则 $o(\overline{a}) = p^{n-u+\alpha}$. 因为 $\langle b\rangle \cap \langle c\rangle = 1$, 所以 $o(\overline{b}) = p^m$. 假设 $|\langle\overline{a}\rangle \cap \langle\overline{b}\rangle| = p^{\theta}$. 因为 $p^{n+m+r} = |G| = |\overline{G}||G'| = \frac{p^{n-u+\alpha}p^m}{p^{\theta}}p^u = p^{n+m+\alpha-\theta}$, 所以 $\alpha = r+\theta$ 且 $o(\overline{a}) = p^{n-u+r+\theta}$. 下面我们将分两种情形来讨论:

情形 1 总存在 G 的一组唯一性基底 (a,b,d) 使得 $\overline{G} = \langle\overline{a}\rangle \times \langle\overline{b}\rangle$, 即, $\theta = 0$.

显然 $o(\overline{a}) = p^{n-u+r}$, $o(\overline{b}) = p^m$ 且 $\langle a^{p^{n-u+r}}\rangle = \langle c^{p^r}\rangle$. 由于 $\langle c\rangle \trianglelefteq G$, 因此 $\langle a,c\rangle$, $\langle b,c\rangle$ 均为亚循环 p 群. 由文献 [100] 定理 1.8.7 知, 总可用 a, b 的适当方幂替换 a, b 可得

$$a^{p^{n-u+r}} = c^{p^r}, \quad b^{p^m} = c^{p^u} = 1, \quad a^{-1}ca = c^{1+p^s}, \quad b^{-1}cb = c^{1+p^t},$$

其中 n,m,u,r,s,t 为正整数且 $s,t \le u$. 由于 G' 循环, 因此总可假设 $[a,b]=c^\sigma$, 其中 $p \nmid \sigma$. 进一步, 由于 G 正则, 因此由文献 [100] 定理 5.4.17 可知 $r+s \ge u$.

由于 G' 循环, 因此 G 亚交换. 由命题 1.2.2 知,

$$[a^{p^{n-u+r}},b]=c^{\sigma(p^{n-u+r}+\sum_{k=2}^{p^{n-u+r}}\binom{p^{n-u+r}}{k}p^{s(k-1)})}.$$

注意到 $r+s \ge u$, 因此 $[a^{p^{n-u+r}},b]=c^{\sigma p^{n-u+r}}$. 另一方面, $[a^{p^{n-u+r}},b]=[c^{p^r},b]=c^{p^{r+t}}$. 因此 $\sigma p^{n-u+r} \equiv p^{r+t}(\bmod\ p^u)$. 进一步, 若 $n-u+r \ge u$, 则 $r+t \ge u$. 若 $n-u+r < u$, 则 $n-u=t$ 且 $\sigma \equiv 1(\bmod\ p^{u-r-t})$.

子情形1.1 $\langle b,c \rangle$ 交换.

因为 $t=u$ 且 $\sigma p^{n-u+r} \equiv p^{r+t}(\bmod\ p^u)$, 故 $n-u+r \ge u$. 令 $b_1=b^\tau$, 其中 $\sigma\tau \equiv 1(\bmod\ p^u)$. 则 $[a,b_1]=c$ 且 $[c,b_1]=1$. 故 G 同构于定理中的群 (I).

此时, n,m,u,r 为不变量. 进一步, 因为 $|G_3|=p^{u-s}$, 所以 s 为不变量. 因此对于满足定理中条件的参数 n,m,u,r,s 的不同取值, 得到的群互不同构.

子情形1.2 $\langle b,c \rangle$ 非交换.

类似定理 4.2.3 的讨论, 可得 $t<n-m+s$ 且

$$\begin{cases} s \le t & \text{若 } n-u+r \ge m \\ s \le m-(n-u+r)+t & \text{若 } n-u+r < m. \end{cases}$$

从而 $t < \min\{n-m+s,u\}$ 且 $s \le \min\{m-\min\{m,n-u+r\}+t,u\}$.

子情形1.2.1 $s=\min\{m-\min\{m,n-u+r\}+t,u\}$.

注意到 $r+s \ge u$. 因此 $r+m-\min\{m,n-u+r\})+t \ge u$. 若 $s=u$, 则 $[c,a]=1$. 若 $s=m-\min\{m,n-u+r\}+t$, 则存在适当的 j 并用 $ab^{jp^{m-\min\{m,n-u+r\}}}$ 替换 a 可得

$$(ab^{jp^{m-\min\{m,n-u+r\}}})^{-1}c(ab^{jp^{m-\min\{m,n-u+r\}}})=c.$$

从而可设 $\langle a,c \rangle$ 交换. 进而 G 有如下定义关系:

$$a^{p^{n-u+r}}=c^{p^r},\ b^{p^m}=c^{p^u}=1,\ [a,b]=c^\sigma,\ [c,a]=1,\ [c,b]=c^{p^t},$$

其中

$$r+1 \le u \le m \le n,\ u-(r+m-\min\{m,n-u+r\}) \le t < u,\ p \nmid \sigma$$

且 σ 为正整数.

因为 G 的型不变量为 (n,m,r), $|G'|=p^u$ 且 $|G_3|=p^{u-t}$, 故 n,m,u,r,t 均为不变量. 从而只需考虑当 σ 取何值时, 对应的群两两互不同构即可. 为方便证明, 用 $G(\sigma)$ 记群 G. 假设 $G(\sigma) \cong G(\sigma')$. 在群 $G(\sigma)$ 中, 令

$$a_1=a^{i_1}b^{j_1}c^{k_1},\ b_1=a^{i_2}b^{j_2}c^{k_2},\ c_1=c^v,$$

其中 $i_1, i_2, j_1, j_2, k_1, k_2, v$ 取适当的整数且 $p \nmid i_1 j_2 v$ 使得 a_1, b_1 生成 $G(\sigma)$, 并且 $a_1, b_1, c_1^{\sigma'} = [a_1, b_1]$ 满足群 $G(\sigma')$ 的定义关系. 显然 $p^{m-\min\{m, n-u+r\}} \mid j_1$ 且 $p^{n-m} \mid i_2$.

经计算知,

$$
\begin{cases}
(i_1 + k_1 p^{n-u}) p^r \equiv v p^r \pmod{p^u} & (1) \\
\sigma i_1 \frac{(1+p^t)^{j_2}-1}{p^t}(1+p^t)^{j_1} - \sigma i_2 \frac{(1+p^t)^{j_1}-1}{p^t}(1+p^t)^{j_2} \\
\quad + k_1[(1+p^t)^{j_2}-1] + k_2[1-(1+p^t)^{j_1}] = v\sigma' & (2) \\
(1+p^t)^{j_1} \equiv 1 \pmod{p^u} & (3) \\
(1+p^t)^{j_2-1} \equiv 1 \pmod{p^u}. & (4)
\end{cases}
$$

由上面的式子 (3), (4) 可知 $p^{u-t} \mid j_1$ 且 $p^{u-t} \mid j_2 - 1$. 用 $\sigma' \times (1)$, 则 $\sigma'(i_1 + k_1 p^{n-u}) p^r \equiv v\sigma' p^r \pmod{p^u}$. 进而根据式子 (2) 可知, $\sigma' i_1 \equiv \sigma i_1 j_2 - \sigma i_2 j_1 \pmod{p^{u-r}}$. 因此 $\sigma \equiv \sigma' \pmod{\min\{p^{u-r}, p^{u-t}\}}$.

下证总可取适当的元素满足前面的定义关系且使得 $\sigma \leq \min\{p^{u-r}, p^{u-t}\}$. 令 $a' = a, b' = b^j, c' = c^v$, 其中 $v \equiv 1 \pmod{p^{u-r}}$, $j \equiv 1 \pmod{p^{u-t}}$. 经计算知, $[a', b'] = c^{\sigma(j + \binom{j}{2} p^t + \cdots + p^{t(j-1)})}$. 容易证明: 总存在适当的 $j = j_0$ 使得

$$
\sigma\left(j + \binom{j}{2} p^t + \cdots + p^{t(j-1)}\right) \leq p^{u-t}.
$$

若 $p^{u-t} \leq p^{u-r}$, 则可令 $v = 1$, 从而结论得证. 若 $p^{u-t} > p^{u-r}$, 则可取适当的 $v = v_0$, 其中 $v_0 \equiv 1 \pmod{p^{u-r}}$ 使得

$$
v^{-1}\sigma\left(j + \binom{j}{2} p^t + \cdots + p^{t(j-1)}\right) \leq p^{u-r}.
$$

此时结论亦成立. 从而得定理中的群 (II).

子情形1.2.2 $s < \min\{m - \min\{m, n-u+r\} + t, u\}$.

此时 G 有如下的定义关系:

$$
a^{p^{n-u+r}} = c^{p^r}, \ b^{p^m} = c^{p^u} = 1, \ [a,b] = c^{\sigma}, \ [c,a] = c^{p^s}, \ [c,b] = c^{p^t},
$$

其中

$$
r + 1 \leq u \leq m \leq n,
$$
$$
t < \min\{n - m + s, u\},
$$
$$
u - r \leq s < \min\{m - \min\{m, n-u+r\} + t, u\}, \ p \nmid \sigma
$$

且 σ 为正整数.

显然 n, m, r, u 均为 G 的不变量. 进一步, 类似上面定理 4.2.3 的证明可知, s, t 也是 G 的不变量. 从而我们只需考虑当 σ 取何值时, 对应的群两两互不同构. 为方便证明, 用 $G(\sigma)$ 记群 G. 假设 $G(\sigma) \cong G(\sigma')$. 在群 $G(\sigma)$ 中, 令

$$
a_1 = a^{i_1} b^{j_1} c^{k_1}, \quad b_1 = a^{i_2} b^{j_2} c^{k_2}, \quad c_1 = c^v,
$$

其中 $i_1, i_2, j_1, j_2, k_1, k_2, v$ 取适当整数且 $p \nmid i_1 j_2 v$ 使得 a_1, b_1 生成 $G(\sigma)$，并且 $a_1, b_1, c_1^{\sigma'} = [a_1, b_1]$ 满足群 $G(\sigma')$ 的定义关系. 显然 $p^{m-\min\{m, n-u+r\}} \mid j_1$ 且 $p^{n-m} \mid i_2$.

经计算知，

$$
\begin{cases}
i_1 p^r + k_1 p^{n-u+r} \equiv v p^r (\bmod~p^u) \\
\sigma \frac{(1+p^s)^{i_1}-1}{p^s} \frac{(1+p^t)^{j_2}-1}{p^t} (1+p^t)^{j_1} - \sigma \frac{(1+p^s)^{i_2}-1}{p^s} \frac{(1+p^t)^{j_1}-1}{p^t} (1+p^t)^{j_2} \\
\quad -k_2[(1+p^s)^{i_1}(1+p^t)^{j_1}-1] + k_1[(1+p^s)^{i_2}(1+p^t)^{j_2}-1] = v\sigma' \\
(1+p^s)^{i_1}(1+p^t)^{j_1} \equiv 1 + p^s (\bmod~p^u) \\
(1+p^s)^{i_2}(1+p^t)^{j_2-1} \equiv 1 (\bmod~p^u).
\end{cases}
$$

类似子情形 1.2.1 的证明可得，

$$
\sigma \equiv \sigma' (\bmod~\min\{p^{u-r}, p^{\min\{n-m+s, u\}-t}\}).
$$

进而总可取适当的元素满足前面的定义关系且使得 $\sigma \le \min\{p^{u-r}, p^{\min\{n-m+s, u\}-t}\}$. 综上可得定理中的群 (III). 类似定理 4.2.3 可证明，群 (I)-(III) 两两互不同构.

情形2 G 的任意一组唯一性基底 (a, b, d) 均不满足 $\overline{G} = \langle \overline{a} \rangle \times \langle \overline{b} \rangle$，即 $\theta \ne 0$.

注意到 $\langle a \rangle \cap \langle c \rangle = \langle c^{p^{r+\theta}} \rangle$，$\langle b \rangle \cap \langle c \rangle = 1$. 由于 $|\langle \overline{a} \rangle \cap \langle \overline{b} \rangle| = p^\theta$，因此 $\langle \overline{a^{p^{n-u+r}}} \rangle = \langle \overline{b^{p^{m-\theta}}} \rangle$. 进而我们总可假设 $\overline{a^{p^{n-u+r}}} = \overline{b}^{i p^{m-\theta}}$，其中 $p \nmid i$.

断言 $o(\overline{a}) > o(\overline{b})$. 若否，令 $a_1 = a b^{-i p^{(m-\theta)-(n-u+r)}}$. 显然 $o(\overline{a}_1) = p^{n-u+r}$. 由于 $o(\overline{b}) = p^m$ 且 $|\overline{G}| = p^{n+m+r-u}$，因此 $\overline{G} = \langle \overline{a}_1 \rangle \times \langle \overline{b} \rangle$. 此时，易知 $a_1 \in L_0(G) \setminus L_1(G)$ 且 $o(a_1) = p^n$. 这可归结为情形 1.

由于 $o(\overline{a}) > o(\overline{b})$，因此 $n-u+r+\theta > m$. 令 $b_1 = a^{-i^{-1} p^{n-u+r+\theta-m}} b$. 则 $o(\overline{b}_1) = p^{m-\theta}$. 从而 $\overline{G} = \langle \overline{a} \rangle \times \langle \overline{b}_1 \rangle$，其中 $o(\overline{a}) = p^{n-u+r+\theta}$，$o(\overline{b}_1) = p^{m-\theta}$. 因为 $\theta \ne 0$，所以 b_1 不属于 G 的任意一组唯一性基底.

因为 $\overline{G}$ 交换，所以 $\overline{G}$ 的型不变量为 $(n-u+r+\theta, m-\theta)$. 因此 $n-u+r+\theta, m-\theta$ 均为不变量. 注意到 n, m, u, r 为不变量. 因此 θ 亦为不变量. 注意到 $\overline{b}_1^{p^{m-\theta}} = \overline{1}$. 故不失一般性可设 $b_1^{p^{m-\theta}} = c^{p^x}$. 根据引理 4.2.4 可知，$G$ 为 p^m 交换的. 因此 $b_1^{p^m} = a^{-i^{-1} p^{n-u+r+\theta}}$. 由于 $\langle a \rangle \cap \langle c \rangle = \langle c^{p^{r+\theta}} \rangle$，因此 $\langle a^{p^{n-u+r+\theta}} \rangle = \langle c^{p^{r+\theta}} \rangle$. 因而我们总可假设 $b_1^{p^m} = c^{j p^{r+\theta}}$，其中 $p \nmid j$. 故 $j p^{r+\theta} \equiv p^{x+\theta} (\bmod~p^u)$. 若 $r+\theta \ge x+\theta$，则 $p^{x+\theta}(j p^{r-x}-1) \equiv 0 (\bmod~p^u)$. 从而 $x = r$. 若 $r+\theta < x+\theta$，则 $p^{r+\theta}(j - p^{x-r}) \equiv 0 (\bmod~p^u)$. 进一步，若 $(j - p^{x-r}) \equiv 0 (\bmod~p^u)$，则 $x = r$. 若 $(j - p^{x-r}) \not\equiv 0 (\bmod~p^u)$，则 $x+\theta > r+\theta \ge u$. 因此 $x > r$ 且 $r+\theta = u$. 假设 $x = r+\varepsilon$. 则 $b_1^{p^{m-\theta}} = c^{p^{r+\varepsilon}}$ 且 $b_1^{p^{m-\varepsilon}} = 1$. 显然 $b_1 \in L_1(G) \setminus L_2(G)$. 因此 $o(b_1) \ge p^m$，矛盾. 由上可知 $x = r$. 故 $b_1^{p^{m-\theta}} = c^{p^r}$. 进而，用 b 替换 b_1 可得，$b^{p^{m-\theta}} = c^{p^r}$.

由于 $\langle c \rangle \trianglelefteq G$，因此 $\langle a, c \rangle$ 和 $\langle b, c \rangle$ 均亚循环. 利用文献 [100] 中定理 1.8.7，分别用 a, b 的适当方幂替换 a, b 可得

$$
a^{p^{n-u+r+\theta}} = c^{i p^{r+\theta}}, \quad b^{p^{m-\theta}} = c^{p^r}, \quad c^{p^u} = 1, \quad a^{-1} c a = c^{1+p^s}, \quad b^{-1} c b = c^{1+p^t},
$$

其中 n, m, u, r, s, t, θ 为正整数，$s, t \leq u$，$\theta \leq u - r$ 且 $p \nmid i$. 因为 $G' = \langle [a, b] \rangle = \langle c \rangle$，所以总可假设 $[a, b] = c^\sigma$，其中 $p \nmid \sigma$.

由于 G 正则，利用文献 [100] 中定理 5.4.17 可知，$m - \theta + t \geq u$，$r + t \geq u$ 且 $r + \theta + s \geq u$. 显然 $m \geq r + \theta$. 断言 $m > r + \theta$. 若否，则 $m = u = r + \theta$. 令 $b_1 = bc^{-1}$ 且 $[a, b_1] = c^{\sigma'}$. 则 $b_1^{p^r} = 1$ 且 $b_1^{-1} c b_1 = c^{1 + p^t}$. 此时，显然 $b_1 \in L_1(G) \backslash L_2(G)$，故 $o(b_1) \geq p^m$. 因此 $r = u = m$，矛盾.

接下来，类似情形 1 的证明可得，$\sigma p^{m-\theta} + p^{r+s} \equiv 0 (\mathrm{mod}\ p^u)$.

子情形2.1 $\langle b, c \rangle$ 交换.

不失一般性，分别用 b^i 和 c^i 替换 b 和 c 可得

$$a^{p^{n-u+r+\theta}} = c^{p^{r+\theta}}, \quad b^{p^{m-\theta}} = c^{p^r}, \quad c^{p^u} = 1, \quad [a, b] = c^\sigma, \quad a^{-1} c a = c^{1 + p^s}, \quad b^{-1} c b = c,$$

其中

$$r + 1 \leq u \leq m < n - u + r + \theta, \quad \theta \leq u - r, \quad \theta < m - r, \quad u - r - \theta \leq s \leq u, \quad p \nmid \sigma$$

且 σ 为正整数.

由于 $|G_3| = p^{u-s}$，因此 s 为不变量. 从而只需考虑当 σ 取何值时，对应的群两两互不同构即可. 为方便证明，用 $G(\sigma)$ 记群 G. 假设 $G(\sigma) \cong G(\sigma')$. 在群 $G(\sigma)$ 中，令

$$a_1 = a^{i_1} b^{j_1} c^{k_1}, \quad b_1 = a^{i_2} b^{j_2} c^{k_2}, \quad c_1 = c^v,$$

其中 $i_1, i_2, j_1, j_2, k_1, k_2, v$ 为适当的正整数且 $p \nmid i_1 j_2 v$ 使得 a_1, b_1 生成 $G(\sigma)$，并且 $a_1, b_1, c_1^{\sigma'} = [a_1, b_1]$ 满足 $G(\sigma')$ 的定义关系. 显然 $p^{n-u+r+\theta-m+\theta} \mid i_2$，从而可记 $i_2 = l p^{n-u+r+\theta-m+\theta}$.

经计算知，

$$
\begin{cases}
i_1 p^{r+\theta} + j_1 p^{r+(n-u+r+\theta)-(m-\theta)} \equiv v p^{r+\theta} (\mathrm{mod}\ p^u) & (1') \\
l p^{r+\theta} + j_2 p^r + k_2 p^{m-\theta} \equiv v p^r (\mathrm{mod}\ p^u) & (2') \\
\sigma \frac{[(1+p^s)^{i_1} - 1] j_2}{p^s} - \sigma \frac{[(1+p^s)^{i_2} - 1] j_1}{p^s} - k_2 [(1+p^s)^{i_1} - 1] + k_1 [(1+p^s)^{i_2} - 1] = v \sigma' & (3') \\
(1 + p^s)^{i_1} \equiv 1 + p^s (\mathrm{mod}\ p^u) & (4') \\
(1 + p^s)^{i_2} \equiv 1 (\mathrm{mod}\ p^u). & (5')
\end{cases}
$$

由式子 $(4')$ 和 $(5')$ 知，

$$i_1 \equiv 1 (\mathrm{mod}\ p^{u-s}), \quad i_2 = l p^{n-u+r+\theta-m+\theta} \equiv 0 (\mathrm{mod}\ p^{u-s}).$$

令 $\sigma' \times [(2') \times i_1 - (1') \times l]$，则

$$\sigma'(i_1 j_2 - i_2 j_1) p^r + \sigma' i_1 k_2 p^{m-\theta} \equiv v \sigma'(i_1 p^r - l p^{r+\theta}) (\mathrm{mod}\ p^u).$$

故由 (3′) 可知,

$$\sigma'(i_1j_2 - i_2j_1)p^r + \sigma'i_1k_2p^{m-\theta} \equiv [\sigma(i_1j_2 - i_2j_1) - k_2p^s](i_1p^r - lp^{r+\theta})(\bmod p^u).$$

进而, 由于 $\sigma'p^{m-\theta} + p^{r+s} \equiv 0(\bmod p^u)$ 且 $r + \theta + s \geq u$, 因此 $\sigma'p^r \equiv \sigma i_1 p^r - \sigma lp^{r+\theta}(\bmod p^u)$.

注意到 $i_2 = lp^{n-u+r+\theta-m+\theta} \equiv 0(\bmod p^{u-s})$. 当 $n-u+r+\theta-m+\theta \geq u-s$ 时, 由于 $r+\theta \leq u$ 且 $i_1 \equiv 1(\bmod p^{u-s})$, 因此 $\sigma' \equiv \sigma(\bmod \min\{p^\theta, p^{u-s}\})$. 当 $n-u+r+\theta-m+\theta < u-s$ 时, $p^{u-s-(n-u+r+\theta)+(m-\theta)} \mid l$. 由于

$$\theta + u - s - (n - u + r + \theta) + (m - \theta) = u - s - (n - u + r + \theta) + m < u - s,$$

因此 $\sigma' \equiv \sigma(\bmod \min\{p^{u-s-(n-u+r+\theta)+m}, p^{u-r}\})$.

类似子情形 1.2.1 的证明, 总可取适当的元素满足前面的定义关系且使得

$$\begin{cases} \sigma \leq \min\{p^\theta, p^{u-s}\}, & 若\quad n-u+r+\theta-m+\theta \geq u-s \\ \sigma \leq \min\{p^{u-s-(n-u+r+\theta)+m}, p^{u-r}\}, & 若\quad n-u+r+\theta-m+\theta < u-s. \end{cases}$$

综上可得定理中的群 (IV).

子情形2.2 $\langle b, c \rangle$ 非交换.

类似定理 4.2.3 的证明, 可得 $s \leq t < \min\{u, n-u+r+\theta-m+\theta+s\}$.

子情形2.2.1 $s = t$.

令 $a_1 = ab^{-1}$. 则

$$a_1^{-1}ca_1 = c, \ a_1^{p^{n-u+r+\theta}} = c^{p^{r+\theta}(i-p^{n-u+r+\theta-m})}$$

且记 $[a_1, b] = c^{\sigma'}$. 接下来, 令 $a_2 = a_1^k$, 其中

$$(i - p^{n-u+r+\theta-m})k \equiv 1(\bmod p^{u-r-\theta})$$

并令 $[a_2, b] = c^{k\sigma'} = c^\sigma$. 不失一般性用 a 替换 a_2, 我们有下面的定义关系:

$$a^{p^{n-u+r+\theta}} = c^{p^{r+\theta}}, \ b^{m-\theta} = c^{p^r}, \ c^{p^u} = 1, \ [a, b] = c^\sigma, \ [c, a] = 1, \ [c, b] = c^{p^t},$$

其中

$$r + 1 \leq u \leq m \leq n, \ r + \theta \leq u, \ m - \theta + t \geq u,$$

$$r + t \geq u, \ t < u, \ r + \theta < m < n - u + r + \theta, \ p \nmid \sigma$$

且 σ 为正整数. 由文献 [100] 中定理 5.4.17 可知,

$$[a, b^{p^{m-\theta}}] = [a, c^{p^r}] = 1, \ [a, b]^{p^{m-\theta}} = 1.$$

因此 $c^{\sigma p^{m-\theta}} = 1$. 进而 $m - \theta \geq u$. 故

$$r+1 \leq u \leq m < n-u+r+\theta, \; \theta \leq \min\{u-r, m-u\}, \; u-r \leq t < u, \; p \nmid \sigma$$

且 σ 为正整数.

因为 $|G_3| = p^{u-t}$, 所以 t 为不变量. 从而我们只需考虑当 σ 取何值时, 对应的群两两互不同构. 为方便证明用 $G(\sigma)$ 记群 G. 假设 $G(\sigma) \cong G(\sigma')$. 在群 $G(\sigma)$ 中, 令

$$a_1 = a^{i_1}b^{j_1}c^{k_1}, \; b_1 = a^{i_2}b^{j_2}c^{k_2}, \; c_1 = c^v,$$

其中 $i_1, i_2, j_1, j_2, k_1, k_2, v$ 为适当的正整数且 $p \nmid i_1 j_2 v$ 使得 a_1, b_1 生成 $G(\sigma)$, 且 $a_1, b_1, c_1^{\sigma'} = [a_1, b_1]$ 满足 $G(\sigma')$ 的定义关系. 显然 $p^{n-u+r+\theta-m+\theta} \mid i_2$. 记 $i_2 = lp^{n-u+r+\theta-m+\theta}$. 经计算知,

$$\begin{cases} i_1 p^{r+\theta} + j_1 p^{r+(n-u+r+\theta)-(m-\theta)} \equiv vp^{r+\theta} \pmod{p^u} \\ lp^{r+\theta} + j_2 p^r \equiv vp^r \pmod{p^u} \\ \sigma \frac{[(1+p^t)^{j_2}-1]i_1}{p^t}(1+p^t)^{j_1} + \sigma \frac{[1-(1+p^t)^{j_1}]i_2}{p^t}(1+p^t)^{j_2} \\ \quad + k_2[1-(1+p^t)^{j_1}] + k_1[(1+p^t)^{j_2}-1] = v\sigma' \\ (1+p^t)^{j_1} \equiv 1 \pmod{p^u} \\ (1+p^t)^{j_2} \equiv 1+p^t \pmod{p^u}. \end{cases}$$

类似子情形 2.1 的证明, 可得 $\sigma' \equiv \sigma(\bmod \min\{p^{u-r-\theta}, p^{u-t}\})$.

类似子情形 1.2.1 的证明, 总可取适当的元素满足前面的定义关系且使得 $\sigma \leq \min\{p^{u-r-\theta}, p^{u-t}\}$. 从而可得定理中的群 (V).

子情形2.2.2 $s < t$.

因为 $|G_3| = p^{u-s}$, 所以 s 为不变量. 类似定理 4.2.3 可证, t 为不变量. 因此 n, m, u, r, s, t, θ 为 G 的不变量. 显然 G 具有如下定义关系:

$$a^{p^{n-u+r+\theta}} = c^{ip^{r+\theta}}, \; b^{p^{m-\theta}} = c^{p^r}, \; c^{p^u} = 1, \; [a,b] = c^\sigma, \; a^{-1}ca = c^{1+p^s}, \; b^{-1}cb = c^{1+p^t},$$

其中

$$r+1 \leq u \leq m < n-u+r+\theta, \; \theta \leq u-r, \; \theta < m-r,$$

$$u-r-\theta \leq s < t, \; u-r \leq t < \min\{u, n-u+r+\theta-m+\theta+s\}, \; p \nmid i\sigma$$

且 i, σ 为正整数.

下面我们考虑当 i, σ 取何值时, 对应的群两两互不同构. 为方便证明, 记 G 为 $G(i, \sigma)$. 假设 $G(i, \sigma) \cong G(i', \sigma')$. 在群 $G(i, \sigma)$ 中, 令

$$a_1 = a^{i_1}b^{j_1}c^{k_1}, \; b_1 = a^{i_2}b^{j_2}c^{k_2}, \; c_1 = c^v,$$

其中 $i_1, i_2, j_1, j_2, k_1, k_2, v$ 为适当的整数且 $p \nmid i_1 j_2 v$ 使得 a_1, b_1 生成 $G(i, \sigma)$, 并且 $a_1, b_1, c_1^{\sigma'} = [a_1, b_1]$ 满足 $G(i', \sigma')$ 的定义关系. 显然 $p^{n-u+r+\theta-m+\theta} \mid i_2$. 记 $i_2 = lp^{n-u+r+\theta-m+\theta}$. 经计算知

$$(a) \begin{cases} i_1 i p^{r+\theta} + j_1 p^{r+(n-u+r+\theta)-(m-\theta)} \equiv i'vp^{r+\theta} (\bmod\ p^u) \\ ilp^{r+\theta} + j_2 p^r + k_2 p^{m-\theta} \equiv vp^r (\bmod\ p^u) \\ \sigma \frac{[(1+p^s)^{i_1}-1]}{p^s} \frac{[(1+p^t)^{j_2}-1]}{p^t}(1+p^t)^{j_1} - \sigma \frac{[(1+p^s)^{i_2}-1]}{p^s} \frac{[(1+p^t)^{j_1}-1]}{p^t}(1+p^t)^{j_2} \\ -k_2[(1+p^s)^{i_1}(1+p^t)^{j_1}-1] + k_1[(1+p^s)^{i_2}(1+p^t)^{j_2}-1] = v\sigma' \\ (1+p^s)^{i_1}(1+p^t)^{j_1} \equiv 1+p^s (\bmod\ p^u) \\ (1+p^s)^{i_2}(1+p^t)^{j_2} \equiv 1+p^t (\bmod\ p^u). \end{cases}$$

注意到 $s < t$. 由引理 4.2.1 可知, 存在适当的 L 使得 $(1+p^t) \equiv (1+p^s)^{Lp^{t-s}} (\bmod\ p^u)$, 其中 $p \nmid L$. 因此

$$(1+p^s)^{i_1}(1+p^t)^{j_1} = (1+p^s)^{i_1+j_1 Lp^{t-s}} \equiv 1+p^s (\bmod\ p^u).$$

故可设 $i_1 = 1 - j_1 Lp^{t-s} + Kp^{u-s}$. 注意到

$$i_2 = lp^{n-u+r+\theta-m+\theta} \ \text{且} \ t < n-u+r+\theta-m+\theta+s.$$

则由引理 4.2.1 可知, 总存在适当的 M 使得

$$(1+p^s)^{i_2} \equiv (1+p^t)^{lMp^{(n-u+r+\theta)-(m-\theta)+s-t}} (\bmod\ p^u),$$

其中 $p \nmid M$. 因此

$$(1+p^s)^{i_2}(1+p^t)^{j_2} \equiv (1+p^t)^{lMp^{(n-u+r+\theta)-(m-\theta)+s-t}+j_2} (\bmod\ p^u) \equiv (1+p^t)(\bmod\ p^u).$$

故可设 $j_2 = 1 - lMp^{(n-u+r+\theta)-(m-\theta)+s-t} + Np^{u-t}$.

类似子情形 2.1 的证明可得, $\sigma' p^r \equiv \sigma(i_1 - li'p^\theta)p^r (\bmod\ p^u)$ 且

$$i_1 i p^{r+\theta} - lii'p^{r+\theta+\theta} + j_1 p^{r+(n-u+r+\theta)-(m-\theta)} \equiv i' j_2 p^{r+\theta} (\bmod\ p^u).$$

故 (a) 中的四个同余式等价于下面的式子:

$$\begin{cases} \sigma'p^r \equiv \sigma(i_1 - li'p^\theta)p^r (\bmod\ p^u) \\ i_1 i p^{r+\theta} - lii'p^{r+\theta+\theta} + j_1 p^{r+(n-u+r+\theta)-(m-\theta)} \equiv i' j_2 p^{r+\theta} (\bmod\ p^u) \\ i_1 = 1 - j_1 Lp^{t-s} + Kp^{u-s} \\ j_2 = 1 - lMp^{(n-u+r+\theta)-(m-\theta)+s-t} + Np^{u-t} \end{cases},$$

其中 $p \nmid LM$ 且 K, L, M, N 为整数. 进而,

$$(b) \begin{cases} \sigma' \equiv \sigma(1 - j_1 Lp^{t-s} + Kp^{u-s} - li'p^\theta)(\bmod\ p^{u-r}) \\ (1 - j_1 Lp^{t-s} + Kp^{u-s} - li'p^\theta)i + j_1 p^{(n-u+r+\theta)-m} \\ \equiv i'(1 - lMp^{(n-u+r+\theta)-(m-\theta)+s-t} + Np^{u-t})(\bmod\ p^{u-r-\theta}) \\ i_1 = 1 - j_1 Lp^{t-s} + Kp^{u-s} \\ j_2 = 1 - lMp^{(n-u+r+\theta)-(m-\theta)+s-t} + Np^{u-t}. \end{cases}$$

从而, 若 $G(i,\sigma) \cong G(i',\sigma')$, 则

(c)
$$\begin{cases} \sigma' \equiv \sigma(\bmod \min\{p^{t-s}, p^\theta\}) \\ i' \equiv i(\bmod \min\{p^{t-s}, p^\theta, p^{(n-u+r+\theta)-m}, p^{(n-u+r+\theta)-(m-\theta)+s-t}, p^{u-t}, p^{u-r-\theta}\}). \end{cases}$$

反之, 当 (c) 成立时, $G(i,\sigma)$ 与 $G(i',\sigma')$ 也未必同构. 下面我们将利用 (c) 式, 来给出 $G(i,\sigma)$ 与 $G(i',\sigma')$ 同构的充分条件.

因为 $\sigma' \equiv \sigma(\bmod \min\{p^{t-s}, p^\theta\})$, 所以可设 $\sigma' = \sigma + U\min\{p^{t-s}, p^\theta\}$. 因此, 由 (b) 可知, $U \cdot \min\{p^{t-s}, p^\theta\} \equiv \sigma(-j_1 Lp^{t-s} + Kp^{u-s} - li'p^\theta)(\bmod p^{u-r})$. 故

$$U \equiv \sigma(-j_1 Lp^{t-s-\min\{t-s,\theta\}} + Kp^{u-s-\min\{t-s,\theta\}} - li'p^{\theta-\min\{t-s,\theta\}})(\bmod p^{u-r-\min\{t-s,\theta\}}).$$

显然, 我们总可选择适当的元素满足上面的定义关系且使得 $\sigma \leq \min\{p^{t-s}, p^\theta\}$. 因此, 以下的证明中我们可取 $U = 0$. 从而总假设

$$-j_1 Lp^{t-s-\min\{t-s,\theta\}} + Kp^{u-s-\min\{t-s,\theta\}} - li'p^{\theta-\min\{t-s,\theta\}} = \lambda p^{u-r-\min\{t-s,\theta\}}.$$

因此根据 (b) 式可得,

$$i + j_1 p^{(n-u+r+\theta)-m} \equiv i'(1 - lMp^{(n-u+r+\theta)-(m-\theta)+s-t} + Np^{u-t})(\bmod p^{u-r-\theta}).$$

故

$$i' \equiv i(1 + i'i^{-1}lMp^{(n-u+r+\theta)-(m-\theta)+s-t} - i'i^{-1}Np^{u-t}$$
$$+ j_1 i^{-1}p^{(n-u+r+\theta)-m})(\bmod p^{u-r-\theta}). \quad (*)$$

因为 $(1+p^s)^{p^{(n-u+r+\theta)-(m-\theta)}} \equiv (1+p^t)^{Mp^{(n-u+r+\theta)-(m-\theta)+s-t}}(\bmod p^u)$ 且

$$(1+p^t) \equiv (1+p^s)^{Lp^{t-s}}(\bmod p^u),$$

所以

$$(1+p^s)^{p^{(n-u+r+\theta)-(m-\theta)}} \equiv (1+p^s)^{LMp^{(n-u+r+\theta)-(m-\theta)}}(\bmod p^u).$$

因此 $(1-LM)p^{(n-u+r+\theta)-(m-\theta)} \equiv 0(\bmod p^{u-s})$. 进而, 若 $(n-u+r+\theta)-(m-\theta)+s < u$, 则不失一般性可设 $LM = 1 + \beta p^{u-s-(n-u+r+\theta)+(m-\theta)}$.

下面我们再分两种情形来讨论:

(i) $\theta \leq t - s$.

因为 $\theta \leq t - s$, 所以 $-j_1 Lp^{t-s-\theta} + Kp^{u-s-\theta} - li' = \lambda p^{u-r-\theta}$. 因此

$$l = -j_1 i'^{-1}Lp^{t-s-\theta} + i'^{-1}Kp^{u-s-\theta} - \lambda i'^{-1}p^{u-r-\theta}.$$

从而, 对于 $(*)$,

$$i' \equiv i[1 + i^{-1}j_1(1 - LM)p^{(n-u+r+\theta)-m} + i^{-1}KMp^{(n-u+r+\theta)-m+u-t}$$

$$-i^{-1}\lambda M p^{u-r-\theta+(n-u+r+\theta)-(m-\theta)+s-t} - i'i^{-1}Np^{u-t}](\mathrm{mod}\ p^{u-r-\theta}).$$

因为 $t < (n-u+r+\theta)-(m-\theta)+s$ 且 $n-u+r+\theta > m$, 所以

$$u-r-\theta+(n-u+r+\theta)-(m-\theta)+s-t > u-r-\theta,$$

且

$$(n-u+r+\theta)-m+u-t > u-t.$$

从而

$$i' \equiv i[1+i^{-1}j_1(1-LM)p^{(n-u+r+\theta)-m} +$$

$$(i^{-1}KMp^{(n-u+r+\theta)-m} - i'i^{-1}N)p^{u-t}](\mathrm{mod}\ p^{u-r-\theta}).$$

若 $n-u+r+\theta-(m-\theta)+r \geq u$, 则 $(n-u+r+\theta)-m \geq u-r-\theta$. 因此

$$i' \equiv i(1-i'i^{-1}Np^{u-t})(\mathrm{mod}\ p^{u-r-\theta}).$$

因此我们总可选取适当的元素满足定义关系且使得

$$\sigma \leq \min\{p^{t-s}, p^{\theta}\},\ i \leq \min\{p^{u-t}, p^{u-r-\theta}\}.$$

假设 $n-u+r+\theta-(m-\theta)+r < u$. 若 $u-t \leq (n-u+r+\theta)-m$, 则

$$i' \equiv i[1+(i^{-1}j_1(1-LM)p^{(n-u+r+\theta)-m-u+t} +$$

$$i^{-1}KMp^{(n-u+r+\theta)-m} - i'i^{-1}N)p^{u-t}](\mathrm{mod}\ p^{u-r-\theta}).$$

因此我们总可选取适当的元素满足定义关系且使得

$$\sigma \leq \min\{p^{t-s}, p^{\theta}\}, i \leq \min\{p^{u-t}, p^{u-r-\theta}\}.$$

若 $u-t > (n-u+r+\theta)-m$, 则断言

$$(n-u+r+\theta)-(m-\theta)+s < u.$$

若否, 则 $u-t > u-s-\theta$. 故 $\theta > t-s$, 矛盾. 因此

$$LM = 1+\beta p^{u-s-(n-u+r+\theta)+(m-\theta)}.$$

从而

$$i' \equiv i[1-i^{-1}j_1\beta p^{u-s-\theta}+(i^{-1}KMp^{(n-u+r+\theta)-m} - i'i^{-1}N)p^{u-t}](\mathrm{mod}\ p^{u-r-\theta}).$$

因为 $\theta \leq t-s$, 所以 $u-s-\theta \geq u-t$. 因此

$$i' \equiv i[1-(i^{-1}j_1\beta p^{t-s-\theta}+i^{-1}KMp^{(n-u+r+\theta)-m} - i'i^{-1}N)p^{u-t}](\mathrm{mod}\ p^{u-r-\theta}).$$

故我们总可选取适当的元素满足定义关系且使得

$$\sigma \le \min\{p^{t-s}, p^{\theta}\}, \quad i \le \min\{p^{u-t}, p^{u-r-\theta}\}.$$

(ii) $\theta > t - s$.

因为 $\theta > t - s$, 所以 $j_1 = KL^{-1}p^{u-t} - lL^{-1}i'p^{\theta-t+s} - \lambda L^{-1}p^{u-r-t+s}$.

因此, 对于 $(*)$,

$$i' \equiv i[1 + i'i^{-1}lL^{-1}(LM-1)p^{(n-u+r+\theta)-(m-\theta)+s-t} - i'i^{-1}Np^{u-t}$$

$$+ i^{-1}KL^{-1}p^{(n-u+r+\theta)-m+u-t} - i^{-1}\lambda L^{-1}p^{u-r-t+s+(n-u+r+\theta)-m}](\mathrm{mod}\ p^{u-r-\theta}).$$

因为 $\theta > t - s$, 所以 $u - r - t + s > u - r - \theta$. 注意到 $n - u + r + \theta > m$. 因此

$$u - r - t + s + (n - u + r + \theta) - m > u - r - \theta.$$

从而

$$\begin{aligned} i' &\equiv i[1 + i'i^{-1}lL^{-1}(LM-1)p^{(n-u+r+\theta)-(m-\theta)+s-t} \\ &\quad + (i^{-1}KL^{-1}p^{(n-u+r+\theta)-m} - i'i^{-1}N)p^{u-t}](\mathrm{mod}\ p^{u-r-\theta}). \end{aligned}$$

类似情形 (i) 的证明, 我们总可选取适当的元素满足群的定义关系且使得 $\sigma \le \min\{p^{t-s}, p^{\theta}\}$, $i \le \min\{p^{u-t}, p^{u-r-\theta}\}$. 综上可得定理中的群 (VI).

最后, 易证 (IV)–(VI) 两两互不同构. 且对于 (I)–(VI), 利用循环扩张理论, 类似定理 4.2.3 可证 $|G| = p^{n+m+r}$. 且计算可知, G' 为 p^u 阶循环群且 G 的型不变量为 (n, m, r). 细节略去.

综上可得,

定理 4.2.5 设 G 是有限 p 群, $p > 2$. 若 $d(G) = 2$ 且 G' 循环, 则 G 同构于定理 4.2.2, 定理 4.2.3 以及定理 4.2.4 中的群之一.

§4.3 极小非类 2 的有限 p 群

幂零类是 p 群的重要算术不变量. 它的大小对 p 群的结构有着深刻的影响. 例如, 从幂零类的角度来看, 内交换 p 群就是所有子群的幂零类均为 1, 但群本身的幂零类不是 1 的群. 自然地, 人们关注所有子群的幂零类均为 2, 但群本身的幂零类不是 2 的 p 群, 即内类 2 的有限 p 群的结构. 2010 年, 我们在文献 [87] 中分类了极小非类 2 的 p 群. 随后, 李璞金在他的博士论文 [49] 中研究了内类 2 的 p 群, 并对于 $p > 3$ 的情形, 分类了内类 2 的 p 群. 也见文献 [50–52]. 显然, 内类 2 的 p 群的分类可看作是内交换 p 群分类的一个自然的、较大的推广. 本节我们仅介绍极小非类 2 的 p 群. 而有关内类 2 的 p 群的分类可参见文献 [49–52].

首先我们给出极小非类 2 的有限 p 群的某些性质及其刻画.

§4.3.1 极小非类 2 的有限 p 群的一般性质

本小节, 将分别给出极小非类 2 的有限 p 群的一些基本性质, 判定一个有限 p 群是极小非类 2 的两个充分必要条件以及极小非类 2 的有限 p 群的导群结构.

命题 4.3.1 (1) 设 G 是幂零类为 c 的群. 则

$$[a_1^{n_1}, \cdots, a_c^{n_c}] = [a_1, \cdots, a_c]^{n_1 \cdots n_c}.$$

(2) 设 G 是幂零类为 3 的群. 若 $p > 2$, 则 $[a^p, b] = [a, b]^p [a, b, a]^{\binom{p}{2}}$. 若 $p = 2$, 则 $[a^2, b] = [a, b]^2 [a, b, a]$ 且 $[a^4, b] = [a, b]^4 [a, b, a]^{\binom{4}{2}}$.

证明 由文献 [38] 第 III 章引理 6.8 可得 (1). 直接计算可得 (2).

命题 4.3.2 设 G 是极小非类 2 的有限 p 群. 则

(1) $Z(G)$ 循环且 $|G_3| = p$;

(2) $[\Phi(G), G] \leq Z(G)$ 且 $\mho_1(G') \leq Z(G)$;

(3) $Z(G) \leq \Phi(G)$;

(4) $d(G) \leq 3$;

(5) 若 $d(G) = 3$, 则 $p = 3$ 且 G 是正则的. 进一步地, 设 $G = \langle a, b, c \rangle$. 则 $[a, b, c] = [b, c, a] = [c, a, b] \neq 1$.

证明 (1) 取 G 的一个 p 阶正规子群 N. 因为 $c(G/N) = 2$, 所以 $N = G_3$. 因而 G_3 是 G 的唯一的极小正规子群. 进而 $Z(G)$ 循环.

(2) 因为 $\Phi(G) = G' \mho_1(G)$, 所以 $[\Phi(G), G] = [G', G][\mho_1(G), G]$. 显然, $[G', G] = G_3 \leq Z(G)$. 取 $x, y, z \in G$. 由命题 4.3.1 可得, $[x^p, y, z] = 1$ 且 $[x^p, y] \in Z(G)$. 注意到 $\mho_1(G) = \langle x^p \mid x \in G \rangle$. 故 $[\mho_1(G), G] \leq Z(G)$. 因此 $[\Phi(G), G] \leq Z(G)$.

若 $a \in G'$, $b \in G$, 则 $[a, b] \in G_3$. 因而 $[a^p, b] = [a, b]^p = 1$. 即 $a^p \in Z(G)$. 所以 $\mho_1(G') \leq Z(G)$.

(3) 假设 $Z(G) \nleq \Phi(G)$, 则存在 G 的一个生成元 $a \in Z(G)$. 因而存在 G 的极大子群 M 使得 $G = M \langle a \rangle$. 于是 $c(G) = c(H) \leq 2$, 矛盾. 故 $Z(G) \leq \Phi(G)$.

(4) 设 $d(G) \geq 4$. 对于 $a, b, c \in G$, 令 $H = \langle a, b, c \rangle$, 则 $H < G$ 且 $c(H) \leq 2$. 于是 $[a, b, c] = 1$. 由此可得 $c(G) \leq 2$, 矛盾. 故 $d(G) \leq 3$.

(5) 因为 G 的任意一个二元生成子群均为类 2 的, 故 G 是正则的, 且满足 2-Engel 条件. 因为 $c(G) = 3$, 由文献 [38] 第 III 章定理 6.5 得 $p = 3$. 令 $G = \langle a, b, c \rangle$. 因为

$$[a, bc, bc] = [a, b, b] = [a, c, c] = 1,$$

我们有 $[a, b, c] = [c, a, b]$. 互换 a, b, c 的位置得

$$[a, b, c] = [c, a, b] = [b, c, a].$$

因为 $G_3 \neq 1$, 所以 $[a, b, c] = [b, c, a] = [c, a, b] \neq 1$.

下面我们给出判定有限 p 群为极小非类 2 的两个充分必要条件.

定理 4.3.1 设 G 是有限 p 群且 $d(G) = 2$. 则 G 是极小非类 2 群当且仅当 $Z(G)$ 循环且 $|G_3| = p$.

证明 ($\Rightarrow$) 由命题 4.3.2 可知, 结论显然成立.

($\Leftarrow$) 因为 $Z(G)$ 循环, 因而 G_3 是 G 的唯一的极小正规子群. 因而 G 的每个真商群是类 2 的. 于是只需证 G 的每个真子群的类不超过 2 即可.

取 G 的一个极大子群 M. 则存在 $a \in H \backslash \Phi(G), b \in G \backslash H$ 使得 $G = \langle a, b \rangle$. 很清楚, $H = \langle a, \Phi(G) \rangle$. 因而

$$H_3 = \langle [x, y, z] \mid x, y, z \in \{a, G', \mho_1(G)\} \rangle.$$

若 x, y, z 中有一个属于 $\mho_1(G)$, 由命题 4.3.1 可得, $[x, y, z] = 1$. 若不是这种情况, 则 x, y, z 中有一个属于 G', 我们也有 $[x, y, z] = 1$. 因而 $H_3 = 1$, 即得所证.

类似地, 我们也有

定理 4.3.2 设 G 是有限 p 群且 $d(G) = 3$. 则 G 是极小非类 2 群当且仅当 $Z(G)$ 循环, $|G_3| = p$ 且 G 满足 2-Engel 条件.

证明 ($\Rightarrow$) 由命题 4.3.2 可知, 结论显然成立.

($\Leftarrow$) 类似定理 4.3.1 的证明, 显然可证 G 的每个真商群幂零类至多为 2. 下面来证明 G 的每个真子群幂零类也至多为 2. 任取 G 的一个极大子群 H, 则一定存在 $a \in H \backslash \Phi(G), b \in H \backslash \Phi(G), c \in G \backslash H$ 使得 $G = \langle a, b, c \rangle$. 显然 $H = \langle a, b, \Phi(G) \rangle$. 故 $H_3 = \langle [x, y, z] \mid x, y, z \in \{a, b, G', \mho_1(G)\} \rangle$. 若 x, y, z 中至少有一个属于 $\mho_1(G)$, 注意到 $\mho_1(G) = \langle u^p \mid u \in G \rangle$, 因此由命题 4.3.1(1) 知, $[x, y, z] = 1$; 若 x, y, z 中至少有一个属于 G', 由于 $c(G) = 3$, 因此 $[x, y, z] = 1$. 若 x, y, z 中不存在属于 $\mho_1(G)$ 或 G' 的元, 则 x, y, z 必属于 $\{a, b\}$. 显然此时 x, y, z 中至少有两个相等. 由于 $|G_3| = 3$, 因此 $c(G) = 3$. 故 G 亚交换. 又因 G 满足 2 次 Engle 条件, 所以 $[x, y, z] = 1$. 综上可得 $H_3 = 1$, 结论得证.

接下来, 我们决定极小非类 2 的有限 p 群的导群结构.

定理 4.3.3 设 G 是极小非类 2 的有限 p 群.
(1) 若 $d(G) = 2$, 则 G' 循环或 $G' \cong C_p^2$;
(2) 若 $d(G) = 3$, 则 $G' \cong C_3^4$ 或 $G' \cong C_{3^m} \times C_3^2$, 其中 $m > 1$.

证明 (1) 设 $G = \langle a, b \rangle$. 则 $G' = \langle [a, b], G_3 \rangle$. 因为 $c(G) = 3$, 故 G' 交换. 若 $\mho_1(G') = 1$, 则 $G' \cong C_p^2$. 若 $\mho_1(G') \neq 1$, 注意到 G_3 是 G 的唯一的极小正规子群. 我们有 $G_3 \leq \mho_1(G') \leq \Phi(G')$. 因而 $G' = \langle [a, b] \rangle$. 即 G' 循环.

(2) 设 $G = \langle a, b, c \rangle$. 由命题 4.3.2 可得, $[a, b, c] \neq 1$. 令 $N = \mho_1(G')G_3$. 把 $V = G'/N$ 看作为 $GF(p)$ 上的线性空间. 下证 $\dim V = 3$. 若否, 设 $\dim V \leq 2$. 则 $[a, b]N, [b, c]N$ 和 $[c, a]N$ 是线性无关的. 不妨设

$$[a, b]N = [b, c]^i N [c, a]^j N.$$

所以 $[a, b] \equiv [b, c]^i [c, a]^j (\mathrm{mod}\ N)$. 由 $N \leq Z(G)$ 推出

$$[a, b, c] = [[b, c]^i [c, a]^j, c] = 1.$$

矛盾. 故 $\dim V = 3$. 其次, 若 $\mho_1(G') = 1$, 则 $|G'/G_3| = 3^3$. 因而 $|G'| = 3^4$ 且 $G' \cong C_3^4$. 若 $\mho_1(G') \neq 1$, 由 $G_3 \leq \mho_1(G')$ 推出 $|G'/\mho_1(G')| = 3^3$. 令 $\exp(G') = 3^m$. 则 $m > 1$. 因为 $\mho_1(G') \leq Z(G)$ 循环, 故 $G' \cong C_{3^m} \times C_3^2$.

下面我们分类极小非类 2 的有限 p 群. 注意到, 若 G 是 p^4 阶的极小非类 2 群, 则 G 是极大类的. 下设 $|G| \geq p^5$. 由命题 4.3.2 (4) 可知, $d(G) \leq 3$. 故我们分 $d(G) = 2$ 和 $d(G) = 3$ 两种情况讨论.

§4.3.2 二元生成的极小非类 2 的有限 p 群

由定理 4.3.3 可知, G' 循环或者 $G' \cong C_p^2$. 因此, 下面我们通过三个定理分三种情形: (1) G 亚循环; (2) G' 循环但 G 不亚循环; (3) $G' \cong C_p^2$ 来完成分类.

定理 4.3.4 设 G 是二元生成的亚循环的极小非类 2 的有限 p 群. 则 G 与下列群同构:

$$\langle a, b \mid a^{p^{2r+1}} = 1, \ b^{p^{r+t+1}} = a^{p^{r+1}}, \ a^b = a^{1+p^r} \rangle,$$

其中 $r \geq 1, t \geq 0$. G 是可裂的当且仅当 $p > 2$ 且 $t = 0$, 或 $p = 2, r \geq 2, t = 0$.

证明 首先假设 $p > 2$. 根据定理 4.2.2, 可得 $Z(G) = \langle a^{p^{s+u}} \rangle \langle b^{p^{s+u}} \rangle$. 计算可得 $G' = \langle a^{p^r} \rangle$, $G_3 = \langle a^{p^{2r}} \rangle$ 且 $|G'| = p^{s+u}$. 由于 G 为奇阶亚循环 p 群, 因此据引理 1.2.9 可知, G 正则. 注意到 G' 循环, 因此由引理 4.2.4 知, G 为 $p^{r+s+t+u}$ 交换的. 进一步, 不难知任取 $x = a^i b^j a^{k p^r} \in G$, $x^{p^{r+s+t+u}} = 1$. 又 $o(b) = p^{r+s+t+u}$, 所以 $\exp(G) = p^{r+s+t+u} = o(b)$. 另一方面, 由于 G 极小非类 2 , 因此由命题 4.3.2 知, $Z(G)$ 循环 且 $|G_3| = p$. 由 $|G_3| = p$ 且 $G_3 = \langle a^{p^{2r}} \rangle$ 知 $o(a) = p^{2r+1}$. 又因根据定理 4.2.2 给定的定义关系可知 $a^{p^{r+s+u}} = 1$, 所以 $r+1 = s+u$. 进一步, 由于 $Z(G)$ 循环 且 $\exp(G) = p^{r+s+t+u} = o(b)$, 因此 $a^{p^{s+u}} \in \langle b^{p^{s+u}} \rangle$. 又据定理 4.2.2 给定的定义关系 有 $b^{p^{r+s+t}} = a^{p^{r+s}}$. 故 $u = r$ 且 $s = 1$. 因而可得定理中的群.

下面, 我们考虑 $p = 2$ 的情形. 根据文献 [101] 定理 2.2 可知, 有三种类型的亚循环 2 群.

若 G 是文献 [101] 定理 2.2 中的 (I) 型群, 根据定义关系, 显然 $G' = \langle a^{-2+2^{v+u+1}} \rangle$, $G_3 = \langle a^{(-2+2^{v+u+1})^2} \rangle = \langle a^{4[1+2^{v+u}(2^{v+u}-2)]} \rangle$. 由于 $G' \neq 1$, 因此 $v + u > 0$. 进一步, 若 $v + u = 1$, 则 $G_3 = \langle a^4 \rangle$ 且 $|G| = 2^{3+t'+t}$. 又因 $|G| \geq 2^5$, 所以 $t' + t \geq 2$. 由于 $t' \leq 1$, 因此 $t \neq 0$. 又 $tv = ut' = 0$ 且 $v + u = 1$, 所以 $v = 0, u = 1$ 且 $t' = 0$. 注意到 $a^{2^{v+t'+u+1}} = 1$, 因此 $a^4 = 1$, 即 $G_3 = 1$. 故 $c(G) = 2$. 另一方面, 由于 G 极小非类 2, 因此由命题 4.3.2 知, $c(G) = 3$, 矛盾. 故 $v + u > 1$. 接下来, 由于 G 极小非类 2, 因此再由命题 4.3.2 知, $|G_3| = 2$. 故 $a^{8([1+2^{v+u}(2^{v+u}-2)])} = 1$. 由于 $v + u > 1$, 因此 $2 \nmid 1 + 2^{v+u}(2^{v+u} - 2)$. 故 $o(a) = 8$. 因为 $a^{2^{v+t'+u+1}} = 1$, 所以 $v + t' + u = 2$. 由于 $v + u > 1$, 因此 $v + u = 2$ 且 $t' = 0$. 注意到 $|G| = 2^{4+t}$ 且 $|G| \geq 2^5$, 因此 $t \geq 1$. 又因 $tv = 0$ 且 $v + u = 2$, 所以 $v = 0, u = 2$. 这与 $u \leq 1$ 矛盾. 故 (I) 型群不是极小非类2的.

若 G 是文献 [101] 定理 2.2 中的 (II) 型群, 类似前面 $p > 2$ 的证明可得定理中的群, 但是要求 $r \geq 2$.

最后, 假设 G 是文献 [101] 定理 2.2 中的 (III) 型群, 显然

$$Z(G) = \begin{cases} \langle a^{2^{r+s+v+t'+u-1}} \rangle \langle b^{2^{s+t'+u}} \rangle, & \text{若 } s+t'+u \neq 0 \\ \langle a^{2^{r+s+v+t'+u-1}} \rangle \langle b^2 \rangle, & \text{若 } s+t'+u = 0. \end{cases}$$

显然 $G_3 = \langle [a,b,b] \rangle = \langle a^{(-2+2^{r+v})^2} \rangle = \langle a^{4[1+2^{r+v}(2^{r+v-2}-1)]} \rangle$. 由命题 4.3.2 知, $|G_3| = 2$, 因此 $a^{8[1+2^{r+v}(2^{r+v-2}-1)]} = 1$. 又因 $r \geq 2$, $v \geq 0$, 所以 $r + v \geq 2$. 从而 $2 \nmid 1 + 2^{r+v}(2^{r+v-2} - 1)$. 故 $o(a) = 8$. 注意到 $a^{2^{r+s+v+t'+u}} = 1$, $r + v \geq 2$ 且 r, s, v, t', u 均为非负整数, 因此 $r + v = 2$ 或 $r + v = 3$. 对于后者, 若 $r + v = 3$, 则 $s = t' = u = 0$. 从而 $b^{2^{r+t}} = 1$ 且 $Z(G) = \langle a^4 \rangle \langle b^2 \rangle$. 显然 $Z(G)$ 不循环, 但由命题 4.3.2 知 $Z(G)$ 循环, 矛盾. 故 $r + v = 2$. 又因 $r \geq 2$, 所以 $r = 2, v = 0$. 注意到 $a^{2^{r+s+v+t'+u}} = 1$, 因此 $s + t' + u = 1$. 故 $Z(G) = \langle a^4 \rangle \langle b^2 \rangle$. 又 $b^{2^{r+s+t}} = a^{2^{r+s+v+t'}}$, 所以若 $s + t' = 1$, 则 $b^{2^{r+s+t}} = 1$. 显然此时 $Z(G)$ 不循环, 矛盾. 故 $s = t' = 0$. 从而 $u = 1$ 且 $b^{2^{2+t}} = a^4$. 故 $Z(G) = \langle b^2 \rangle$ 为循环群. 由上可得 $G = \langle a, b \mid a^8 = 1, b^{2^{2+t}} = a^4, a^b = a^3 \rangle$. 从而可得定理中的群(其中 $r = 1$ 的情形).

综上可得定理中的群且不同的参数给定不同的群.

接下来, 假设 G 非亚循环但 G' 循环. 我们有下面的定理.

定理 4.3.5 设 G 是二元生成的非亚循环的极小非类 2 有限 p 群. 若 G' 循环, 则 G 同构于下列互不同构的群之一:

(I) $\langle a, b, c \mid a^{2^n} = c^{2s}, b^2 = c^4 = 1, [a,b] = c, [c,a] = 1, [c,b] = c^2 \rangle$, 当 $n = 2$ 时, $s = 0$; 当 $n > 2$ 时, $s = 1$;

(II) $\langle a, b, c \mid a^{p^n} = 1, b^{p^n} = c^{p^v}, c^{p^n} = 1, [a,b] = c, [c,a] = 1, [c,b] = c^{p^{n-1}} \rangle$, $v = 1, 2, \cdots, n$, $n \geq 2$. $v \neq n$, 当 $p = 2$ 时, $n > 2$;

(III) $\langle a,b,c \mid a^{2^n} = b^{2^n} = c^{2^{n-1}}, c^{2^n} = 1, [a,b] = c, [c,a] = 1, [c,b] = c^{2^{n-1}} \rangle$，其中 $n > 2$；

(IV) $\langle a,b,c \mid a^{p^n} = c^{p^u}, b^{p^m} = c^{p^m} = 1, [a,b] = c, [c,a] = 1, [c,b] = c^{sp^{m-1}} \rangle$，其中 $n \geq m \geq 2$, $s = 1,2,\cdots,p-1$，当 $p = 2$ 时，$m > 2$. 当 $n > m$ 时，$u = 1$；当 $n = m$ 时，$u = 1,2,\cdots,n-1$ 且 $s \neq 1$ 或 $u \neq 1$.

反之，定理中群均为极小非类 2 群.

证明　因为 $d(G) = 2$ 且 G' 循环，所以 $\overline{G} = G/\mho_1(G')$ 是内交换的. 又 G 非亚循环，所以由文献 [100] 定理 2.4.1 知，$G/\Phi(G')G_3$ 非亚循环. 接下来，由于 G 极小非类 2，因此由命题 4.3.2 知，G_3 为 G 唯一的 p 阶正规子群. 故 $G_3 \leq \mho_1(G')$. 因此 $\Phi(G')G_3 = G''\mho_1(G')G_3 = \mho_1(G')$. 从而 $\overline{G}$ 非亚循环. 又因 $d(\overline{G}) = 2$ 且 $|\overline{G}'| = p$，所以 $\overline{G}$ 内交换. 进而，由定理 1.2.2 可设

$$\overline{G} = \langle \bar{a},\bar{b},\bar{c} \mid \bar{a}^{p^n} = \bar{b}^{p^m} = \bar{c}^p = \bar{1}, [\bar{a},\bar{b}] = \bar{c}, [\bar{c},\bar{a}] = [\bar{c},\bar{b}] = \bar{1} \rangle,$$

其中 $n \geq m$，若 $p = 2$，则 $n + m \geq 3$. 令 a,b,c 分别是 $\bar{a},\bar{b},\bar{c}$ 的在自然同态下的一个原像. 则 $G = \langle a,b,c \rangle$. 因为 $G' = \langle c \rangle$，不妨设 $[a,b] = c$ 且 $o(c) = p^r$，其中 $r \geq 2$. 计算可得，$r \leq m$ 除非 $p = 2, r = 2, m = 1$.

因为 $|G_3| = p$，所以 $[c,a]$ 与 $[c,b]$ 中至少有一个不为 1. 我们断言 $[c,b] \neq 1$. 若否，如果 $n = m$，在必要的情况下，互换 a, b 的位置就有 $[c,b] \neq 1$. 如果 $n > m$，设 $[c,b] = 1$，则令 $[c,a] = c^{ip^{r-1}}$，其中 $p \nmid i$. 计算可得，$a^{p^r}, b^{ip^{r-1}}c \in Z(G)$. 所以 $\bar{a}^{p^r}, \overline{b^{ip^{r-1}}c} \in Z(G)/\mho_1(G')$. 注意到 $Z(G)$ 循环，故 $Z(G)/\mho_1(G')$ 也循环. 因为 $o(\bar{a}^{p^r}) \geq o(\overline{b^{ip^{r-1}}c})$，所以 $\overline{b^{ip^{r-1}}c} = \bar{1}$. 矛盾. 故 $[c,b] \neq 1$. 所以，在必要的情况下，做生成元替换，我们可设

$$a^{p^n} = c^{p^u}, \quad b^{p^m} = c^{p^v}, \quad [c,a] = 1, \quad [c,b] = c^{sp^{r-1}},$$

其中 $1 \leq u,v \leq r$, $n \geq m$, $p \nmid s$.

通过计算，我们有

$$Z(G) = \begin{cases} \langle a^{-2}c, a^4, b^2 \rangle & \text{若 } |G'| = 2^2 \\ \langle a^{-sp^{r-1}}c, a^{p^r}, b^{p^r} \rangle & \text{若 } p > 2 \text{ 或 } p = 2 \text{ 且 } |G'| > 2^2. \end{cases}$$

情形 1　$|G'| = 2^2$.

注意到 $Z(G)$ 循环. 故 $Z(G)/\mho_1(G') = \langle \overline{a^{-2}c}, \bar{a}^4, \bar{b}^2 \rangle$ 也循环. 注意到 $\bar{a}^4 = (\overline{a^{-2}c})^2$ 且 $\overline{a^{-2}c} \neq \bar{1}$. 因为 $\langle \overline{a^{-2}c} \rangle \cap \langle \bar{b} \rangle = \bar{1}$，所以 $\bar{b}^2 = \bar{1}$. 从而 $m = 1$. 于是 $Z(G) = \langle a^{-2}c, c^2 \rangle$. 又因 $o(a^{-2}c) > o(c^2) = 2$，所以 $Z(G) = \langle a^{-2}c \rangle$.

明显地，$(a^{-2}c)^{2^{n-1}} = c^{-2^u + 2^{n-1}}$. 若 $n = 2$，则 $(a^{-2}c)^2 = c^{2(1-2^{u-1})}$. 因为 $o(a^{-2}c) > 2$，所以 $u = 2$. 因而 $a^4 = 1$. 若 $n > 2$，则 $u = 1$. 若否，则 $a^{2^n} = 1$. 即 $a^{2^{n-1}} \in \mho_1(G')$，矛盾.

注意到 $b^2 = c^{2^v}$. 若 $v = 1$, 令 $b_1 = ba^{-2^{n-1}}$. 则 $b_1^2 = 1$. 故不妨 $b^2 = 1$. 因此我们得到群 (I).

情形 2 $p > 2$ 或 $p = 2$ 且 $|G'| > 2^2$.

类似于情形 1 的论证, 由 $Z(G)$ 循环, 我们有

$$\bar{b}^{p^r} = 1, \quad Z(G)/\mho_1(G') = \langle \overline{a^{-sp^{r-1}}c} \rangle.$$

由 $\bar{b}^{p^r} = 1$ 可得 $m \leq r$. 若 $p = 2$, 我们断言 $m \geq 2$. 若否, 我们有

$$1 = [a, b^2] = c^{2(1+2^{r-2})}.$$

因为 $r > 2$, 所以 $c^2 = 1$, 矛盾. 由命题 4.3.1 可得, $1 = [a, b^{p^m}] = c^{p^m}$. 于是 $m = r$. 从而 $2 \leq m \leq n$ 且当 $p = 2$ 时, $m > 2$.

(i) 若 $n = m$, 我们断言 $(a^{-sp^{n-1}}c)^p \neq 1$. 若否, $a^{-sp^{n-1}}c \in \mho_1(G')$. 于是 $\overline{a^{-sp^{n-1}}c} = \bar{1}$, 矛盾. 因为

$$1 \neq (a^{-sp^{n-1}}c)^p = c^{p(1-sp^{u-1})},$$

所以 $s \neq 1$ 或 $u \neq 1$ 且 $c^p \in \langle a^{-sp^{n-1}}c \rangle$. 因而 $Z(G) = \langle a^{-sp^{n-1}}c \rangle$.

若 $u > v$, 令

$$a_1 = ab^{-p^{u-v}}, \quad b_1 = b^k, \quad c_1 = [a_1, b_1] \equiv c^k \pmod{G_3},$$

其中 $sk \equiv 1 \pmod p$. 我们有

$$a_1^{p^n} = 1, \quad b_1^{p^n} = c_1^{p^v}, \quad [c_1, a_1] = 1, \quad [c_1, b_1] = c_1^{p^{n-1}}.$$

于是可得群 (II), 其中 $1 \leq v \leq n - 1$.

若 $u \leq v$, 当 $p > 2$ 且 $u = n$ 时, 明显地, $v = n$. 用 b^k 替换 b, 其中 $sk \equiv 1 \pmod p$, 我们得到群 (II), 其中 $v = n$. 当 $p > 2$ 且 $u \neq n$ 或 $p = 2$ 且 $u < v$ 时, 用 $ba^{-p^{v-u}}$ 替换 b, 我们有 $b^{p^n} = 1$. 此时我们得到群 (IV), 其中 $n = m$. 若 $p = 2$ 且 $u = v$, 用 ba^{-1} 替换 b, 我们有 $b^{2^n} = c^{2^{n-1}}$. 这说明若 $u = n$, 则可归结为 $u > v$ 的情形. 若 $u < n - 1$, 则可归结为 $u < v = n - 1$ 的情形. 因而我们可设 $u = n - 1$. 这就得到群 (III).

(ii) 设 $n > m$. 因为 $a^{p^{n-1}} \in Z(G) \backslash \mho_1(G')$, 我们有 $o(a^{p^{n-1}}) > p^{m-1}$. 故 $o(a^{p^n}) \geq p^{m-1}$. 又因为 $o(a^{p^n}) = p^{m-u}$, 所以 $u = 1$. 故 $a^{p^n} = c^p$. 由此可得

$$(a^{-sp^{m-1}}c)^{p^{n-m+1}} = c^{p(-s+p^{n-m})}.$$

因为 $p \nmid -s + p^{n-m}$, 我们有 $c^p \in \langle a^{-sp^{m-1}}c \rangle$. 从而 $Z(G) = \langle a^{-sp^{m-1}}c \rangle$. 令

$$b_1 = ba^{-p^{n-m+v-1}}.$$

则
$$b_1^{p^m} = 1, \ [a, b_1] = c, \ [c, a] = 1, \ [c, b_1] = c^{sp^{m-1}}.$$

因此 G 同构于群 (IV), 其中 $n > m$.

反之, 对定理中的每个群, 不难证明, 均有 $|G_3| = p$ 且 $Z(G)$ 循环. 由定理 4.3.1 可知, 它们均为极小非类 2 群.

下证定理中的群互不同构. 先证对于群 (II) 与 (IV) 来说, 不同的参数给出不同构的群. 对于群 (II) 来说, 因为 $\exp(G) = p^{2n-v}$, 显然, v 的不同值给出的群不同构. 对 (IV) 来说, 为简便起见, 用 $G(u, s)$ 表示群 (IV). 因为 $\exp(G) = p^{n+m-u}$, 显然, u 的不同值给出的群不同构. 再证, s 的不同值给出的群不同构. 若 $p = 2$, 则 $s = 1$. 因此只需考虑 $p > 2$ 的情形. 假设 $G(u, s_1) \cong G(u, s_2)$, 其中 $s_1, s_2 \in \{1, \cdots, p-1\}$. 对于 $G(u, s_1)$, 令
$$a_2 = a^{i_1} b^{j_1} c^{k_1}, \quad b_2 = a^{i_2 p^{n-u}} b^{j_2} c^{k_2},$$

其中 $i_1, i_2, j_1, j_2, k_1, k_2$ 满足 $p \nmid i_1$ 且 $p \nmid j_2$ 并使得 a_2, b_2 是 $G(u, s_1)$ 的一组生成元, 且 $a_2, b_2, c_2 = [a_2, b_2]$ 满足 $G(u, s_2)$ 的定义关系. 计算可得
$$i_1 p^u \equiv i_1 j_2 p^u \pmod{p^m}, \quad s_1 i_1 j_2^2 \equiv s_2 i_1 j_2 \pmod{p}.$$

于是 $s_1 \equiv s_2 \pmod{p}$. 即 $s_1 = s_2$.

下证群 (II)–(IV) 互不同构. 我们观察到, 对于群 (II) 和 (III), $G/\mho_1(G') \cong \mathrm{M}_p(n, n, 1)$. 对于群 (IV), $G/\mho_1(G') \cong \mathrm{M}_p(n, m, 1)$. 故当 $n > m$ 时, 群 (IV) 与群 (II) 和 (III) 均不同构. 下设 $n = m$. 对于群 (II),
$$\exp(G) = p^{2n-v}, \ \exp(C_G(G')) = p^{2n-v-1}.$$

对于群 (III),
$$\exp(G) = \exp(C_G(G')) = 2^{n+1}.$$

而对于群 (IV),
$$\exp(G) = \exp(C_G(G')) = p^{2n-u}.$$

因而群 (II) 与群 (III) 和 (IV) 均不同构. 若 $p = 2$, 对于群 (III) 和 (IV) 来说, 若 $u < n-1$, 则它们的方次数不相等. 若 $u = n-1$, 则它们的 2^n 阶元的个数不相等. 故群 (III) 和 (IV) 互不同构.

本节最后, 我们来考虑 $G' \cong \mathrm{C}_p^2$ 的情形.

定理 4.3.6 设 G 是二元生成的非亚循环的极小非类 2 群. 若 $G' \cong \mathrm{C}_p^2$, 则 G 同构于下列互不同构的群之一:

(I) $\langle a, b, c \mid a^{p^{n+1}} = b^p = c^p = 1, [a, b] = c, [c, a] = 1, [c, b] = a^{up^n} \rangle$, 其中 $p > 2$, $n \geq 2$, $u = 1$ 或 ν, ν 是一个固定的模 p 平方非剩余;

(II) $\langle a,b,c \mid a^{p^{n+1}} = b^p = c^p = 1, [a,b] = c, [c,a] = a^{p^n}, [c,b] = 1\rangle$, 其中 $p > 2$, $n \geq 2$;

(III) $\langle a,b,c \mid a^{2^{n+1}} = b^4 = c^2 = 1, [a,b] = c, [c,a] = 1, [c,b] = a^{2^n}\rangle$, 其中 $n \geq 1$;

(IV) $\langle a,b,c \mid a^{2^{n+1}} = b^2 = c^2 = 1, [a,b] = c, [c,a] = a^{2^n}, [c,b] = 1\rangle$, 其中 $n \geq 2$;

(V) $\langle a,b,c \mid a^8 = 1, b^2 = a^4, c^2 = 1, [a,b] = c, [c,a] = a^4, [c,b] = 1\rangle$.

反之, 定理中群均为极小非类 2 群.

证明 因为 $d(G) = 2$ 且 $G' \cong C_p^2$, 由引理 1.2.5 可知, G/G_3 内交换. 又 G 非亚循环, 故由文献 [100] 定理 2.4.1 知, G/G_3 非亚循环. 进而, 由定理 1.2.2 可设

$$G/G_3 = \langle \bar{a}, \bar{b}, \bar{c} \mid \bar{a}^{p^n} = \bar{b}^{p^m} = \bar{c}^p = \bar{1}, [\bar{a}, \bar{b}] = \bar{c}, [\bar{c}, \bar{a}] = [\bar{c}, \bar{b}] = \bar{1}\rangle,$$

其中 $n \geq m$, 且当 $p = 2$ 时, $n + m \geq 3$. 令 a, b, c 分别是 $\bar{a}, \bar{b}, \bar{c}$ 的在自然同态下的一个原像. 则 $G = \langle a, b, c\rangle$. 不妨设 $[a,b] = c$. 则 $G' = \langle c\rangle \times G_3$. 进一步, 因为 $|G| \geq p^5$, 所以 $n \geq 2$. 下面将分 $p > 2$ 和 $p = 2$ 两种情形来讨论.

情形1 $p > 2$.

因为 $\exp(G') = p$, 所以由命题 4.3.1 可得, $a^p, b^p \in Z(G)$. 因而 $\bar{a}^p, \bar{b}^p \in Z(G)/G_3$. 因为 $Z(G)$ 循环且 $G_3 \leq Z(G)$, 所以 $\langle a^{o(a)/p}\rangle = G_3$. 故 $\bar{a}^{o(a)/p} = \bar{1} \in G/G_3$. 于是 $p^n = o(\bar{a}) \leq o(a)/p$. 由此可得, $o(a) = p^{n+1}$ 且 $G_3 = \langle a^{p^n}\rangle$. 又因为 $Z(G)/G_3$ 循环, 所以 $m = 1$ 且 $b^p \in G_3$. 令 $b^p = a^{ip^n}$. 不失一般性, 用 $ba^{-ip^{n-1}}$ 替换 b 可得 $b^p = 1$.

因为 $c(G) = 3$, 所以 $[c,a]$ 与 $[c,b]$ 至少有一个不等于 1. 不妨设 $[c,b] \neq 1$. 进一步可设 $[c,b] = a^{ip^n}$, 其中 $p \nmid i$. 令 $[c,a] = a^{jp^n}$. 不失一般性, 用 $a_1 = ab^{-i^{-1}j}$ 替换 a 可得 $[c, a_1] = 1$. 用 $b_1 = b^k$ 替换 b, $c_1 = [a_1, b_1]$ 替换 c, 可得 $[c_1, a_1] = 1$, $[c_1, b_1] = a_1^{ik^2p^n}$. 设 ν 是一个固定的模 p 平方非剩余, 则 G 同构于下列群之一:

(1) $\langle a,b,c \mid a^{p^{n+1}} = b^p = c^p = 1, [a,b] = c, [c,a] = 1, [c,b] = a^{p^n}\rangle$;

(2) $\langle a,b,c \mid a^{p^{n+1}} = b^p = c^p = 1, [a,b] = c, [c,a] = 1, [c,b] = a^{\nu p^n}\rangle$.

从而, 我们得到群 (I).

接下来, 假设 $[c,b] = 1$. 则 $[c,a] \neq 1$. 令 $[c,a] = a^{ip^n}$, 其中 $p \nmid i$. 记 $b_1 = b^k$, 其中 $ik \equiv 1 \pmod{p}$, $c_1 = [a, b_1]$. 则 $[c_1, b_1] = 1$, $[c_1, a] = a^{p^n}$. 故我们得到群 (II).

对于群 (I) 而言, $\exp(C_G(G')) = p^{n+1}$. 对于群 (II) 而言, $\exp(C_G(G')) = p^n$. 故群 (I) 与群 (II) 互不同构.

情形2 $p = 2$.

与情形 1 的证明类似, 我们有 $a^4, b^4 \in Z(G)$ 且 $\bar{a}^4, \bar{b}^4 \in Z(G)/G_3$. 故 $\bar{b}^4 = \bar{1}$. 从而 $m \leq 2$.

不难证明: $[c,a]$ 和 $[c,b]$ 中至少有一个为 1. 这是因为, 若 $[c,a] \neq 1$ 且 $[c,b] \neq 1$, 则显然 $[c,a] = [c,b]$. 进而, 用 ba 替换 a, 可得 $[c,a] = 1$.

假设 $[c,a]=1$. 由命题 4.3.1 可得, $a^2 \in Z(G)$. 因为 $Z(G)$ 循环且 $G_3 \leq Z(G)$, 故 $\langle a^{o(a)/2} \rangle = G_3$. 从而 $\bar{a}^{o(a)/2} = \bar{1} \in G/G_3$. 于是 $2^n = o(\bar{a}) \leq o(a)/2$. 由此可得 $o(a) = 2^{n+1}$ 且 $G_3 = \langle a^{2^n} \rangle$. 因为 $b^{2^m} \in G_3$, 所以 $b^{2^m} = a^{i2^n}$. 用 $b_1 = ba^{-i2^{n-m}}$ 替换 b, 我们有 $b_1^{2^m} = 1$. 因为 $[a,b_1^2] = [c,b_1] \neq 1$, 所以 $b_1^2 \neq 1$. 因而 $m=2$. 从而我们得到群 (III), 其中 $n \geq 2$.

接下来, 假设 $[c,b]=1$. 此时不妨设 $n > m$ (若 $n=m$, 则互换 a,b 可得 $[c,a]=1$, $[c,b] \neq 1$. 这可归结为上面的情形.). 接下来, 假设 $n \geq 3$. 由于 $a^4 \in Z(G)$ 且 $Z(G)$ 循环, 因此与上段的论证类似, 可得 $G_3 = \langle a^{2^n} \rangle$, $o(a) = 2^{n+1}$. 注意到 $b^{2^m} \in G_3$. 不失一般性可设 $b^{2^m} = 1$. 若否, 则可设 $b^{2^m} = a^{i2^n}$. 令 $b_1 = ba^{-i2^{n-m}}$, 则 $b_1^{2^m} = 1$. 进一步, 断言 $m=1$. 若否, 则 $m=2$. 因为 $[c,b]=1$, 所以由命题 4.3.1 可得, $b^2 \in Z(G)$. 因而 $\langle b^2 \rangle = G_3$, $\bar{b}^2 = \bar{1}$, 矛盾. 此时我们得到群 (IV), 其中 $n \geq 3$. 下设 $n=2$. 此时 $m=1$ 且 $b^2 \in G_3$, $o(b) \leq 4$. 注意到 $a^4 \in Z(G)$. 假设 $a^4 \neq 1$. 我们有 $G_3 = \langle a^4 \rangle$. 从而 $b^2=1$ 或 $b^2=a^4$. 因此可得群 (IV), 其中 $n=2$, 或群 (V). 假设 $a^4=1$. 若 $o(b)=4$, 则 $G_3 = \langle b^2 \rangle$. 互换 a 与 b 的位置, 可得到群 (III), 其中 $n=1$. 若 $o(b)=2$, 分别用 a^2b 替换 a, 用 a 替换 b, 也可得到群 (III), 其中 $n=1$.

下面来证明群 (III)–(V) 互不同构. 我们注意到下列事实: (1) 对于群 (III) 而言, $|G|=2^{n+4}$ 且 $\exp(G) = 2^{n+1}$; 对于群 (IV) 而言, $|G|=2^{n+3}$ 且 $\exp(G)=2^{n+1}$. (2) 对于群 (III) 而言, 当 $n=1$ 时, $|G|=2^5$ 且 $\exp(G)=4$; 对于群 (V) 而言, $|G|=2^5$ 且 $\exp(G)=8$. (3) 对于群 (IV) 其中 $n=2$ 的情形以及群 (V) 而言, 虽然它们都是 2^5 阶群, 但是容易知道其 2 阶元的个数不同. 综上, 不难知群 (III)–(V) 互不同构.

对定理中的每个群, 不难证明, 均有 $|G_3|=p$ 且 $Z(G)$ 循环. 因此由定理 4.3.1 可知, 它们均为极小非类 2 群.

§4.3.3 三元生成的极小非类 2 的有限 p 群

本小节我们来处理 $d(G)=3$ 的情形. 由定理 4.3.3, 我们有 $G' \cong C_3^4$ 或 $G' \cong C_{3^m} \times C_3^2$, 其中 $m > 1$.

定理 4.3.7 设 G 是三元生成的极小非类 2 群. 若 $G' \cong C_3^4$, 则 G 同构于下列互不同构的群之一:

(I) $\langle a,b,c \mid a^3=b^3=c^3=d_1^3=d_2^3=d_3^3=d_4^3=1, [a,b]=d_1, [b,c]=d_2, [c,a]=d_3, [d_1,c]=[d_2,a]=[d_3,b]=d_4, [d_1,a]=[d_1,b]=[d_2,b]=[d_2,c]=[d_3,a]=[d_3,c]=1, d_4 \in Z(G) \rangle$;

(II) $\langle a,b,c \mid a^{3^e}=b^3=c^3=d_1^3=d_2^3=d_3^3=1, [a,b]=d_1, [b,c]=d_2, [c,a]=d_3, [d_1,c]=[d_2,a]=[d_3,b]=a^{3^{e-1}}, [d_1,a]=[d_1,b]=[d_2,b]=[d_2,c]=[d_3,a]=[d_3,c]=1 \rangle$, 其中 $e \geq 2$.

反之, 定理中群均为极小非类 2 群.

证明 令 $G = \langle a, b, c \rangle$ 且 $o(a) \geq o(b) \geq o(c)$. 因为 $G' \cong \mathrm{C}_3^4$, 所以不妨设

$$G' = \langle [a,b] \rangle \times \langle [b,c] \rangle \times \langle [c,a] \rangle \times G_3.$$

若 $\exp(G) = 3$, 则 $\Phi(G) = G'$. 因为 $|G/\Phi(G)| = 3^3$ 且 $|G'| = 3^4$, 所以 $|G| = 3^7$. 记

$$[a,b] = d_1, \ [b,c] = d_2, \ [c,a] = d_3.$$

由命题4.3.2(5), 不妨设

$$[a,b,c] = [b,c,a] = [c,a,b] = d_4.$$

此时我们得到群 (I).

下设 $\exp(G) = 3^e > 3$. 因为 $\exp(G') = 3$, 所以由命题4.3.1可得, $a^3, b^3, c^3 \in Z(G)$. 于是对适当的 i, j, 不妨设 $b^3 = a^{3i}$, $c^3 = a^{3j}$. 分别用 ba^{-i} 和 ca^{-j} 替换 b 和 c, 可得 $b^3 = c^3 = 1$. 因为 G 正则, 所以 $o(a) = 3^e$. 由此可得 $Z(G) = \langle a^3 \rangle$ 且 $G_3 = \langle a^{3^{e-1}} \rangle$. 由命题 4.3.2(5) 知, 必要的情况下, 用 c 的适当的幂替换 c, 可设

$$[a,b,c] = [b,c,a] = [c,a,b] = a^{3^{e-1}}.$$

记

$$[a,b] = d_1, \ [b,c] = d_2, \ [c,a] = d_3.$$

则可得群 (II).

对于群 (I) 而言, $\exp(G) = 3$; 对于群 (II) 而言, $\exp(G) = 3^e$. 显然这两个群不同构. 经计算知, 对于群 (I) 而言, $Z(G) = G_3 = \langle d_4 \rangle$; 对于群 (II) 而言, $Z(G) = \langle a^3 \rangle$. 显然, $|G_3| = 3$ 且 G 满足 2-Engel 条件. 故由定理 4.3.2 可知, 它们均为极小非类 2 群.

定理 4.3.8 设 G 是三元生成的极小非类 2 群. 若 $G' \cong \mathrm{C}_{3^m} \times \mathrm{C}_3^2$, 其中 $m > 1$, 则 G 同构于下列互不同构的群之一:

(I) $\langle a, b, c \mid b^{3^m} = c^3 = d^{3^m} = e^3 = 1, a^{3^{m+u}} = d^3, [a,b] = d, [b,c] = b^{-3^{m-1}}, [c,a] = e, [d,c] = [e,b] = d^{3^{m-1}}, [d,a] = [d,b] = [e,a] = [e,c] = 1 \rangle$, 其中 $u \geq 0$;

(II) $\langle a, b, c \mid b^{3^m} = d^{3^m} = 1, a^{3^{m+u}} = d^3, c^{3^v} = a^{3^m}, [a,b] = d, [b,c] = b^{-3^{m-1}}, [c,a] = a^{3^{m-1}} c^{-3^{v-1}}, [d,c] = d^{3^{m-1}}, [d,a] = [d,b] = 1 \rangle$, 其中 $u \geq 0, 1 < v < m$;

(III) $\langle a, b, c \mid b^{3^m} = c^3 = d^{3^m} = 1, a^{3^m} = d^{3^u}, [a,b] = d, [b,c] = b^{-3^{m-1}}, [c,a] = a^{3^{m-1}} d^{-3^{u-1}}, [d,c] = d^{3^{m-1}}, [d,a] = [d,b] = 1 \rangle$, 其中 $1 < u \leq m$;

(IV) $\langle a, b, c \mid b^{3^m} = d^{3^m} = 1, a^{3^m} = d^{3^u}, c^{3^v} = d^3, [a,b] = d, [b,c] = b^{-3^{m-1}}, [c,a] = a^{3^{m-1}} d^{-3^{u-1}}, [d,c] = d^{3^{m-1}}, [d,a] = [d,b] = 1 \rangle$, 其中 $1 < u < m-1, 1 < v < m-u+1$;

(V) $\langle a, b, c \mid a^{3^m} = b^{3^m} = d^{3^m} = 1, c^{3^v} = d^3, [a,b] = d, [b,c] = b^{-3^{m-1}}, [c,a] = a^{3^{m-1}}, [d,c] = d^{3^{m-1}}, [d,a] = [d,b] = 1 \rangle, v > 1$.

反之, 定理中群均为极小非类 2 群.

证明 令 $G = \langle a, b, c \rangle$. 因为 G 是极小非类 2 群, 所以由命题 4.3.2 可知, $Z(G)$ 循环且 $G_3 \leq \mho_1(G') \leq Z(G)$. 于是

$$G' = \langle [a,b], [b,c], [c,a], G_3 \rangle = \langle [a,b], [b,c], [c,a] \rangle, \quad 且 \quad [a,b]^3, [b,c]^3, [c,a]^3 \in Z(G).$$

因为 $Z(G)$ 循环且 $\exp(G') = 3^m$, 所以可设 $o([a,b]) = 3^m$, $o(a) \geq o(b)$ 并且对于适当的 i, j, 可设

$$[b,c]^3 = [a,b]^{3i}, \quad [c,a]^3 = [a,b]^{3j}.$$

令 $c_1 = ca^i b^j$, 则

$$[b, c_1] \equiv [b,c][b,a]^i (\bmod G_3), \quad [c_1, a] \equiv [c,a][b,a]^j (\bmod G_3).$$

于是不妨设

$$o([b,c]) = o([c,a]) = 3, \quad G' = \langle [a,b] \rangle \times \langle [b,c] \rangle \times \langle [c,a] \rangle.$$

记 $[a,b] = d$. 则 $G_3 = \langle d^{3^{m-1}} \rangle$. 必要的情况下, 用 c 的适当的幂替换 c 并且由命题 4.3.2(5) 知, 不妨设

$$[a,b,c] = [b,c,a] = [c,a,b] = d^{3^{m-1}}.$$

因为 $\exp(G') = 3^m$, 所以由命题 4.3.1 可得, $a^{3^m}, b^{3^m} \in Z(G)$. 于是可设 $b^{3^m} = a^{i3^m}$. 不失一般性, 用 ba^{-i} 替换 b, 我们有 $b^{3^m} = 1$. 并且计算可得

$$b^{3^{m-1}}[b,c] \in Z(G), \quad (b^{3^{m-1}}[b,c])^3 = 1.$$

于是可设 $b^{3^{m-1}}[b,c] = d^{j3^{m-1}}$. 由此可得 $[b,c] = b^{-3^{m-1}} d^{j3^{m-1}}$. 不失一般性, 用 $c[c,a]^j$ 替换 c, 我们有 $[b,c] = b^{-3^{m-1}}$. 因为 G 正则, 所以由 $o([b,c]) = o([c,a]) = 3$ 易得 $c^3 \in Z(G)$. 若 $o(c) \leq 3^m$, 则可设 $c^3 = d^{3i}$. 不失一般性, 用 cd^{-i} 替换 c 可得 $c^3 = 1$. 故我们总有 $o(c) = 3$ 或 $o(c) > 3^m$.

因为 $Z(G)$ 循环且 $a^{3^m}, d^3 \in Z(G)$, 所以我们又有 $\langle a^{3^m} \rangle \geq \langle d^3 \rangle$ 或 $\langle d^3 \rangle > \langle a^{3^m} \rangle$.

情形1 $\langle a^{3^m} \rangle \geq \langle d^3 \rangle$.

令 $d^3 = a^{l3^{m+u}}$, 其中 $3 \nmid l$, $u \geq 0$. 则 $o(a) = 3^{2m+u-1}$. 分别用 b 和 d 的适当幂替换 b 和 d, 我们有 $a^{3^{m+u}} = d^3$, $u \geq 0$, 且仍然有

$$b^{3^m} = d^{3^m} = 1, \quad [a,b] = d, \quad [b,c] = b^{-3^{m-1}}, \quad [a,b,c] = [b,c,a] = [c,a,b] = d^{3^{m-1}}.$$

因为 $[d,c] \neq 1$, $[a^3, c] = [a,c]^3 = 1$, 所以 $d \notin \langle a^3 \rangle$. 又因 $[d,a] = 1$, 所以 $\langle a, d \rangle \cong C_{3^{2m+u-1}} \times C_3$. 又因为 $[b^{3^{m-1}}, a] \neq 1$, 所以 $b^{3^{m-1}} \notin \langle a, d \rangle$. 注意到 $b \in N_G(\langle a, d \rangle)$ 且 $o(b) = 3^m$. 我们有

$$\langle a, b \rangle = \langle a, d \rangle \rtimes \langle b \rangle, \quad |\langle a, b \rangle| = 3^{3m+u}.$$

记 $[c,a] = e$. 断言 $e \notin \langle a,b \rangle$. 若否, $e \in \langle a,b \rangle$. 因为 $o(e) = 3$, 所以

$$e \in \Omega_1(\langle a,b \rangle) = \Omega_1(\langle a,d \rangle) \times \langle b^{3^{m-1}} \rangle.$$

由此得 $[e,b] = 1$, 矛盾. 于是

$$\langle a,b,e \rangle = \langle a,b \rangle \rtimes \langle e \rangle, \quad |\langle a,b,e \rangle| = 3^{3m+u+1}.$$

(i) 若 $c^3 = 1$, 则

$$G = \langle a,b,e \rangle \rtimes \langle c \rangle, \quad |G| = 3^{3m+u+2}, \quad \exp(G) = 3^{2m+u-1}.$$

此时我们得到群 (I), 且不同的参数 u 对应的群是不同构的.

(ii) 若 $o(c) > 3^m$, 则首先断言 $o(a) > o(c)$. 若否, 因为 $a^{3^m}, c^3 \in Z(G)$, 故 $a^{3^m} \in \langle c^{3^m} \rangle$. 于是可设 $a^{3^m} = c^{i3^m}$. 不失一般性, 用 ac^{-i} 替换 a 可得, $a^{3^m} = 1$, 矛盾. 因为 $a^{3^m}, c^3 \in Z(G)$, 所以 $\langle a^{3^m} \rangle < \langle c^3 \rangle$ 或 $\langle a^{3^m} \rangle \geq \langle c^3 \rangle$. 若后者成立, 则 $c^3 = a^{i3^m}$ 且 $(ca^{-i3^{m-1}}[c,a]^i)^3 = 1$. 用 $ca^{-i3^{m-1}}[c,a]^i$ 替换 c, 我们有

$$c^3 = [b,c]^3 = [c,a]^3 = 1, \quad [b,c] = b^{-3^{m-1}}.$$

这归结到情形 (i). 下设 $\langle a^{3^m} \rangle < \langle c^3 \rangle$. 于是可设 $a^{3^m} = c^{i3^v}$, 其中 $3 \nmid i$ 且 $v > 1$. 由此可得 $o(c) = 3^{m+u+v-1}$. 分别用 a 和 d 的适当幂替换 a 和 d, 我们有 $a^{3^m} = c^{3^v}$. 因为

$$o(a) = 3^{2m+u-1} > o(c) = 3^{m+u+v-1},$$

所以 $m > v$. 通过简单的计算可得

$$a^{-3^{m-1}}[c,a] \in Z(G), \quad (a^{-3^{m-1}}[c,a])^{3^{m+u}} = 1.$$

于是可设 $a^{-3^{m-1}}[c,a] = c^{j3^{v-1}}$. 由此可得, $[c,a] = a^{3^{m-1}}c^{j3^{v-1}}$. 注意到 $[c,a]^3 = 1$ 且 $a^{3^m} = c^{3^v}$. 我们有 $j+1 \equiv 0 \pmod{3^{m+u-1}}$. 即对某个 k, $j = -1 + k3^{m+u-1}$. 因而

$$[c,a] = a^{3^{m-1}}c^{-(1-k3^{m+u-1})3^{v-1}}.$$

用 $c^{1-k3^{m+u-1}}$ 替换 c 可得

$$e = [c,a] = a^{3^{m-1}}c^{-3^{v-1}}.$$

由此可得, $c^{3^{v-1}} \in \langle a,b,e \rangle$. 断言 $c^{3^{v-2}} \notin \langle a,b,e \rangle$. 若 $v = 2$, 则 $c = c^{3^{v-2}} \notin \langle a,b,e \rangle$. 若 $v > 2$, 假设 $c^{3^{v-2}} \in \langle a,b,e \rangle$. 因为 $c^3 \in Z(G)$, 所以 $c^{3^{v-2}} \in Z(\langle a,b,e \rangle) = \langle a^{-3^{m-1}}e \rangle$. 因而

$$o(c^{3^{v-2}}) \leq 3^{m+u}, \quad o(c) \leq 3^{m+u+v-2},$$

矛盾. 因为 $c \in N_G(\langle a,b,e \rangle)$, 所以 $G = (\langle a,b \rangle \rtimes \langle e \rangle)\langle c \rangle$ 且我们得到群 (II). 因为 $|G| = 3^{3m+u+v}$, $\exp(G) = 3^{2m+u-1}$, 所以不同的参数 u,v 对应的群不同构.

情形2 $\langle d^3 \rangle > \langle a^{3^m} \rangle$.

令 $a^{3^m} = d^{l3^u}$, 其中 $3 \nmid l$, $1 < u \leq m$. 则 $o(a) = 3^{2m-u}$. 分别用 b 和 d 的适当幂替换 b 和 d, 我们有 $a^{3^m} = d^{3^u}$, 且仍然有

$$b^{3^m} = d^{3^m} = 1, \ [a,b] = d, \ [b,c] = b^{-3^{m-1}}, \ [a,b,c] = [b,c,a] = [c,a,b] = d^{3^{m-1}}.$$

通过简单的计算可得

$$a^{-3^{m-1}}[c,a] \in Z(G), \ (a^{-3^{m-1}}[c,a])^{3^{m-u+1}} = 1.$$

于是可设 $a^{-3^{m-1}}[c,a] = d^{i3^{u-1}}$. 从而 $[c,a] = a^{3^{m-1}}d^{i3^{u-1}}$. 注意到 $[c,a]^3 = 1$ 且 $a^{3^m} = d^{3^u}$. 我们有 $i+1 \equiv 0 \pmod{3^{m-u}}$, 即对某个整数 k, $i = -1 + k3^{m-u}$. 因而

$$[c,a] = a^{3^{m-1}}d^{-3^{u-1}}d^{k3^{m-1}}.$$

再用 $cb^{k3^{m-1}}$ 替换 c 可得, $[c,a] = a^{3^{m-1}}d^{-3^{u-1}}$.

明显地, $a^{3^{m-1}} \notin \langle d \rangle$ (若否, 则 $[a^{3^{m-1}}, b] = 1$, 矛盾.). 注意到 $a^{3^m} = d^{3^u}$ 且 $[d,a] = 1$. 于是 $\langle a,d \rangle \cong C_{3^{2m-u}} \times C_{3^u}$. 又因为 $[b^{3^{m-1}}, a] \neq 1$, 所以 $b^{3^{m-1}} \notin \langle a,d \rangle$. 注意到 $b \in N_G(\langle a,d \rangle)$ 且 $o(b) = 3^m$. 我们有

$$\langle a,b \rangle = \langle a,d \rangle \rtimes \langle b \rangle, \ |\langle a,b \rangle| = 3^{3m}.$$

(i) 若 $c^3 = 1$, 则

$$G = \langle a,b \rangle \rtimes \langle c \rangle, \ |G| = 3^{3m+1}, \ \exp(G) = 3^{2m-u}.$$

此时 G 是群 (III), 且不同的参数 u 给出的群不同构.

(ii) 假设 $o(c) > 3^m$. 因为 $\langle d^3 \rangle < \langle c^3 \rangle$, 我们有 $d^3 = c^{i3^v}$, 其中 $3 \nmid i$, $v > 1$. 于是 $o(c) = 3^{m+v-1}$. 分别用 a 和 d 的适当幂替换 a 和 d, 我们有 $d^3 = c^{3^v}$. 断言 $c^{3^{v-1}} \notin \langle a,b \rangle$. 若否, 因为 $c^3 \in Z(G)$, 所以 $c^{3^{v-1}} \in \langle d^3 \rangle$. 从而 $o(c^{3^{v-1}}) \leq 3^{m-1}$ 且 $o(c) \leq 3^{m+v-2}$, 矛盾. 因为 $c \in N_G(\langle a,b \rangle)$, 所以我们有

$$G = \langle a,b \rangle \langle c \rangle, \ |G| = 3^{3m+v}, \ \exp(G) = \max\{o(a), o(c)\}.$$

若 $o(a) > o(c)$, 则 $3^{2m-u} > 3^{m+v-1} \geq 3^{m+1}$. 因而 $v < m-u+1$ 且 $u < m-1$. 此时 G 为群 (IV). 因为 $|G| = 3^{3m+v}$ 且 $\exp(G) = 3^{2m-u}$, 所以不同的参数 u,v 给出的群不同构.

若 $o(a) \leq o(c)$, 注意到 $a^{3^m}, c^3 \in Z(G)$. 则 $a^{3^m} \in \langle c^{3^m} \rangle$. 不妨设 $a^{3^m} = c^{i3^m}$. 用 ac^{-i} 替换 a 即得 $a^{3^m} = 1$. 从而 $[c,a] = a^{3^{m-1}}d^{-3^{m-1}}$. 用 $c[b,c]$ 替换 c 可得 $[c,a] = a^{3^{m-1}}$. 此时 G 为群 (V). 注意到 $\exp(G) = 3^{m+v-1}$. 因此不同的参数 v 给出的群不同构.

下面, 来证明群 (I)–(V) 互不同构. 首先, 对于群 (I) 而言, $|G/\mho_1(G)| = 3^5$; 对于其他群而言, $|G/\mho_1(G)| = 3^4$. 故群 (I) 与其他群均不同构. 其次, 为方便计算, 不妨记群 (II) 中 $u = u_1, v = v_1$, 群 (III) 中, $u = u_2$, 群 (IV) 中, $u = u_3, v = v_3$, 群 (V) 中, $v = v_4$. 并且我们注意到有下面的事实: 群 (II) 中, $|G| = 3^{3m+u_1+v_1}$ 且 $\exp(G) = 3^{2m+u_1-1}$; 群 (III) 中, $|G| = 3^{3m+1}$ 且 $\exp(G) = 3^{2m-u_2}$; 群 (IV) 中, $|G| = 3^{3m+v_3}$ 且 $\exp(G) = 3^{2m-u_3}$; 群 (V) 中, $|G| = 3^{3m+v_4}$ 且 $\exp(G) = 3^{m+v_4-1}$. 由于 $u_1 \geq 0$, $v_1 > 1$, $v_3 > 1$, $v_4 > 1$, 因此对于群 (II), (IV), (V) 而言, 其阶均大于群 (III) 的阶 3^{3m+1}. 故群 (III) 不同构于群 (II), (IV), (V) 之一. 下面我们将证明群 (II), (IV), (V) 两两互不同构. 对于群 (II), 群 (IV) 而言, 在群 (II) 中, $\exp(G) = 3^{2m+u_1-1} \geq 3^{2m-1}$, 但在群 (IV) 中, $\exp(G) = 3^{2m-u_3} < 3^{2m-1}$. 因而群 (II), (IV) 互不同构. 对于群 (II), (V) 而言, 若其阶不同, 则互不同构. 若阶相等, 即 $v_4 = v_1 + u_1$. 则在 (V) 中, $\exp(G) = 3^{m+v_4-1} = 3^{m+v_1+u_1-1}$. 注意到 $1 < v_1 < m$. 因此 $\exp(G) = 3^{m+v_1+u_1-1} < 3^{m+u_1+m-1} = 3^{2m+u_1-1}$, 但在群 (II) 中, $\exp(G) = 3^{2m+u_1-1}$, 因此互不同构. 最后, 我们来证明群 (IV), (V) 互不同构. 若其阶不同, 则互不同构. 若阶相等, 即 $v_3 = v_4$, 则在群 (V) 中, $\exp(G) = 3^{m+v_4-1} = 3^{m+v_3-1}$. 注意到 $1 < v_3 < m - u_3 + 1$. 因此 $\exp(G) = 3^{m+v_3-1} < 3^{m+m-u_3} = 3^{2m-u_3}$, 但在群 (IV) 中, $\exp(G) = 3^{2m-u_3}$, 因此互不同构.

最后容易验证对于群 (I)–(V) 而言, 均有 $|G_3| = 3$. 且由群 (I)–(V) 的定义关系, 容易知 G 满足 2-Engel 条件. 进一步, 通过计算可知, 对于 (I) 而言, $Z(G) = \langle a^{-3^{m-1}}e\rangle$; 对于 (III) 而言, $Z(G) = \langle d^3\rangle$ 并且对于 (II), (IV), (V) 而言, $Z(G) = \langle c^3\rangle$. 因此根据定理 4.3.2 可知, 它们均为极小非类 2 群.

综上所证,

定理 4.3.9 有限 p 群 G 是极小非类 2 的有限 p 群当且仅当 G 或是 p^4 阶的极大类群或是定理 4.3.4–定理 4.3.8 中所列的群之一.

参考文献

[1] Abuhamda A H. Inductive isomorphisms of certain classes of groups (Russian) [J]. Mat. Issled., 1975, 10, no.1(35): 3–19, 293.

[2] Alperin J L. On a special class of regular p-groups [J]. Trans. Amer. Math. Soc., 1963, 106: 77–99.

[3] An L J. Finite p-groups whose nonnormal subgroups have few orders [J]. Front Math China, 2018,13(4): 763–777.

[4] An L J, Hu R F, Zhang Q H. Finite p-groups with a minimal nonabelian subgroup of index p (IV) [J]. J. Algebra Appl., 2015,14(2): 1550020 (54pages).

[5] An L J, Li L L, Qu H P, et al. Finite p-groups with a minimal nonabelian subgroup of index p (II) [J]. Sci China Math, 2014,57: 737–753.

[6] An L J, Zhang Q H. Finite metahamiltonian p-groups [J]. J Algebra., 2015,442: 23–45.

[7] Baer R. Situation der Untergruppen und struktur der Gruppe [J]. Sitz. Ber. Heidelberg Akad., 1933, 2: 12–17.

[8] Bagnera G. La composizione dei Gruppi finiti il cui grado é la quinta potenza di un numero primo [J]. Ann. Mat. Pura Appl., 1898, 1(1): 137–228.

[9] Bender H A. A determination of the groups of order p^5 [J]. Ann. Math., 1927/28, 29(2): 61–72.

[10] Berkovich Y. Short proofs of some basic characterization theorems of finite p-groups theory [J]. Glas. Mat. Ser III, 2006, 41(61): 239–258.

[11] Berkovich Y. Groups of Prime Power Order, Vol.1 [M]. Walter de Gruyter, Berlin, 2008.

[12] Berkovich Y. On the theorem of Mann about p-groups all of whose nonnormal subgroups are elementary abelian [J]. Israel J. Math. 2015, 208(1): 451–460.

[13] Besche H U, Eick B, O'Brien E A. A millennium project: constructing small groups [J]. Internat. J Algebra Comput, 2002, 12: 623–644.

[14] Blackburn N. On prime-power groups with two generators [J]. Proc. Cambridge Philos. Soc., 1958, 54: 327–337.

[15] Blackburn N. Generalizations of certain elementary theorems on p-groups [J]. Proc. London Math. Soc., 1961, 11(3): 1–22.

[16] Blackburn S R. Enumeration within isoclinism classes of groups of prime power order [J]. J. London Math. Soc., 1994, 50(2): 293–304.

[17] Blackburn S R. Groups of prime power order with derived subgroup of prime order [J]. J. Algebra, 1999, 219(2): 625–657.

[18] Bosma W, Cannon J, Playoust C. The MAGMA algebra system I: The user language [J]. J Symbolic Comput, 1997, 24: 235–265.

[19] Brandl R. Groups with few nonnormal subgroups [J]. Comm. Algebra, 1995, 23(6): 2091–2098.

[20] Brandl R. Conjugacy classes of nonnormal subgroups of finite p-groups [J]. Israel J. Math., 2013, 195(1): 473–479.

[21] Cappitt D. Generalized Dedekind groups [J]. J. Algebra, 1971, 17: 310–316.

[22] 程克玲. 二面体群的循环扩张[D]. 山西师范大学, 2012.

[23] Cheng Y. On finite p-groups with cyclic commutator subgroup [J]. Arch. Math.(Basel), 1982, 39(4): 295–298.

[24] Cheng Y. On double centralizer subgropups of some finite p-groups [J]. Proc. Amer. Math. Soc., 1982, 86(2): 205–208.

[25] Cutolo G, Khukhro E I, Lennox J C, et al. Finite core-p p-groups [J]. J. Algebra, 1997, 188: 701–719.

[26] Cutolo G, Smith H, Wiegold, J. On core-2 groups [J]. J. Algebra, 2001, 237: 813–841.

[27] De Séguier J-A. Théorie des groupes finis. Éléments de la théorie des groupes abstraits [M]. Gauthier-Villars, Paris, 1904.

[28] Dedekind R. Über Gruppen, deren sämtliche Teiler Normalteiler sind [J]. Math Ann, 1897, 48(4): 548–561.

[29] Fang X G, An L J. The classification of finite metahamiltonian p-groups [J]. arXiv:1310.5509.

[30] Fernández-Alcober G A, Legarreta L. The finite p-groups with p conjugacy classes of nonnormal subgroups [J]. Israel J. Math., 2010, 180(1): 189–192.

[31] Finogenov A A. Finite p-groups with a cyclic commutator group (Russian) [J]. Algebra i Logika, 1995, 34(2): 233–240, 243; translation in Algebra and Logic, 1995, 34:2 125–129.(96k:20036)

[32] Foguel T. Conjugate-permutable subgroups [J]. J Algebra, 1997, 191: 235–239.

[33] Gheorghe P. On the structure of quasi-Hamiltonian groups [J]. Acad. Repub Pop Romậne Bul Şti A, 1949, 1: 973–979.

[34] Hall P. A contribution to the theory of groups of prime-power order [J]. Proc. London Math. Soc., 1933, 36: 29–95.

[35] Hall P. On a theorem of Frobenius [J]. Proc. London Math. Soc., 1935/6, 40: 468–501.

[36] Hawidi H M, Sergeĭcuk V V. Two semiclassifying theorems for metabelian groups [J]. Delta J. Sci., 1988, 12(1): 31–43.

[37] Huppert B. Über das Produkt von paarweise vertauschbaren zyklischen Gruppen [J]. Math. Z., 1953, 58: 243–264.

[38] Huppert B. Endliche Gruppen I [M]. Springer-Verlag, Berlin, 1967.

[39] James R. The Groups of Order $p^6 (p \geq 3)$ [D]. Ph.D. Thesis, University of Sydney, 1968.

[40] James R. The groups of order p^6 (p an odd prime) [J]. Math. Comp., 1980, 34(150): 613–637.

[41] Janko Z. Finite 2-groups with No Normal Elementary Abelian Subgroups of Order 8 [J]. Journal of Algebra. 2001(246): 951–961.

[42] Janko Z. Some peculiar minimal situations by finite p-groups [J]. Glas. Mat. Ser. III, 2008, 43(63): 111–120.

[43] Ji Y H, Du S F, Zhang L L. A classification of regular p-groups with invariants $(e, 2, 1)$ [J]. Southeast Asian Bull. Math., 2001, 25(2): 245–256.

[44] Kappe L-C, Reboli D M. On the structure of generalized Hamilton groups [J]. Arch Math, 2000, 75(5), 328–337.

[45] Laffey T J. The minimum number of generators of a finite p-group [J]. Bull. London Math. Soc., 1973, 5: 288–290.

[46] Leone A. Minimal non-KC finite p-groups(Italian) [J]. Matematiche (Catania), 1983, 38(1-2): 191–200.

[47] Li L L, Qu H P, Chen G Y. Central extension of inner abelian p-groups (I) [J]. Acta Math Sinica(Chin Ser), 2010, 53(4): 675–684.

[48] Li L L, Qu H P. The number of conjugacy classes of nonnormal subgroups of finite p-group [J]. J. Algebra, 2016, 466: 44-62.

[49] 李璞金. 内 $\mathcal{P}_n$-p 群[D]. 厦门大学, 2013.

[50] Li P J. A classification of finite p-groups whose proper subgroups are of class ≤ 2 (I) [J]. J. Algebra Appl., 2013, 12(3): 1250170(22 pages).

[51] Li P J. A classification of finite p-groups whose proper subgroups are of class ≤ 2 (II) [J]. J. Algebra Appl., 2013, 12(3): 1250171(29 pages).

[52] Li P J, Qu H P, Zeng J W. Finite p-groups whose proper subgroups are of class $\leq n$ [J]. J. Algebra Appl., 2017, 16(1): 1750014(8 pages).

[53] Li X H, Zhang J Q. Finite p-groups with nonnormal subgroups of index p in their normalizers [J]. Comm. Algebra, 2011, 39(6): 2037–2043.

[54] Lv H, Zhou W, Guo X Y. Finie 2-groups with index of every cyclic subgroup in its normal closure no greater than 4 [J]. J. Algebra, 2011, 342: 256–264.

[55] Lv H, Zhou W, Yu D P. Some finite p-groups with bounded index of every cyclic subgroup in its normal closure [J]. J. Algebra, 2011, 338: 169–179.

[56] Mann A. Regular p-groups [J]. Israel J. Math., 1971, 10: 471–477.

[57] Mann A. Regular p-groups II [J]. Israel J. Math., 1973, 14: 294–303.

[58] Mann A. Regular p-groups and groups of maximal class [J]. J. Algebra, 1976, 42: 136–141.

[59] Mann A. Regular p-groups III [J]. J. Algebra, 1981, 70: 89–101.

[60] Miech R J. On p-groups with a cyclic commutator subgroup [J]. J. Aust. Math. Soc., 1975, 20: 178–198.

[61] Miller G A, Moreno H C. Non-abelian groups in which every subgroup is abelian [J]. Trans. Amer. Math. Soc., 1903, 4(4): 398–404.

[62] 闵嗣鹤、严士健. 初等数论[M]. 高等教育出版社, 1957.

[63] Mousavi H. On finite groups with few non-normal subgroups [J]. Comm. Algebra, 1999, 27(7): 2091–2098.

[64] Mousavi H. Finite nilpotent groups with three conjugacy classes of non-normal subgroups [J]. Institute for Advanced Studies in Basic Science, Seminar on Algebra, 2004, 16: 147–150.

[65] Newman M F, Xu M Y. Metacyclic groups of prime-power order(preprint) [M]. 1987.

[66] Newman M F, Xu M Y. Metacyclic groups of prime-power order (Research announcement) [J]. Adv. in Math. (China), 1988, 17:106–107.

[67] Ormerod E A. Finite p-group in which every cyclic subgroup is 2-subnormal [J]. Glasgow Math J. 2002, 44: 443–453.

[68] 潘伟云. 广义四元数群的循环扩张[D]. 山西师范大学, 2012.

[69] Parmeggiani G. On finite p-groups of odd order with many subgroup 2-subnormal [J]. Comm Algebra, 1996, 24: 2707–2719.

[70] Passman D S. Nonnormal subgroups of p-groups [J]. J Algebra, 1970, 15: 352–370.

[71] Pazderski G. Induktive Isomorphie von Gruppen, deren Kommutatorgruppe Primzahlordnung besitzt [J]. Arch. Math.(Basel), 1983, 41(5): 410–418.

[72] Qu H P. A Characterization of finite generalized Dedekind groups [J]. Acta Math Hungar, 2014, 143(2): 269–273.

[73] Qu H P, Xu M Y, An L J. Finite p-groups with a minimal nonabelian subgroup of index p (III) [J]. Sci. China Math, 2015, 58: 763–780.

[74] Qu H P, Yang S S, Xu M Y, et al. Finite p-groups with a minimal non-abelian subgroup of index p (I) [J]. J. Algebra, 2012, 358: 178–188.

[75] Qu H P, Zhao L P, Gao J, et al. Finite p-groups with a minimal non-abelian subgroup of index p (V) [J]. J. Algebra Appl., 2014, 13(7): 1450032(35 pages).

[76] Rédei L. Das "schiefe Product" in der Gruppentheorie mit Anwendung auf die endlichen nichtkommutativen Gruppen mit lauter kommutativen echten Untergruppen und die Ordnungszahlen, zu denen nur kommutative Gruppen gehören [J]. Comment. Math. Helv., 1947, 20: 225–264.

[77] Reboli D M. On the classification of generalized Hamiltonian groups [C]. In Proceedings Groups St. Andrews 1997 in Bath II, Lecture Note Series, London Math Soc., 1999, 261: 624–632.

[78] Robinson D J S. A Course in the Theory of Groups [M]. Second Edition, New York: Springer-Verlag, 1996.

[79] Sanders P J. The coexponent of a regular p-group [J]. Comm. Algebra, 28(3)(2000), 1309–1333.

[80] Schmidit O Y. Groups having only one class of nonnormal subgroups(Russian) [J]. Mat.Sb, 1926, 33: 161–172.

[81] Schmidit O Y. Groups with two classes of nonnormal subgroups(Russian) [J]. Proc.Seminar on Group Theory, 1938, 33: 7–26.

[82] Schreier O. Über die Erweiterung von Gruppen II [J]. Abh. Math. Sem. Univ. Hamburg, 1926, 4(1): 321–346.

[83] Sergeĭčuk V V. The classification of metabelian p-groups [J]. Matrix problems (Russian). 1977, 150–161. Akad. Nauk Ukrain. SSR Inst. Mat., Kiev, 1977.

[84] Song Q W. Finite two-generator p-groups with cyclic derived group [J]. Comm. Algebra, 2013, 41(4): 1499–1513.

[85] Song Q W. Finite p-groups whose length of chain of nonnormal subgroups is at most 2 [J]. Bull. Iranian Math. Soc., to appear. https://doi.org/10.1007/s41980-019-00288-2.

[86] 宋蔷薇, 曲海鹏. 所有子群皆循环或正规的有限 2 群[J]. 数学的实践与认识, 2008, 38(10): 193–196.

[87] Song Q W, Qu H P, Guo X Y. Finite p-groups of class 3 all of whose proper sections have class at most 2 [J]. Algebra Colloq., 2010, 17(2): 191–201.

[88] Song Q W, Qu H P. Finite p-groups whose nonnormal subgroups are metacyclic [J]. Sci.China Math., to appear. https://doi.org/10.1007/s11425-018-9479-1.

[89] 宋蔷薇, 薛芳芳. 有一个极大子群全正规的有限 2 群[J]. 数学的实践与认识, 2011, 41(23): 227–231.

[90] Song Q W, Xue F F. Finite p-groups which have a maximal subgroup is full-normal($p > 2$) [J]. Intern. J. Algebra, 2011, 5(29): 1421–1426.

[91] Song Q W, Zhang L H. A classification of regular p-groups with type $(e_1, e_2, 1)$ [J]. Advances in Mathematics(China), 2018, 47(2):215–223.

[92] Song Q W, Zhang Q H. Finite 2-groups whose length of chain of nonnormal subgroups is at most 2 [J]. Front. Math. China, 2018, 13(5): 1075–1097.

[93] Višneveckiĭ A L. Groups of class 2 and exponent p with commutant of order p^2 (Russian) [J]. Dokl. Akad. Nauk Ukrain. SSR Ser. A, 1980, 9: 9–11, 103.

[94] van der Waall R W. On finite p-groups whose commutator subgroups are cyclic [J]. Nederl. Akad. Wetersch. Proc. Ser. A, 1973, 76: 342–345.

[95] Wang L F, Qu H P. Finite groups in which the normal closures of nonnormal subgroups have the same order [J]. J Algebra Appl., 2016, 15(6): 1650125(15pp).

[96] Wilkinson D, The groups of exponent p and order p^7 (p any prime) [J]. J. Algebra, 1988, 118: 109–119.

[97] 徐明曜. 关于有限正则 p 群[D]. 北京大学, 1964.

[98] 徐明曜. 有限群导引(上册) [M]. 北京: 科学出版社, 1987. 第2版, 1999.

[99] Xu M Y. P.Hall's basis theorem for regular p-groups and its application to some classification problems [J]. Comm. Algebra, 1991, 19(4): 1271–1280.

[100] 徐明曜, 曲海鹏. 有限 p 群[M]. 北京: 北京大学出版社, 2010.

[101] Xu M Y, Zhang Q H. A classification of metacyclic 2-groups [J]. Algebra Colloq., 2006, 13: 25–34.

[102] Xu M Y, An L J, Zhang Q H. Finite p-groups all of whose nonabelian proper subgroups are generated by two elements [J]. J. Algebra, 2008, 319: 3603–3620.

[103] 叶磊. 阶为偶素数幂的 $\mathcal{P}$ 群[D]. 山西师范大学, 2015.

[104] 张爱萍. 半二面体群的循环扩张[D]. 山西师范大学, 2012.

[105] Zappa G. Finite groups in which all nonnormal subgroups have the same order (Italian) [J]. Atti Accad. Lincei(9) Math. Appl., 2002, 13(1): 5–16.

[106] Zappa G. Finite groups in which all nonnormal subgroups have the same order II (Italian) [J]. Atti Accad. Lincei(9) Math. Appl., 2003, 14(1): 13–21.

[107] Zhang J Q. Finite groups all of whose nonnormal subgroups possess the same order [J]. J Algebra Appl, 2012, 11(3): 1250053(7 pp).

[108] Zhang L H, Zhang J Q. Finite p-groups all of whose nonnormal abelian subgroups are cyclic [J]. J Algebra Appl, 2013, 12(8):1350052(9pp).

[109] 张勤海, 安立坚. 有限 p 群构造(上、下册) [M]. 科学出版社, 2017.

[110] Zhang Q H, Guo X Q, Qu H P, et al. Finite Group which have many normal subgroups [J]. J. Korean Math. Soc., 2009, 46(6): 1165–1178.

[111] Zhang Q H, Li X X, Su M J. Finite p-groups whose nonnormal subgroups have orders at most p^3 [J]. Front Math China, 2014, 9(5): 1169–1194.

[112] Zhang Q H, Song Q W, Xu M Y. A classification of some regular p-groups and its applications [J]. Sci. China Math., 2006, 49(3): 366–386.

[113] Zhang Q H, Sun X J, An L J, et al. Finite p-groups all of whose subgroups of index p^2 are abelian [J]. Algebra Colloq., 2008, 15(1): 167–180.

[114] Zhang Q H, Su M J. Finite 2-groups whose nonnormal subgroups have orders at most 2^3 [J]. Front Math China, 2012, 7(5): 971–1003.

[115] Zhang Q H, Zhao L B, Li M M, et al. Finite p-groups all of whose subgroups of index p^3 are abelian [J]. Commun. Math. Stat.,2015, 3(1): 69–162.

[116] Zhao L B, Guo X Y. Finite p-groups in which the normal closures of the nonnormal cyclic subgroups have small index [J]. J. Algebra Appl., 2014, 13(2): 1350087 (7 pages)

索　引